新起点电脑教程

U0268842

计算机组装·维护与故障排除基础教程 (第 2 版)

文杰书院　编著

清华大学出版社

北　京

内 容 简 介

作为"新起点电脑教程"系列丛书的一个分册,本书以通俗易懂的语言、精挑细选的实用技巧、翔实生动的操作案例,全面介绍了计算机组装、维护与故障排除的基础知识,主要内容包括初步认识电脑、选购电脑硬件设备、组装一台电脑、BIOS 的设置与应用、硬盘的分区与格式化、安装 Windows 操作系统与驱动程序、测试计算机系统性能、系统安全措施与防范、电脑的日常维修与保养、电脑故障排除基础知识、常见软件故障及排除方法、电脑主机硬件故障及排除方法和电脑外部设备故障及排除方法等方面的知识、技巧及应用案例。

本书配套一张多媒体全景教学光盘,收录了本书全部知识点的视频教学课程,同时还赠送了 4 套相关视频教学课程,可以帮助读者循序渐进地学习、掌握和提高。

本书作为入门图书,适合无基础又想快速掌握电脑组装、维护与故障排除的读者阅读,既可以作为广大电脑爱好者及各行业人员的自学手册,也可以作为电脑组装、维护与故障排除培训班的教材。

图书在版编目(CIP)数据

计算机组装·维护与故障排除基础教程/文杰书院编著. —2 版. —北京:清华大学出版社,2016
(2019.10重印)
(新起点电脑教程)
ISBN 978-7-302-43722-2

Ⅰ. ①计… Ⅱ. ①文… Ⅲ. ①电子计算机—组装—教材 ②计算机维护—教材 ③电子计算机—故障修复—教材 Ⅳ. ①TP30

中国版本图书馆 CIP 数据核字(2016)第 084722 号

责任编辑:魏 莹 杨作梅
封面设计:杨玉兰
责任校对:吴春华
责任印制:刘祎淼
出版发行:清华大学出版社
        网   址:http://www.tup.com.cn, http://www.wqbook.com
        地   址:北京清华大学学研大厦 A 座   邮   编:100084
        社 总 机:010-62770175   邮   购:010-62786544
        投稿与读者服务:010-62776969, c-service@tup.tsinghua.edu.cn
        质量反馈:010-62772015, zhiliang@tup.tsinghua.edu.cn
印 装 者:北京九州迅驰传媒文化有限公司
经   销:全国新华书店
开   本:185mm×260mm   印   张:21   字   数:511 千字
        (附 DVD 1 张)
版   次:2012 年 1 月第 1 版 2016 年 8 月第 2 版   印   次:2019 年 10 月第 5 次印刷
定   价:49.00 元

产品编号:068498-01

致 读 者

    "全新的阅读与学习模式 + 多媒体全景拓展教学光盘 + 全程学习与工作指导"三位一体的互动教学模式，是我们为您量身定做的一套完美的学习方案，为您奉上的丰盛的学习盛宴！

    创造一个多媒体全景学习模式，是我们一直以来的心愿，也是我们不懈追求的动力，愿我们奉献的图书和光盘可以成为您步入神奇电脑世界的钥匙，并祝您在最短时间内能够学有所成、学以致用。

全新改版与升级行动

    "新起点电脑教程"系列图书自 2011 年年初出版以来，其中的每个分册多次加印，创造了培训与自学类图书销售高峰，赢得来自国内各高校和培训机构，以及各行各业读者的一致好评，读者技术与交流 QQ 群已经累计达到几千人。

    本次图书再度改版与升级，汲取了之前产品的成功经验，针对读者反馈信息中常见的需求，我们精心改版并升级了主要产品，以此弥补不足，希望通过我们的努力能不断满足读者的需求，不断提高我们的服务水平，进而达到与读者共同学习和共同提高的目的。

全新的阅读与学习模式

    如果您是一位初学者，当您从书架上取下并翻开本书时，将获得一个从一名初学者快速晋级为电脑高手的学习机会，并将体验到前所未有的互动学习的感受。

    我们秉承"打造最优秀的图书、制作最优秀的电脑学习软件、提供最完善的学习与工作指导"的原则，在本系列图书编写过程中，聘请电脑操作与教学经验丰富的老师和来自工作一线的技术骨干倾力合作编著，为您系统化地学习和掌握相关知识与技术奠定扎实的基础。

轻松快乐的学习模式

    在图书的内容与知识点设计方面，我们更加注重学习习惯和实际学习感受，设计了更加贴近读者学习的教学模式，采用"基础知识讲解+实际工作应用+上机指导练习+课后小结与练习"的教学模式，帮助读者从初步了解与掌握到实际应用，循序渐进地成为电脑应用的高手与行业精英。"为您构建和谐、愉快、宽松、快乐的学习环境，是我们的目标！"

赏心悦目的视觉享受

为了更加便于读者学习和阅读本书，我们聘请专业的图书排版与设计师，根据读者的阅读习惯，精心设计了赏心悦目的版式。全书图案精美、布局美观，读者可以轻松完成整个学习过程。"使阅读和学习成为一种乐趣，是我们的追求！"

更加人文化、职业化的知识结构

作为一套专门为初、中级读者策划编著的系列丛书，在图书内容安排方面，我们尽量摒弃枯燥无味的基础理论，精选了更适合实际生活与工作的知识点，帮助读者快速学习、快速提高，从而达到学以致用的目的。

- ⊙ 内容起点低，操作上手快，讲解言简意赅，读者不需要复杂的思考，即可快速掌握所学的知识与内容。
- ⊙ 图书内容结构清晰，知识点分布由浅入深，符合读者循序渐进与逐步提高的学习习惯，从而使学习达到事半功倍的效果。
- ⊙ 对于需要实践操作的内容，全部采用分步骤、分要点的讲解方式，图文并茂，使读者不但可以动手操作，还可以在大量的实践案例练习中，不断提高操作技能和经验。

精心设计的教学体例

在全书知识点逐步深入的基础上，根据知识点及各个知识板块的衔接，我们科学地划分章节，在每个章节中，采用了更加合理的教学体例，帮助读者充分了解和掌握所学知识。

- ⊙ 本章要点：在每章的章首页，我们以言简意赅的语言，清晰地表述了本章即将介绍的知识点，读者可以有目的地学习与掌握相关知识。
- ⊙ 知识精讲：对于软件功能和实际操作应用比较复杂的知识，或者难以理解的内容，进行更为详尽的讲解，帮助您拓展、提高与掌握更多的技巧。
- ⊙ 实践案例与上机指导：读者通过阅读和学习此部分内容，可以边动手操作，边阅读书中所介绍的实例，一步一步地快速掌握和巩固所学知识。
- ⊙ 思考与练习：通过此栏目内容，不但可以温习所学知识，还可以通过练习，达到巩固基础、提高操作能力的目的。

多媒体全景拓展教学光盘

本套丛书配套的多媒体全景拓展教学光盘，旨在帮助读者完成"从入门到提高，从实践操作到职业化应用"的一站式学习与辅导过程。

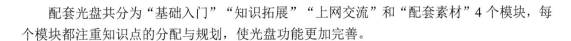

配套光盘共分为"基础入门""知识拓展""上网交流"和"配套素材"4 个模块，每个模块都注重知识点的分配与规划，使光盘功能更加完善。

基础入门

在基础入门模块中，为读者提供了本书重要知识点的多媒体视频教学全程录像。

知识拓展

在知识拓展模块中，为读者免费赠送了与本书相关的 4 套多媒体视频教学录像。读者在学习本书视频教学内容的同时，还可以学到更多的相关知识，读者相当于买了一本书，即可获得 5 本书的知识与信息量！

上网交流

在上网交流模块中，为读者提供了"清华大学出版社"和"文杰书院"的网址链接，读者可以快速地打开相关网站，为学习提供便利。

配套素材

在配套素材模块中，为读者免费提供了与本书相关的配套学习资料与素材文件，帮助读者有效地提高学习效率。

图书产品与读者对象

"新起点电脑教程"系列丛书涵盖电脑应用各个领域，为各类初、中级读者提供了全面的学习与交流平台，帮助读者轻松实现对电脑技能的了解、掌握和提高。本系列图书具体书目如下。

分 类	图 书	读者对象
电脑操作基础入门	电脑入门基础教程(Windows 7+Office 2013 版)	适合刚刚接触电脑的初级读者，以及对电脑有一定的认识、需要进一步掌握电脑常用技能的电脑爱好者和工作人员，也可作为大中专院校、各类电脑培训班的教材
	五笔打字与排版基础教程(第 2 版)	
	Office 2013 电脑办公基础教程	
	Excel 2013 电子表格处理基础教程	
	计算机组装·维护与故障排除基础教程(第 2 版)	
	电脑入门与应用(Windows 8+Office 2013 版)	

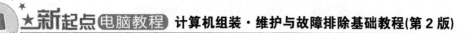
续表

分　类	图　书	读者对象
电脑基本操作与应用	电脑维护·优化·安全设置与病毒防范	适合电脑的初、中级读者，以及对电脑有一定基础、需要进一步学习电脑办公技能的电脑爱好者与工作人员，也可作为大中专院校、各类电脑培训班的教材
	电脑系统安装·维护·备份与还原	
	PowerPoint 2010 幻灯片设计与制作	
	Excel 2013 公式·函数·图表与数据分析	
	电脑办公与高效应用	
图形图像与辅助设计	Photoshop CC 中文版图像处理基础教程	适合对电脑基础操作比较熟练，在图形图像及设计类软件方面需要进一步提高的读者，适合图像编辑爱好者、准备从事图形设计类的工作人员，也可作为大中专院校、各类电脑培训班的教材
	会声会影 X8 影片编辑与后期制作基础教程	
	AutoCAD 2016 中文版基础教程	
	CorelDRAW X6 中文版平面创意与设计	
	Flash CC 中文版动画制作基础教程	
	Dreamweaver CC 中文版网页设计与制作基础教程	
	Creo 2.0 中文版辅助设计入门与应用	
	Illustrator CS6 中文版平面设计与制作基础教程	
	UG NX 8.5 中文版基础教程	

■ 全程学习与工作指导

为了帮助您顺利学习、高效就业，如果您在学习与工作中遇到疑难问题，欢迎来信与我们及时交流与沟通，我们将全程免费答疑。希望我们的工作能够让您更加满意，希望我们的指导能够为您带来更大的收获，希望我们可以成为志同道合的朋友！

您可以通过以下方式与我们取得联系。

QQ 号码：18523650

读者服务 QQ 群号：185118229 和 128780298

电子邮箱：itmingjian@163.com

文杰书院网站：www.itbook.net.cn

最后，感谢您对本系列图书的支持，我们将再接再厉，努力为您奉献更加优秀的图书。衷心地祝愿您能早日成为电脑高手！

编　者

前　言

　　计算机操作已经成为当今社会不同年龄阶段的人群都必须掌握的一门技能，对于很多用户来说，了解和掌握计算机各种部件的分类、性能、选购方法以及故障排除方法已经成为当务之急。为了帮助电脑初学者快速地掌握电脑组装、维护与故障排除方法，以便在日常的学习和工作中学以致用，我们编写了本书。

　　本书在编写过程中根据计算机组装、维护与故障排除初学者的学习习惯，采用由浅入深、由易到难的方式讲解，全书结构清晰、内容丰富，主要包括以下5个方面的内容。

1. 认识电脑

　　本书第1章，介绍电脑的基础知识，包括电脑的硬件系统、电脑的软件系统、电脑的基本硬件和电脑的外部设备等内容。

2. 选购与组装电脑

　　本书第2、3章，介绍选购与组装电脑的相关知识，详细讲解选购电脑各个硬件设备的方法，并用精美的图例讲解如何将各个硬件设备组装成一台完整的电脑。

3. 系统设置与安装

　　本书第4～6章，介绍Windows系统设置与安装的操作方法，包括BIOS设置与应用、硬盘的分区与格式化和安装Windows操作系统与驱动程序的相关知识及操作方法。

4. 维护电脑及操作系统

　　本书第7～9章，介绍维护电脑及系统的相关方法，包括计算机系统性能测试、系统的安全措施与防范和电脑的日常维修与保养等内容。

5. 电脑故障排除

　　本书第10～13章，介绍电脑故障排除的方法，以大量的实例来讲解常见软件故障及排除方法、电脑主机硬件故障及排除方法和电脑外部设备故障及排除方法。

　　本书由文杰书院编著，参与本书编写工作的有李军、袁帅、文雪、肖微微、李强、高桂华、蔺丹、张艳玲、李统财、安国英、贾亚军、蔺影、李伟、冯臣、宋艳辉等。

　　我们真切希望读者在阅读本书之后，可以开阔视野，增长实践操作技能，并从中学习和总结操作的经验和规律，达到灵活运用的水平。鉴于编者水平有限，书中纰漏和考虑不周之处在所难免，热忱欢迎读者予以批评、指正，以便我们日后能为您编写更好的图书。

　　如果您在使用本书时遇到问题，可以访问网站 http://www.itbook.net.cn 或发邮件至itmingjian@163.com 与我们交流和沟通。

编　者

目　录

第 1 章　初步认识电脑 1

1.1　电脑的硬件系统 2
   1.1.1　中央处理器 2
   1.1.2　存储器 2
   1.1.3　输入设备 3
   1.1.4　输出设备 3
1.2　电脑的软件系统 3
   1.2.1　系统软件 3
   1.2.2　应用软件 4
1.3　常见的电脑硬件设备 4
   1.3.1　主板 5
   1.3.2　CPU 5
   1.3.3　内存 5
   1.3.4　硬盘 6
   1.3.5　显卡 6
   1.3.6　声卡 7
   1.3.7　网卡 7
   1.3.8　光驱 8
   1.3.9　机箱 8
   1.3.10　电源 9
   1.3.11　显示器 9
   1.3.12　鼠标 10
   1.3.13　键盘 10
   1.3.14　音箱 11
1.4　常见的电脑外部设备 11
   1.4.1　打印机 11
   1.4.2　扫描仪 12
   1.4.3　手写板 12
   1.4.4　移动硬盘 13
   1.4.5　U 盘 13
   1.4.6　摄像头 14
   1.4.7　麦克风 14
1.5　思考与练习 15

第 2 章　选购电脑硬件设备 17

2.1　选购主板 18
   2.1.1　主板的分类 18
   2.1.2　主板的选购技巧 19
2.2　选购 CPU 20
   2.2.1　CPU 的性能指标 20
   2.2.2　CPU 的主流产品 21
   2.2.3　CPU 的选购技巧 21
2.3　选购内存 22
   2.3.1　内存的分类与性能指标 ...22
   2.3.2　内存的选购技巧 24
2.4　选购硬盘 24
   2.4.1　硬盘的分类 24
   2.4.2　硬盘的性能参数 25
   2.4.3　硬盘的选购技巧 26
2.5　选购显卡 27
   2.5.1　显卡的分类 27
   2.5.2　显卡的选购技巧 28
2.6　选购显示器 29
   2.6.1　显示器的技术参数 29
   2.6.2　显示器的选购技巧 30
2.7　选购光盘驱动器 31
   2.7.1　光驱的分类 31
   2.7.2　光驱的性能指标 32
   2.7.3　光驱的选购技巧 32
2.8　选购键盘与鼠标 33
   2.8.1　键盘的选购技巧 33
   2.8.2　鼠标的选购技巧 34
2.9　选购机箱与电源 34
   2.9.1　机箱的选购技巧 35
   2.9.2　电源的选购技巧 35
2.10　选购常用电脑配件 37
   2.10.1　选购音箱 37
   2.10.2　选购摄像头 37
   2.10.3　选购耳麦 38
   2.10.4　选购无线路由器 38
   2.10.5　选购无线网卡 40
2.11　思考与练习 40

第3章 组装一台电脑 43

3.1 电脑组装前的准备工作 44
　3.1.1 常用的装机工具 44
　3.1.2 正确的装机流程 46
　3.1.3 组装电脑的注意事项 47
3.2 安装电脑的基本硬件设备 48
　3.2.1 打开机箱盖 48
　3.2.2 安装电源 48
　3.2.3 安装 CPU 及散热风扇 49
　3.2.4 安装内存 52
　3.2.5 安装主板 53
　3.2.6 安装硬盘 54
　3.2.7 安装光驱 55
　3.2.8 安装显卡 56
3.3 连接机箱内的电源线 57
　3.3.1 认识电源的各种插头 57
　3.3.2 连接主板电源线 59
　3.3.3 连接 SATA 硬盘电源线 61
　3.3.4 连接 IDE 光驱电源线 62
3.4 连接机箱内的控制线和数据线 62
　3.4.1 连接 SATA 硬盘数据线 63
　3.4.2 连接机箱内的控制线和
　　　　信号线 64
　3.4.3 连接 IDE 光驱数据线 65
3.5 连接外部设备 66
　3.5.1 装上机箱侧面板 66
　3.5.2 连接鼠标和键盘 67
　3.5.3 连接显示器 68
　3.5.4 连接主机电源线 68
　3.5.5 按下电源开关开机测试 69
3.6 思考与练习 69

第4章 BIOS 的设置与应用 71

4.1 认识 BIOS 72
　4.1.1 主板上的 BIOS 芯片 72
　4.1.2 BIOS 的分类 72
　4.1.3 BIOS 和 CMOS 的关系 73
　4.1.4 何时需要设置 BIOS 73
4.2 BIOS 的设置方法 73
　4.2.1 进入 BIOS 的方法 73
　4.2.2 设置 BIOS 的方法 74
4.3 常用的 BIOS 设置 74

4.3.1 密码设置 75
4.3.2 加载系统默认设置 78
4.3.3 退出 BIOS 的方法 79
4.4 实践案例与上机指导 81
　4.4.1 设置系统日期和时间 81
　4.4.2 设置启动顺序 82
　4.4.3 设置显示器的显示方式 83
　4.4.4 设置开机密码 84
　4.4.5 设置 CPU 缓存和超线程
　　　　功能 84
4.5 思考与练习 85

第5章 硬盘的分区与格式化 87

5.1 硬盘分区概述 88
　5.1.1 什么是硬盘分区 88
　5.1.2 常见的分区格式 89
　5.1.3 分区的基本顺序 89
　5.1.4 分区规划通用原则 89
　5.1.5 硬盘分区方案 90
　5.1.6 常用的硬盘分区软件 91
5.2 使用启动盘启动电脑 92
　5.2.1 使用光盘启动电脑 92
　5.2.2 使用 U 盘启动电脑 93
5.3 使用 Partition Magic 分区 94
　5.3.1 创建主分区 94
　5.3.2 建立扩展分区 95
　5.3.3 激活主分区 96
　5.3.4 调整分区大小 97
　5.3.5 合并分区 99
5.4 使用 DiskGenius 分区软件操作
　　分区 100
　5.4.1 快速分区 101
　5.4.2 手工创建主分区 101
　5.4.3 手工创建扩展分区 102
　5.4.4 手工创建逻辑分区 103
　5.4.5 删除分区 105
　5.4.6 调整分区大小 106
5.5 实践案例与上机指导 108
　5.5.1 用 Partition Magic 转换分区
　　　　格式 109
　5.5.2 用 Partition Magic 隐藏磁盘
　　　　分区 110

5.5.3　用 Partition Magic 删除
　　　　分区 111
5.5.4　用 DiskGenius 搜索分区 ...112
5.6　思考与练习 113

第 6 章　安装 Windows 操作系统与驱动
程序 115

6.1　认识 Windows 7 116
6.1.1　Windows 7 新增功能 116
6.1.2　Windows 7 的版本 119
6.1.3　Windows 7 的硬件要求 120
6.2　全新安装 Windows 7 121
6.2.1　运行安装程序 121
6.2.2　复制系统安装文件 122
6.2.3　首次启动计算机并配置
　　　　系统 124
6.3　了解驱动程序 127
6.3.1　驱动程序的作用与分类 127
6.3.2　驱动程序的获得方法 128
6.4　安装驱动程序 128
6.4.1　驱动程序的安装顺序 128
6.4.2　查看硬件驱动程序 128
6.4.3　驱动程序的安装方法 129
6.4.4　卸载驱动程序 130
6.5　使用驱动精灵快速安装系统驱动 ...131
6.5.1　安装驱动精灵 131
6.5.2　更新驱动 133
6.5.3　驱动备份与还原 134
6.5.4　使用驱动精灵卸载驱动
　　　　程序 136
6.6　实践案例与上机指导 137
6.6.1　使用驱动精灵进行硬件
　　　　检测 137
6.6.2　手动更新驱动程序 137
6.6.3　使用驱动精灵进行开机
　　　　加速 138
6.7　思考与练习 139

第 7 章　测试计算机系统性能 141

7.1　电脑性能测试基础 142
7.1.1　电脑测试的必要性 142

7.1.2　检测电脑性能的方法与
　　　　条件 142
7.2　电脑综合性能检测——鲁大师 143
7.2.1　电脑综合性能测试 143
7.2.2　电脑硬件信息检测 144
7.3　电脑系统性能专项检测 145
7.3.1　游戏性能检测 145
7.3.2　视频播放性能检测 145
7.3.3　图片处理能力检测 145
7.3.4　网络性能检测 145
7.4　硬件设备性能测试 146
7.4.1　整机性能检测 146
7.4.2　显卡性能检测 147
7.4.3　CPU 性能测试 147
7.4.4　内存性能检测 148
7.4.5　硬盘性能检测 149
7.5　实践案例与上机指导 150
7.5.1　U 盘扩容检测 150
7.5.2　显示屏测试 151
7.5.3　使用 ReadyBoost 内存加速 ...154
7.5.4　自定义 Windows 开机加载
　　　　程序 155
7.6　思考与练习 156

第 8 章　系统安全措施与防范 157

8.1　认识电脑病毒与木马 158
8.1.1　电脑病毒与木马的介绍 158
8.1.2　木马的感染原理 158
8.1.3　电脑中病毒或木马后的
　　　　表现 159
8.1.4　常用的杀毒软件 159
8.2　预防病毒 160
8.2.1　修补系统漏洞 160
8.2.2　设置定期杀毒 161
8.3　360 杀毒 162
8.3.1　全盘扫描 162
8.3.2　快速扫描 163
8.3.3　自定义扫描 164
8.3.4　宏病毒扫描 165
8.3.5　弹窗拦截 166
8.3.6　软件净化 167
8.4　360 安全卫士 168

8.4.1 电脑体检 168
8.4.2 查杀修复 169
8.4.3 电脑清理 170
8.4.4 优化加速 171
8.5 使用 Windows 7 防火墙 172
8.5.1 启用 Windows 防火墙 172
8.5.2 设置 Windows 防火墙 173
8.6 实践案例与上机指导 175
8.6.1 在高级模式下配置 Windows 7
防火墙 175
8.6.2 查看 360 杀毒中的隔离
文件 177
8.6.3 使用 360 软件管家卸载
软件 178
8.6.4 使用 360 安全卫士测试宽带
速度 179
8.6.5 添加 360 安全卫士主界面快捷
入口图标 180
8.7 思考与练习 181

第 9 章 电脑的日常维修与保养 183
9.1 正确使用电脑 184
9.1.1 电脑的工作环境 184
9.1.2 正确使用电脑的方法 185
9.2 维护电脑的硬件 187
9.2.1 主板的清洁与维护 187
9.2.2 CPU 的保养与维护 187
9.2.3 内存的清洁与维护 188
9.2.4 硬盘的维护 189
9.2.5 光驱的维护 190
9.2.6 显示器的清洁与维护 190
9.2.7 键盘和鼠标的清洁 191
9.2.8 音箱的维护 191
9.2.9 摄像头的维护 191
9.2.10 打印机的维护 192
9.3 优化操作系统 192
9.3.1 磁盘清理 193
9.3.2 减少启动项 194
9.3.3 整理磁盘碎片 195
9.3.4 设置最佳性能 196
9.3.5 优化网络 197
9.4 维护操作系统 199

9.4.1 任务管理器 199
9.4.2 事件查看器 202
9.4.3 性能监视器 203
9.4.4 关闭远程连接 205
9.5 安全模式 206
9.5.1 如何进入安全模式 207
9.5.2 安全模式的作用 207
9.6 实践案例与上机指导 208
9.6.1 禁用多余的系统服务 208
9.6.2 设置虚拟内存 209
9.6.3 文件签名验证工具 210
9.6.4 系统文件扫描工具 211
9.6.5 释放 20%的带宽 213
9.6.6 磁盘查错 214
9.7 思考与练习 215

第 10 章 电脑故障排除基础知识 217
10.1 电脑故障的分类与产生原因 218
10.1.1 硬件故障及产生原因 218
10.1.2 软件故障及产生原因 218
10.2 电脑故障诊断与排除原则 219
10.2.1 电脑故障诊断与排除的
原则 219
10.2.2 电脑故障诊断与排除的注意
事项 220
10.2.3 常见的故障检测方法 221
10.3 思考与练习 221

第 11 章 常见软件故障及排除方法 223
11.1 Windows 7 系统故障排除 224
11.1.1 Windows 7 出现"假死"
现象 224
11.1.2 桌面图标变成白色 224
11.1.3 管理员账户被停用 225
11.1.4 无法使用 IE 浏览器下载
文件 226
11.1.5 按 Win+E 组合键打不开资源
管理器 227
11.1.6 Windows 7 没有休眠功能 ... 228
11.1.7 缩略图显示异常 229
11.1.8 访问网页时不停打开
窗口 230

11.1.9 找回丢失的"计算机"
图标 231

11.1.10 无法安装软件 232

11.2 Office 办公软件故障排除 234

11.2.1 使用 Word 保存文档时出现
"重名"错误 234

11.2.2 使用 Word 复制粘贴后的文本
前后不一致 234

11.2.3 Word 文件损坏无法打开 235

11.2.4 恢复未保存的 Word 文档 235

11.2.5 使用 Excel 计算四舍五入后
不准确 236

11.2.6 在 Excel 中不能进行求和运算
的解决办法 237

11.2.7 Excel 启动慢且自动打开多个
文件 237

11.2.8 Excel 中出现"#VALUE!"
错误信息 238

11.2.9 在 PowerPoint 中不断出现
关于宏的警告 238

11.2.10 找回演示稿原来的字体 239

11.3 影音播放软件故障排除 239

11.3.1 无法使用 Windows Media
Player 在线听歌 240

11.3.2 Windows Media Player 经常
没有响应或意外关闭 240

11.3.3 酷我音乐盒曲库不显示、
打不开 241

11.3.4 暴风影音视频和音频
不同步 241

11.3.5 腾讯视频缓冲不了 241

11.3.6 无法使用 RealPlayer 在线
看电影 242

11.3.7 暴风影音无法升级到最新
版本 242

11.3.8 暴风影音不能播放 AVI
文件 243

11.3.9 使用 KMPlayer 软件播放 MKV
视频时花屏 244

11.3.10 双击打开影音文件时
KMPlayer 不即时播放 244

11.4 常见工具软件故障排除 245

11.4.1 打不开自解压文件 245

11.4.2 使用 WinRAR 提示"CRC 校验
失败,文件被破坏" 245

11.4.3 迅雷下载速度慢 245

11.4.4 360 杀毒软件打不开 246

11.4.5 Windows 7 系统刻录光盘时
光驱不读盘 247

11.4.6 Photoshop 打不出字 248

11.4.7 输入法图标不见了 248

11.4.8 修复 360 极速浏览器的各种
异常问题 249

11.4.9 下载文件时不主动弹出迅雷
软件 250

11.4.10 无法调用其他程序打开
RAR 压缩包里的文件 251

11.5 Internet 上网故障排除 252

11.5.1 邮件接收后无法下载附件 252

11.5.2 网页中的动画变成静态
图片 252

11.5.3 IE 浏览器无法新建
选项卡 253

11.5.4 ADSL 联网一段时间之后
断开 254

11.5.5 上网显示"691 错误" 255

11.5.6 Foxmail 无法发送或接收
邮件 256

11.5.7 使用 Outlook Express 发送
邮件被退回 257

11.5.8 IE 浏览器提示"发生内部
错误……" 257

11.5.9 路由器广域网地址无法
获取 258

11.5.10 IE 浏览器窗口开启时不是
最大化 258

11.6 思考与练习 259

第 12 章 电脑主机硬件故障及排除
方法 261

12.1 CPU 及风扇故障排除 262

12.1.1 CPU 产生故障的几种
类型 262

12.1.2 CPU 风扇导致的死机 262

12.1.3 CPU 风扇噪声过大 262
12.1.4 CPU 的频率显示不固定 263
12.1.5 更换 CPU 风扇后电脑无法
启动 263
12.1.6 主板不能识别 CPU 风扇 264
12.1.7 CPU 频率自动下降 264
12.1.8 开机自检后死机 264
12.1.9 CPU 主频存在偏差 264
12.1.10 不能显示 CPU 风扇转速 265
12.2 主板故障排除 265
12.2.1 主板故障的主要原因 265
12.2.2 CMOS 设置不能保存 265
12.2.3 每次进入 BIOS 设置都会提示
错误并死机 266
12.2.4 主板不识别键盘和鼠标 266
12.2.5 主板无法识别 SATA 硬盘 267
12.2.6 在进行 CMOS 设置时出现
死机现象 267
12.2.7 电脑主板中常见缓存问题 267
12.2.8 安装 Windows 或启动 Windows
时鼠标不可用 267
12.2.9 开机无显示 268
12.2.10 主板 BIOS 没有 USB-HDD
选项 268
12.3 内存故障排除 269
12.3.1 产生内存故障的原因 269
12.3.2 两根同型号内存条无法同时
使用 269
12.3.3 开机时多次执行内存检测 270
12.3.4 内存加大后系统资源反而
降低 270
12.3.5 屏幕出现错误信息后死机 270
12.3.6 内存无法自检 270
12.3.7 Windows 经常自动进入安全
模式 270
12.3.8 开机后显示 ON BOARD
PARITY ERROR 271
12.3.9 PCI 插槽短路引起内存条
损坏 271
12.3.10 随机性死机 271
12.4 硬盘故障排除 271
12.4.1 硬盘故障的主要原因 271

12.4.2 系统无法从硬盘启动 272
12.4.3 BIOS 检查不到硬盘 272
12.4.4 开机后屏幕显示 Device
error 273
12.4.5 屏幕显示 Invalid partition
table 273
12.4.6 屏幕显示 HDD Controller
Failure 273
12.4.7 出现 S.M.A.R.T 故障提示 273
12.4.8 系统检测不到硬盘 274
12.4.9 整理磁盘碎片时出错 274
12.4.10 如何修复逻辑坏道 274
12.5 显示卡故障排除 275
12.5.1 显卡故障的主要原因 275
12.5.2 显卡驱动程序丢失 276
12.5.3 显卡风扇转速频繁变化 276
12.5.4 显卡接上外部电源出现
花屏 276
12.5.5 更换显卡后经常死机 277
12.5.6 开机之后屏幕连续闪烁 277
12.5.7 显示器出现不规则色块 277
12.5.8 开机后屏幕上显示乱码 277
12.5.9 电脑运行时出现 VPU 重置
错误 277
12.5.10 显示颜色不正常 278
12.6 声卡故障排除 278
12.6.1 声卡发出的噪声过大 278
12.6.2 声卡无声 278
12.6.3 DirectSound 延迟 279
12.6.4 爆音 279
12.6.5 播放任何音频文件都产生
类似快进的效果 280
12.6.6 无法播放 WAV 和 MID 格式的
音乐 280
12.6.7 驱动程序装入完成后声卡
无声 280
12.6.8 安装网卡之后声卡无法
发声 280
12.6.9 不能正常使用四声道 281
12.6.10 安装新的 DirectX 之后,声卡
不发声 281
12.7 电源故障排除 281

12.7.1 电源无输出 281

12.7.2 电源有输出，但主机
不显示 282

12.7.3 电脑不定时断电 282

12.7.4 开机时电源灯闪一下就
熄灭 282

12.7.5 电源负载能力差 282

12.7.6 电源有异味 283

12.7.7 电源部件老化 283

12.7.8 电源发出"吱吱"声 283

12.7.9 开机几秒钟后便自动关机.....284

12.7.10 电源在只为主板、软驱供电
时才能正常工作 284

12.8 思考与练习 284

**第 13 章 电脑外部设备故障及排除
方法** 285

13.1 显示器故障排除 286

13.1.1 显示器产生故障的原因....286

13.1.2 显示器"只闻其声，不见
其画" 286

13.1.3 显示器黑屏 287

13.1.4 显示器花屏 287

13.1.5 显示器白屏 287

13.1.6 显示器出现水波纹 288

13.1.7 画面由很大变回正常 288

13.1.8 显示器画面抖动厉害 288

13.1.9 显示器供电不正常 289

13.1.10 显示器显示重影 289

13.2 键盘与鼠标故障排除 289

13.2.1 键盘和鼠标接口接错引起
黑屏 289

13.2.2 鼠标左键失灵 289

13.2.3 鼠标右键失灵 291

13.2.4 光电鼠标定位不准 292

13.2.5 使用键盘按键时字符
乱跳 292

13.2.6 键盘出现"卡键"故障 292

13.2.7 关机后键盘上的指示灯
还亮 293

13.2.8 按键盘任意键死机 293

13.2.9 Caps Lock 键失灵 293

13.3 光驱与刻录机故障排除 294

13.3.1 CD 光盘无法自动播放 294

13.3.2 光驱工作时硬盘灯始终
闪烁 295

13.3.3 光驱弹不出来 295

13.3.4 开机检测不到光驱 296

13.3.5 光驱的读盘性能不稳定 296

13.3.6 刻录时出现 BufferUnderrun
提示信息 297

13.3.7 光驱刻录工作不稳定 297

13.3.8 安装刻录机后无法启动
电脑 297

13.3.9 刻录机无法读取普通光盘 297

13.3.10 模拟刻录成功，实际刻录
却失败 298

13.3.11 经常出现刻录失败的
问题 298

13.4 打印机故障排除 298

13.4.1 通电后打印机指示灯不亮 298

13.4.2 打印时出现无规律的空白
圆点 299

13.4.3 打印机不进纸 299

13.4.4 打印字迹偏淡 299

13.4.5 打印头移动受阻长鸣或在
原处震动 299

13.4.6 进纸槽中有纸却闪烁缺纸
信号灯 300

13.4.7 加粉后打印空白页 300

13.4.8 打印字符不全或字符不清 301

13.4.9 喷墨打印机走纸不正 301

13.4.10 激光打印机打印输出的是
空心字 301

13.5 笔记本电脑故障排除 301

13.5.1 笔记本的触控板故障 302

13.5.2 笔记本电池不能充电 302

13.5.3 笔记本的光驱故障 302

13.5.4 笔记本液晶屏花屏 303

13.5.5 笔记本键盘故障诊断
与排除 303

13.5.6 笔记本风扇间歇性启动 304

13.5.7 光盘无法正常从仓内弹出 304

13.5.8 笔记本的硬盘故障 305

13.5.9 笔记本的内存故障..............305
13.5.10 笔记本外接显示器
不正常..............305
13.6 数码设备故障排除..............306
13.6.1 数码相机无法识别存储卡...306
13.6.2 数码相机的闪光灯不起
作用..............306
13.6.3 液晶显示器显示图像时有
明显瑕疵或出现黑屏..........306
13.6.4 数码相机按快门键不拍照...306
13.6.5 数码相机不开机..............307
13.6.6 数码相机拍摄出暗角效果...307
13.6.7 摄像机常见的报警故障.......308
13.6.8 摄像机无法开机..............308
13.6.9 扫描仪扫描出的整个图像
变形或出现模糊..............309
13.6.10 连续擦写存储卡后空间
消失..............309
13.7 移动存储设备故障排除..........309
13.7.1 移动硬盘插在电脑 USB 接口

上不读盘..............................309
13.7.2 移动硬盘复制大文件时
出错..............................310
13.7.3 无法正常删除硬件..............311
13.7.4 移动硬盘在进行读写操作时
频繁出错..............................311
13.7.5 移动硬盘出现乱码目录.......311
13.7.6 U 盘的某个分区不能使用.....312
13.7.7 U 盘插入电脑后出现两个
盘符..............................312
13.7.8 未达到 U 盘标称容量就提示
磁盘容量已满..............312
13.7.9 拷入 U 盘的数据到另一台
电脑中不显示..............312
13.7.10 U 盘中的数据到另一台电脑
中打开会出现错误..............313
13.7.11 U 盘盘符丢失..............313
13.8 思考与练习..............313

思考与练习答案..............................315

新起点
电脑教程

第 1 章

初步认识电脑

本章要点

- 电脑的硬件系统
- 电脑的软件系统
- 常见的电脑硬件设备
- 常见的电脑外部设备

本章主要内容

　　本章主要介绍电脑的硬件系统和软件系统两方面的知识，同时讲解常见的电脑硬件设备与外部设备。通过本章的学习，读者可以初步认识电脑，为深入学习计算机组装、维护与故障排除知识奠定基础。

1.1 电脑的硬件系统

电脑的硬件系统由中央处理器、存储器、输入设备和输出设备等组成。输入设备是可以将外部信息传送给电脑的设备，包括键盘、鼠标和扫描仪等；输出设备是将电脑的处理结果传送给外部的设备，包括显示器和打印机等。下面将详细介绍硬件系统的相关知识。

1.1.1 中央处理器

CPU 是英文 Central Processing Unit 的缩写，即中央处理器，CPU 是电脑中的核心配件，是一台计算机的运算核心和控制核心，如图 1-1 所示。电脑中的所有操作都由 CPU 负责读取指令，对指令译码并执行指令。

图 1-1

1.1.2 存储器

存储器是计算机系统中的记忆设备，是用来存储数据的装置。计算机中的全部信息，包括输入的原始数据、计算机程序、中间运行结果和最终运行结果都保存在存储器中。

按用途，存储器可分为主存储器(内存)和辅助存储器(外存)。外存通常是磁性介质或光盘等，能长期保存信息。内存指主板上的存储部件，用来存放当前正在执行的数据和程序，但仅用于暂时存放程序和数据，关闭电源或断电，数据就会丢失。如图 1-2 和图 1-3 所示分别为主存储器(内存)和辅助存储器(外存)。

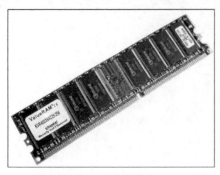

图 1-2

图 1-3

1.1.3 输入设备

输入设备是指向计算机输入数据和信息的设备，是计算机与用户或其他设备通信的桥梁。键盘、鼠标、摄像头、扫描仪、手写输入板和语音输入装置等都属于输入设备。输入设备是人或外部与计算机进行交互的一种装置，用于把原始数据和处理这些数据的程序输入到计算机中。计算机的输入设备按功能可分为下列几类。

- ➢ 字符输入设备：键盘。
- ➢ 光学阅读设备：光学标记阅读机、光学字符阅读机。
- ➢ 图形输入设备：鼠标器、操纵杆和光笔等。
- ➢ 图像输入设备：摄像机、扫描仪和传真机等。
- ➢ 模拟输入设备：语言模数转换识别系统。

1.1.4 输出设备

输出设备是人与计算机交互的一种部件，用于数据的输出。它可以把各种计算结果数据或信息以数字、字符、图像、声音等形式表示出来。常见的输出设备有显示器、打印机、绘图仪、影像输出系统、语音输出系统、磁记录设备等。如图 1-4 所示为显示器。

图 1-4

1.2 电脑的软件系统

电脑的软件系统由系统软件和应用软件组成。本节将详细介绍电脑的软件系统的相关知识。

1.2.1 系统软件

系统软件是指控制和协调计算机及外部设备，支持应用软件开发和运行的系统，是无须用户干预的各种程序的集合，其主要功能是调度、监控和维护计算机系统，管理计算机系统中各种独立的硬件，使得它们可以协调工作。系统软件包括操作系统、语言处理程序和数据库管理系统三部分。其中操作系统是系统软件的核心，用于管理软硬件资源和数据资源，常见的操作系统有 DOS、Windows、Linux 和 Unix OS/2 等。如图 1-5 和图 1-6 所示分别为 Windows 7 操作系统和 Windows 8 操作系统启动后的界面。

图 1-5

图 1-6

1.2.2 应用软件

应用软件是专为解决一些具体问题而设计的软件，根据软件的用途不同，可以将其分为通用软件和专用软件。通用软件包括办公软件和图形图像处理软件等，如 Office 办公软件和 Photoshop 等；专用软件包括常用的辅助工具软件，如杀毒软件、上传和下载工具等。如图 1-7 和图 1-8 所示分别为 Photoshop 软件和 360 安全卫士软件主界面。

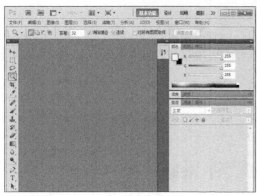

图 1-7

图 1-8

1.3 常见的电脑硬件设备

常见的电脑硬件设备主要包括主板、CPU、内存、硬盘、显卡、声卡、网卡、光驱、机箱、电源、显示器、鼠标、键盘和音箱等，本节将详细介绍电脑硬件设备的相关知识。

1.3.1 主板

主板又称主机板、系统板和母板，是安装在主机中最大的一块电路板。电脑中的很多硬件设备都安装在主板上，如 CPU、内存和显卡等，通过主板上的线路可以协调电脑中各个部件的工作。主板如图 1-9 所示。

图 1-9

1.3.2 CPU

CPU 也称中央处理器，是电脑的核心，主要用于运行和计算电脑中的所有数据，由运算器、控制器、寄存器组、内部总线和系统总线组成，下面分别予以详细介绍。

- ➢ 运算器：是电脑中执行算术和逻辑运算的部件，由算术逻辑单元、累加器、状态寄存器和通用寄存器组等组成。其中算术逻辑单元的主要功能为进行加、减、乘、除、与、或、非、异或等算术和逻辑运算等。
- ➢ 控制器：是电脑的指挥中心，用于决定执行程序的顺序，由程序计数器、指令寄存器、指令译码器、时序产生器和操作控制器组成。
- ➢ 寄存器组：是 CPU 重要的数据存储资源，主要用来保存程序计算的中间结果。
- ➢ 内部总线：用于将 CPU 中的所有结构单元相连，常见的内部总线包括 I2C 总线、SPI 总线和 SCI 总线等。
- ➢ 系统总线：也称内总线和板级总线，主要用来连接电脑的各功能部件，使之构成一个完整的系统。系统总线包括数据总线、地址总线和控制总线三种不同功能的总线。

1.3.3 内存

内存即存储器，主要用来存储程序和部件。内存是计算机中重要的部件之一，计算机中所有程序的运行都是在内存中进行的，因此内存的性能对计算机的影响非常大。按照存储器的用途分类，可以将其分为主存储器和辅助存储器。

知识精讲

> 由于内存只是暂时存储程序或数据,所以一旦断电,内存中的程序和数据将会丢失。如果准备永久保存数据,可以将其存储在外存上。

1.3.4 硬盘

硬盘是电脑中主要的存储部件,通常用于存放永久性的数据和程序,如图 1-10 所示。硬盘为电脑中的固定存储器,具有容量大、可靠性高、在断电后其中的数据也不会丢失等特点。硬盘由磁头、磁道、扇区和柱面组成,下面分别予以详细介绍。

图 1-10

> 磁头:是硬盘中价格最高的部件,目前为 MR(磁阻)磁头,可以同时兼顾读/写两种特性。

> 磁道:磁盘旋转时,如果磁头保持在同一个位置,将会在磁盘表面画出圆形的轨道,这些轨道被称为磁道,磁道用肉眼无法看到。

> 扇区:磁道被等分为若干个弧段,这些弧段即为扇区,每个扇区可以存放 512 个字节的信息,在向磁盘读取和写入数据时,需要以扇区为单位。

> 柱面:硬盘由重叠在一起的一组盘片组成,并将每个盘面划分为数目相等的磁道,从最外圈开始以 "0" 编号,相同编号的磁道形成一个圆柱,为磁盘的柱面,盘面数等于总的磁头数。

1.3.5 显卡

显卡也称显示适配器,是电脑中专门用于处理显示数据、图像信息的设备,如图 1-11 所示。显卡由显示芯片、显示内存和 RAM DAC(数字/模拟转换器)等组成。常用的显卡类型为 DDR2 和 DDR3。按照制作工艺的不同,可以将显卡分为独立显卡和集成显卡。

图 1-11

1.3.6 声卡

声卡也称音频卡，用来实现声波/数字信号的相互转换，可以将来自麦克风、磁带和光盘等的声音信号转换输出到耳机、扬声器、扩音机、录音机等声响设备，如图 1-12 所示。

图 1-12

1.3.7 网卡

网卡也称网络适配器，主要用于电脑与网络的连接，网卡可以将接收到的其他网络设备传输的数据包拆包，转换为系统能够识别的数据，然后通过总线传输到目标位置，也可以将本地电脑中的数据打包传输到网络中，如图 1-13 所示。

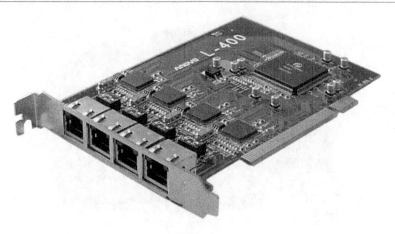

图 1-13

1.3.8 光驱

光驱又称光盘驱动器，是用来读写光碟内容的机器，也是台式机和笔记本便携式电脑上比较常见的一个部件，如图 1-14 所示。随着多媒体的应用越来越广泛，光驱已经成为计算机的标准配置。光驱可分为 CD-ROM 驱动器、DVD 光驱(DVD-ROM)、康宝(COMBO)、蓝光光驱(BD-ROM)和刻录机等。

图 1-14

1.3.9 机箱

机箱作为电脑配件中的一部分，其主要作用是放置和固定各个电脑配件，起到承托和保护的作用，此外，电脑机箱还具有屏蔽电磁辐射的重要作用，如图 1-15 所示。机箱前面一般有电源开关、状态指示灯、USB 接口、耳机插口和麦克风插口等，后面一般有电源接口、鼠标接口、键盘接口和 USB 接口等，机箱内部安装电脑的硬件，如电源和主板等。

图 1-15

1.3.10　电源

　　电源也称电源供应器，电脑中的电源是安装在机箱内部封闭独立的部件，主要用于将交流电转换成为 5V、–5V、+12V、–12V 或+3.3V 等稳定的直流电，以满足系统的运行需要，如图 1-16 所示。

图 1-16

1.3.11　显示器

　　显示器通常也被称为监视器，显示器属于电脑的 I/O 设备，即输入/输出设备。它是一种将电子文件通过特定的传输设备显示到屏幕上再反射到人眼的显示工具。根据制造材料

的不同，显示器可分为阴极射线管显示器(CRT)，如图 1-17 所示；等离子显示器(PDP)，如图 1-18 所示；液晶显示器(LCD)，如图 1-19 所示。

图 1-17   图 1-18   图 1-19

1.3.12　鼠标

鼠标是电脑上重要的输入设备之一。按照外形可以将鼠标分为两键鼠标、三键鼠标和多键鼠标，其中三键鼠标最为常见，三键鼠标上有鼠标左键、鼠标中键和鼠标右键，如图 1-20 所示。按照有无鼠标连接线可以将鼠标分为有线鼠标和无线鼠标。

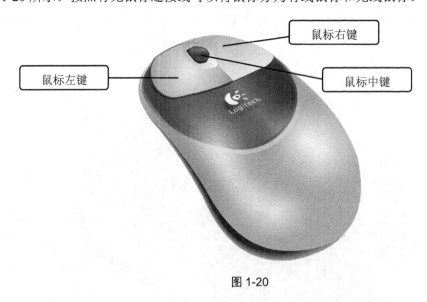

图 1-20

1.3.13　键盘

键盘是电脑最重要的输入设备之一，使用键盘可以输入字母、符号、汉字和数字等，向电脑发出指令。虽然现在的键盘形象各异，但键位大致都是一样的，目前比较常用的是由 107 个按键构成的"107 键盘"。键盘由 5 个分区组成，分别为主键盘区、功能键区、控制键区、数字键区和状态指示灯区，如图 1-21 所示。

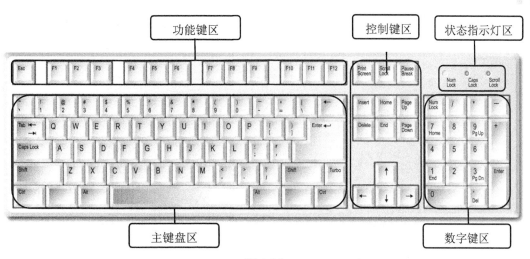

图 1-21

1.3.14 音箱

音箱是一种将音频信号转换为声音的设备，由扬声器、箱体和分频器组成，如图 1-22 所示。按照使用场合来分，可以将音箱分为专业音箱与家用音箱；按照音频率来分，可以将音箱分为全频带音箱、低音音箱和超低音音箱；按照用途来分，可以将音箱分为主放音音箱、监听音箱和返听音箱；按照箱体结构来分，可以将音箱分为密封式音箱、倒相式音箱、迷宫式音箱和多腔谐振式音箱等。

图 1-22

1.4 常见的电脑外部设备

常见的电脑外部设备主要包括打印机、扫描仪、手写板、移动硬盘、U 盘、摄像头和麦克风等，本节将详细介绍电脑外部设备的相关知识。

1.4.1 打印机

打印机是电脑重要的输出设备之一，用于将电脑中的文本和图片等呈现在纸张上。按照工作方式，可以将打印机分为点阵打印机、针式打印机、喷墨式打印机和激光打印机；按照工作原理分，可以将打印机分为击打式打印机和非击打式打印机两大类。打印机如图1-23 所示。

图 1-23

1.4.2 扫描仪

扫描仪是电脑的输入设备，使用它便可以将喜欢的图片或自己的照片扫描到电脑中存储，如图 1-24 所示。扫描仪可以分为滚筒式扫描仪、平面扫描仪和笔式扫描仪。

图 1-24

> 滚筒式扫描仪：采用光电倍增管，密度范围比较大，可以分辨出图像细微的变化。
> 平面扫描仪：采用光电耦合器件，扫描的密度范围较小。
> 笔式扫描仪：可以对文字等逐个进行扫描。

1.4.3 手写板

手写板是一种输入设备，其作用和键盘类似，手写板除了可用于输入文字、符号、图形等之外，还可提供光标定位功能，因而手写板可以同时替代键盘与鼠标，成为一种独立的输入工具，如图 1-25 所示。

图 1-25

1.4.4　移动硬盘

移动硬盘是以硬盘为存储介质，用于在计算机之间交换大容量数据，强调便携性的存储产品，如图 1-26 所示。市场上绝大多数的移动硬盘都是以标准硬盘为基础的，而只有很少部分是微型硬盘(1.8 英寸硬盘等)。因为采用硬盘为存储介质，因此移动硬盘的数据读写模式与标准 IDE 硬盘相同。移动硬盘多采用 USB、IEEE1394 等传输速度较快的接口，可以以较快的速度与系统进行数据传输。

图 1-26

市场中的移动硬盘容量有 320GB、500GB、600GB、640GB、900GB、1000GB(1TB)、1.5TB、2TB、2.5TB、3TB、3.5TB、4TB 等，最高可达 12TB，可以说是 U 盘、磁盘等闪存产品的升级版，被大众广泛接受。随着技术的发展，移动硬盘的容量会越来越大，体积会越来越小。

1.4.5　U 盘

U 盘，全称 USB 闪存盘，英文为 USB flash disk。它是一种使用 USB 接口的无须物理驱动器的微型高容量移动存储产品,通过 USB 接口与电脑连接,可实现即插即用,如图 1-27 所示。U 盘具有体积小、便于携带、存储容量大和价格便宜等特点。

图 1-27

1.4.6 摄像头

摄像头又称电脑相机、电脑眼、电子眼等,是一种视频输入设备,被广泛运用于视频会议、远程医疗及实时监控等方面,如图 1-28 所示。日常生活中人们也可以通过摄像头在网络中进行有影像、有声音的交谈和沟通。另外,还可以将其用于当前各种流行的数码影像、影音处理领域。

图 1-28

1.4.7 麦克风

麦克风,学名为传声器,是将声音信号转换为电信号的能量转换器件,由英文 Microphone 音译而来,也称话筒、微音器,如图 1-29 所示,20 世纪,麦克风由最初的电阻式转换发展为电感、电容式转换,大量新的麦克风技术逐渐发展起来,这其中包括铝带麦克风、动圈麦克风,以及当前广泛使用的电容麦克风和驻极体麦克风等。

图 1-29

1.5　思考与练习

一、填空题

1. 存储器是计算机系统中的_____，是用来_____的装置。

2. 输入设备是指向计算机输入_____和_____的设备，是计算机与用户或其他设备通信的桥梁。

3. 系统软件用于控制和协调电脑的运行、管理和维护，包括操作系统、_____和数据库管理系统三部分，其中_____是系统软件的核心，用于管理软硬件资源和数据资源。

4. 应用软件是专为解决一些具体问题而设计的软件，根据软件的用途不同，可以将其分为_____和_____。

5. CPU 也称_____，是电脑的核心，主要用于运行和计算电脑中的所有数据，由_____、控制器、寄存器组、内部总线和系统总线组成。

6. 按照存储器的用途分类，可以将其分为_____和_____。

7. 硬盘为电脑中的_____，具有_____、可靠性高、在断电后其中的数据也不会丢失等特点。

8. 网卡也称_____，主要用于电脑与_____的连接，网卡可以将接收到的其他网络设备传输的数据包拆包，转换为系统能够识别的数据。

9. 输出设备是人与计算机交互的一种部件，用于数据的_____。它可以把各种计算结果数据或信息以数字、字符、图像、声音等形式表示出来。

10. 光驱又称_____，是用来_____光碟内容的机器，也是台式机和笔记本便携式电脑上比较常见的一个部件。

二、判断题

1. 电脑中的所有操作都由 CPU 负责读取指令，对指令译码并执行指令。　　　（　　）

2. 计算机中的全部信息，包括输入的原始数据、计算机程序、中间运行结果和最终运

行结果都保存在存储器中。 （ ）

3. 键盘、鼠标、显示器、摄像头、扫描仪、手写输入板和语音输入装置等都属于输入设备。 （ ）

4. 电脑中的很多硬件设备都安装在主板上，如 CPU、内存和显卡等，通过主板上的线路可以协调电脑中各个部件的工作。 （ ）

5. 计算机中所有程序的运行都是在内存中进行的，因此外存的性能对计算机的影响非常大。 （ ）

6. 硬盘是电脑中主要的存储部件，通常用于存放暂时性的数据和程序。 （ ）

7. 扫描仪是电脑的输入设备，使用它便可以将喜欢的图片或自己的照片扫描到电脑中存储。 （ ）

8. 摄像头又称电脑相机、电脑眼、电子眼等，是一种视频输出设备，被广泛运用于视频会议、远程医疗及实时监控等方面。 （ ）

9. 麦克风，学名为传声器，是将声音信号转换为电信号的能量转换器件，由英文Microphone 音译而来。 （ ）

新起点
电脑教程

第 2 章

选购电脑硬件设备

本章要点

- 📖 选购主板
- 📖 选购 CPU
- 📖 选购内存
- 📖 选购硬盘
- 📖 选购显卡
- 📖 选购显示器
- 📖 选购光盘驱动器
- 📖 选购键盘与鼠标
- 📖 选购机箱与电源
- 📖 选购常用电脑配件

本章主要内容

本章主要介绍如何选购电脑硬件设备，包括选购主板、选购 CPU、选购内存、选购硬盘、选购显卡、选购显示器、选购光盘驱动器、选购键盘与鼠标、选购机箱与电源和选购常用电脑配件等方面的知识与技巧。通过本章的学习，读者可以掌握选购电脑硬件设备的相关知识，为深入学习计算机组装、维护与故障排除知识奠定基础。

2.1 选 购 主 板

主板作为电脑系统中各大部件的载体，CPU、内存、显卡、声卡和网卡等都安装在其中，并为打印机、扫描仪等设备提供了接口，其品质将直接影响到整个机器的性能，用户在选购主板时拥有相当大的自由度，本节将详细介绍选购主板的相关知识。

2.1.1 主板的分类

在选购主板之前应先了解和掌握主板，主板包括接口、插座插槽、芯片组、BIOS 芯片和 CMOS 电池等，如图 2-1 所示。

CMOS 电池

PIC 插槽

PIC Express 插槽

芯片组

外部接口

CIP 插座

内存插槽

图 2-1

主板按照板型主要分为 Baby-AT 型、ATX 型、Micro-ATX 型、NLX 型和 BTX 型等几种，其中 Baby-AT 型目前已经被淘汰，下面分别予以详细介绍。

1. ATX 型

ATX 型结构主板将串、并口和鼠标接口等直接设计在主板上，并集中在一起。此外，该类型主板还改进了电源管理，通过使用 ATX 电源，可以支持软关机与远程启动电脑等，是目前市场上的主流主板。

2. Micro-ATX 型

Micro-ATX 型结构是 ATX 的简化版，通过减少 PCI 插槽、内存插槽和 ISA 插槽的数量，以达到缩小主板尺寸的目的。与 ATX 型主板相比，少了一些扩展插槽，板型较小。

3. NLX 型

NLX 是 Intel 最新的主板结构，最大特点是主板、CPU 的升级灵活方便有效，不再需要每推出一种 CPU 就必须更新主板设计，此外还有一些主板的变形结构，如华硕主板就大量采用了 3/4 Baby-AT 尺寸的主板结构。

4. BTX 型

BTX 是英特尔推出的新型主板架构 Balanced Technology Extended 的简称，是 ATX 架构的替代者。与 ATX 主板相比，BTX 主板的体积更小，线路布局更加优化，安装更加简便，同时性能也得到一定程度的提升。

2.1.2　主板的选购技巧

电脑的主板对电脑的性能来说，影响是很重大的。选购主板时，应主要考虑三个因素，即主板品牌、技术指标、主板做工和用料等，下面分别予以详细介绍。

1. 主板品牌

和日常生活中的所有产品一样，品牌意味着产品的质量高低和服务的优劣，选购主板时也应关注品牌。目前，在电子市场上，有多个知名主板品牌，如华硕、技嘉和微星等。

2. 技术指标

技术指标主要为使用平台、芯片组和主板布局等，下面分别予以详细介绍。

(1) 使用平台。

由于目前生产 CPU 的厂商主要是 Intel 和 AMD 两大公司，因此在选购主板时首先要了解选购的 CPU 属于哪个厂商，Intel CPU 只能用在 Inter 平台的主板上。

(2) 芯片组。

主板上的芯片组决定了主板的主要参数，如所支持的 CPU 类型、内存容量和类型、接口和工作的稳定性等，因此选购时必须要注意。

(3) 主板布局。

在选购主板时首先要观察主板的设计布局，主板布局设计不合理会影响芯片组的散热性能，进而影响整个机器性能的发挥。

3. 主板做工和用料

优秀的主板无论做工和用料都会非常讲究，好的主板线路板光滑，没有毛刺，各接口处焊点结实饱满，主板上的参数、数据标注清晰。

主板用料方面，重点关注关键部分的元件，一般来说使用固态电容、封闭电感和高品质接插件的主板性能会比较好。

最后，确认主板中电容的质量。主板上常见的电容有铝电解电容、陶瓷贴片电容等。铝电解电容(直立电容)是最常见的电容，一般在 CPU 和内存槽附近比较多，铝电解电容的体积大、容量大、陶瓷贴片电容比较小，外观呈黑色贴片状，体积小，耐热性好，损耗低，但容量小，一般适用于高频电路，在主板和显卡上被大量采用。

2.2 选购 CPU

CPU 是电脑的核心，要选购一个好的 CPU，首先需要了解 CPU 和 CPU 的选购技巧，本节将详细介绍选购 CPU 的相关技巧。

2.2.1 CPU 的性能指标

CPU 的性能指标包括主频、外频、前端总线频率、CPU 的位与字长、倍频、缓存、CPU 扩展指令集、CPU 内核与 I/O 工作电压，下面分别予以详细介绍。

1. 主频

主频也称时钟频率，单位为 MHz 或 GHz，表示 CPU 运算和处理数据的速度，公式为"CPU 的主频=外频×倍频"。

2. 外频

外频为 CPU 的基准频率，单位为 MHz，决定主板的运行速度。

3. 前端总线频率

也称总线频率，可以影响 CPU 与内存直接进行数据交换的速度。

4. CPU 的位与字长

在电脑中使用二进制的数字，包含 0 和 1，其中的 0 和 1 都为 1 位；字长为电脑在单位时间内，一次处理的二进制数的位数，如 32 位的 CPU 在单位时间内能够处理的字长为 32 位的二进制数，其中 8 位二进制数称为一个字节。

5. 倍频

倍频为主频与外频的相对比例关系，如果主频相同，则倍频越高，外频就越高。

6. 缓存

缓存为 CPU 的重要指标之一，缓存的结构和大小对 CPU 有很大的影响，由于 CPU 的面积和成本的因素，缓存占用的面积都很小。L1 Cache 为一级缓存，是 CPU 的第一层高速缓存，包括数据缓存和指令缓存，对 CPU 的性能影响较大；L2 Cache 为二级缓存，是 CPU 的第二层高速缓存，包括内部和外部两种芯片，其中内部芯片的二级缓存的运行速度与主频相同，外部芯片的二级缓存仅为主频的一半，L2 Cache 可影响 CPU 的性能，且越大越好；L3 Cache 为三级缓存，是 CPU 的第三层高速缓存，早期为外置，现为内置，可降低内存延迟，提升数据计算的处理性能。

7. CPU 扩展指令集

CPU 使用指令进行计算和控制系统，指令集是提高 CPU 效率的工具，指令集包括复杂

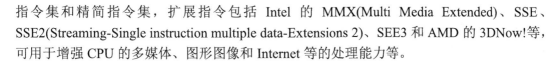

指令集和精简指令集，扩展指令包括 Intel 的 MMX(Multi Media Extended)、SSE、SSE2(Streaming-Single instruction multiple data-Extensions 2)、SEE3 和 AMD 的 3DNow!等，可用于增强 CPU 的多媒体、图形图像和 Internet 等的处理能力等。

8. CPU 内核与 I/O 工作电压

CPU 的工作电压包括内核电压和 I/O 电压，一般情况下，CPU 的内核电压小于等于 I/O 电压，其中内核电压取决于制作工艺，制作工艺越小，内核电压越高；I/O 电压一般在 1.6 至 5V 之间。

2.2.2　CPU 的主流产品

目前世界上生产 CPU 的主要厂商有 Intel、AMD、IBM、VIA 及 Transmeta 等，但绝大部分市场份额被 Intel 和 AMD 两家公司所垄断。

1. Intel 系列 CPU

Intel 处理器的产品线非常齐全，从低端的赛扬系列处理器到高端的酷睿处理器和服务器专用的至强处理器应有尽有。主流的产品有以下系列。

- ➢ 奔腾双核，赛扬双核：是比较低端的处理器，只能满足上网、办公、看电影使用。
- ➢ 酷睿 i3：是中端的处理器，可以理解为精简版的酷睿 i5，除了可以满足上网、办公、看电影之外，还可以玩网络游戏或大型单机游戏。
- ➢ 酷睿 i5：是高端的处理器，除了可以满足上网、办公、看电影之外，还可以玩大型网络游戏、大型单机游戏，并且可以支持较高的游戏效果。
- ➢ 酷睿 i7：是发烧级处理器，常用的网络应用都可以，还能以最高效果运行发烧级大型游戏。

2. AMD 系列 CPU

AMD 公司推出的 CPU 产品因具有较高的性价比而赢得用户的好评，占据了一定的市场份额。主流的产品有以下系列。

- ➢ 闪龙系列：单核心、双核心(低端)，只能满足上网、办公、看电影使用。
- ➢ 速龙系列：双核心、三核心、四核心、多核心(中端)，除了可以满足上网、办公、看电影之外，还可以玩网络游戏或大型单机游戏。
- ➢ 羿龙系列：双核心、三核心、四核心、六核心(高端)，发烧级处理器，常用的网络应用都可以，还能以最高效果运行发烧级大型游戏。

2.2.3　CPU 的选购技巧

CPU 是电脑中最重要的部件之一，CPU 的性能直接关系到整机的速度，所以 CPU 的选购非常重要。选择 CPU 有三个方面需要考虑：一是考虑购买电脑的用途；二是考虑 CPU 主频和核心的性能；三是考虑 CPU 的包装方式和售后服务。

在选择 CPU 时首先需要明确电脑的用途。目前市场上的 CPU 主要有两个品牌：Intel

和 AMD，总体来说，AMD 的 CPU 在游戏方面的性能更加出色，而 Intel 的 CPU 在办公、上网、图形设计方面的表现更胜一筹。因此，如果是为了家用，不妨多考虑一下 AMD；如果是用来办公或者进行一些设计工作，Intel 将是最佳的选择。

接着应考虑 CPU 的主频和核心。如果不考虑价格因素，CPU 的主频自然是越高越好，四核、三核和双核 CPU 肯定优于单核 CPU，四核最强。可是大多数人还是很关注产品价格的，因此还是以适用为好。

最后需要注意的是 CPU 的包装方式。CPU 分盒装和散装两种，盒装 CPU 有漂亮的包装盒，内含质量保证书和一个 CPU 散热器(散热片+风扇)，不过价格要比散装的贵一些。可是买散装 CPU 的同时必须另外买散热器，因此两者价格相差不大。推荐没有特殊需求的 用户购买盒装 CPU，毕竟可以享受完善的售后服务，可以得到更好的质量保证。

知识精讲

错误观点——主频至上论。事实上，AMD 的 CPU 由于采用了更为先进的架构，在主频相同的情况下性能会超出 Intel 很多，但也正是因为架构不同，AMD 无法达到 Intel 那么高的主频，这给我们的选择造成了一些不便。

2.3　选购内存

内存也被称为内存储器，其作用是暂时存放 CPU 中的运算数据和硬盘等外部存储器交换来的数据。本节将详细介绍选购内存的相关技巧。

2.3.1　内存的分类与性能指标

内存是计算机处理器的工作空间。它是处理器运行的程序和数据必须驻留于其中的一个临时存储区域，是计算机十分重要的部件。下面将分别予以详细介绍内存的分类与性能指标。

1. 内存的分类

目前市场上的主流内存是 DDR2 内存，并且正在向 DDR3 标准过渡，DDR3 相比 DDR2 内存主要有以下优点。

(1) 速度更快。

预取机制从 DDR2 的 4bit 提升到 8bit，相同工作频率下 DDR3 的数据传输量是 DDR2 的两倍，这样 DDR3 的工作频率只有接口频率的 1/8，比如 DDR2-800 的工作频率为 800MHz/4=200MHz，而 DDR3-1600 的工作频率同样为 1600MHz/8=200MHz。

(2) 更省电。

DDR3 电压从 DDR2 的 1.8V 降低到 1.5V，并采用了新的技术，相同频率下比 DDR2 更省电，同时也降低了发热量。

(3) 容量更大。

DDR2 中有 4 Bank 和 8 Bank 的设计，目的是应对未来大容量芯片的需求，而 DDR3 起始的逻辑 Bank 就有 8 个，而且已为 16 个逻辑 Bank 做好了准备，单条内存容量将大大提高。

2. 内存的性能指标

内存对整机的性能影响很大，许多指标都与内存有关，加之内存本身的性能指标就很多，因此，这里只介绍几个最常用，也是最重要的指标。

(1) 速度。

内存速度一般用存取一次数据所需的时间(单位一般为 ns)来作为性能指标，时间越短，速度就越快。只有当内存与主板速度、CPU 速度相匹配时，才能发挥电脑的最大效率，否则会影响 CPU 高速性能的充分发挥。FPM 内存速度只能达到 70～80ns，EDO 内存速度可达到 60ns，而 SDRAM 内存速度最高已达到 7ns。

存储器的速度指标通常以某种形式印在芯片上。一般在芯片型号的后面印有-60、-70、-10、-7 等字样，表示其存取速度为 60ns、70ns、10ns、7ns。ns 和 MHz 之间的换算关系为：1ns=1000MHz，6ns=166MHz，7ns=143MHz，10ns=100MHz。

(2) 容量。

内存是电脑中的主要部件，它是相对于外存而言的。而 Windows 系统、打字软件、游戏软件等，一般是安装在硬盘等外存上的，必须把它们调入内存中运行才能使用，如输入一段文字或玩一个游戏，其实都是在内存中进行的。通常把要永远保存的、大量的数据存储在外存上，而把一些临时或少量的数据和程序放在内存上。内存容量多多益善，但要受主板支持最大容量的限制，而且就目前主流电脑而言，这个限制仍是阻碍。单条内存的容量通常为 128MB、256MB，最大为 512MB，早期还有 64MB、32MB、16MB 等产品。

(3) 内存的奇偶校验。

为检验内存在存取过程中是否准确无误，每 8 位容量配备 1 位作为奇偶校验位，配合主板的奇偶校验电路对存取数据进行正确校验，这就需要在内存条上额外加装一块芯片。而在实际使用中，有无奇偶校验位对系统性能并没有影响，所以，目前大多数内存条上已不再加装校验芯片。

(4) 内存电压。

FPM 内存和 EDO 内存均使用 5V 电压，SDRAM 使用 3.3V 电压，而 DDR 使用 2.5V 电压，在使用中注意主板上的跳线不要设置错误。

(5) 数据宽度和带宽。

内存的数据宽度是指内存同时传输数据的位数，以 bit 为单位；内存的带宽是指内存的数据传输速率。

(6) 内存的线数。

内存的线数是指内存条与主板接触时接触点的个数，这些接触点就是金手指，有 72 线、168 线和 184 线等。72 线、168 线和 184 线内存条数据宽度分别为 8 位、32 位和 64 位。

(7) CAS。

CAS 等待时间是指从读命令有效(在时钟上升沿发出)开始，到输出端可以提供数据为止的这一段时间，一般是 2 个或 3 个时钟周期，它决定了内存的性能，在同等工作频率下，

CAS 等待时间为 2 的芯片比 CAS 等待时间为 3 的芯片速度更快、性能更好。

(8) 额定可用频率(GUF)。

将生产厂商给定的最高频率下调一些,这样得到的值称为额定可用频率 GUF。如 8ns 的内存条,最高可用频率是 125MHz,那么额定可用频率(GUF)应是 112MHz。最高可用频率与额定可用频率(前端系统总线工作频率)保持一定余量,可最大限度地保证系统稳定地工作。

2.3.2 内存的选购技巧

选购内存应考虑内存插槽的规格、容量、品牌和兼容性等方面,下面将具体介绍选购内存的方法。

1. 内存插槽的规格

内存插槽有 168、184 和 240 个触点等几种,选择与内存插槽相同规格的内存条。

2. 容量

如果需要在电脑中安装网络游戏或大型的软件等,需要较大的内存容量,如 1GB 或 2GB 内存容量等。

3. 品牌

比较知名的内存品牌包括现代、金士顿、利屏、胜创和金邦等,其中现代内存的兼容性和稳定性比较好;金士顿为最大的内存生产厂商之一;利屏是最近新出现的内存品牌,深受游戏玩家的青睐;金邦内存具有高性能、高品质和高可靠性等特点。

4. 兼容性

不同主板支持不同类型、不同品牌的内存,因此在选购内存时需要考虑主板是否支持该类型。

2.4 选 购 硬 盘

硬盘是电脑中的重要存储设备,主要用于存放电脑运行所需的重要数据和各种资料,本节将详细介绍选购硬盘的相关知识及技巧。

2.4.1 硬盘的分类

硬盘是电脑中重要的部件之一,可以按照接口、外形尺寸、电路结构和用途分成许多种类,下面将详细介绍硬盘的几种分类。

1. 按照接口分类

硬盘按接口不同,有 IDE、SATA 和 SCSI 等类型,前两种接口的硬盘主要用于个人电脑，SCSI 接口硬盘主要用于服务器。IDE 接口的硬盘即将被淘汰，目前主流的硬盘接口为 SATA。

2. 按照外形尺寸分类

硬盘按外形尺寸不同，有 3.5 英寸台式机用硬盘、2.5 英寸笔记本用硬盘和 1.8 英寸、1 英寸微型硬盘等。一般来说，硬盘的尺寸越小，功耗越低，性能也越差，这主要因体积受限，考虑更多的是稳定性和散热性能，由于台式电脑有足够的空间，散热能力较强，因此一般采用 3.5 英寸的高性能、高转速硬盘。

3. 按照电路结构分类

按数据的存储方式，硬盘可以分为传统的机电一体式硬盘和新型的固态硬盘。

4. 按照用途分类

硬盘可按照用途分为普通硬盘、服务器硬盘、企业硬盘和军工硬盘等，它们的主要差别在于稳定性和平均无故障工作时间，一般用户使用普通硬盘即可。

2.4.2　硬盘的性能参数

硬盘的参数指标有很多，包括尺寸、硬盘容量、硬盘读写速度、硬盘缓冲区容量、数据传输率、连续无故障时间和噪声与温度等，下面将详细介绍。

1. 尺寸

硬盘有多种类型，按盘面尺寸有 3.5 英寸、2.5 英寸、1.8 英寸等几种常见的产品，其外观大小也有差异。2.5 英寸和 1.8 英寸产品多用于笔记本或微型精密设备，桌面产品则采用 3.5 英寸硬盘，其外形也与普通软驱的大小相同。

2. 硬盘容量

硬盘的容量一般以 MB 或 GB 为单位，早期的硬盘容量很小，大多为几十 MB，如今，随着数据存储量的不断增多，硬盘容量也在不断增大。目前，主流的硬盘容量为 320GB、500GB、1TB 等。

3. 硬盘读写速度

硬盘读写速度是一个综合性的参数，反映了硬盘的内部传输速率。硬盘的读写速度包括寻道时间、读取速度、擦除速度和写入速度等，固态硬盘的寻道时间、读取时间远高于传统机械硬盘，同样固态硬盘的低擦除速度和写入速度也是它的最大劣势。

传统机械硬盘的读写速度与硬盘的盘片转速有很大的关系，一般盘片转速越高，硬盘的读写速率就越快，目前市场上的硬盘多为 7200r/min(转/分)。

4. 硬盘缓冲区容量

缓冲区容量也称为缓存容量，缓冲区的基本作用是平衡内部与外部的数据传输率，通过预读、写缓存和读缓存，来减少系统的等待时间，提高数据传输速度。

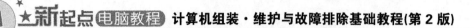
一般来说，硬盘缓存越大越好，这将提高硬盘的外部传输速率，目前大多数的硬盘缓存已经达到了 32MB，大容量的产品则达到了 64MB。

5. 数据传输率

根据数据交接方的不同，分为内部传输率和外部传输率，单位为 MB/s。内部数据传输率为磁头在缓存中读写数据的速度；外部数据传输率为缓存与系统内存交换数据的速度。

6. 连续无故障时间

连续无故障时间是指硬盘从开始运行到出现故障的最长时间。传统的硬盘连续无故障时间一般为 10 万~20 万小时，固态硬盘的连续无故障时间则可高达 200 万小时。

连续无故障时间越长越好，可以减少硬盘发生故障的概率，保护用户数据的安全。

7. 噪声与温度

噪声与温度是传统硬盘的参数，当硬盘工作时产生的温度会使硬盘温度上升，如果温度过高，将影响磁头读取数据的灵敏度，因此表面温度较低的硬盘有更好的数据读、写稳定性。一般来说，主轴转速越高，硬盘的读写反应越快，同时噪声也越大，部分厂商采用降低主轴转速的方法来减少噪声，但这将降低硬盘的性能。

2.4.3 硬盘的选购技巧

硬盘是电脑中最主要的外部存储器，保存着用户的操作系统、应用软件和各种数据等，因此选购硬盘时，用户应考虑稳定性和性能俱佳的产品。

1. 性能

硬盘的性能主要包括硬盘的外部接口速率、硬盘容量、缓冲区容量、内部接口速率、无故障工作时间、噪声和温度等。目前硬盘的主流接口为 SATA2.0；传统硬盘容量应在 500GB 以上，固态硬盘容量应该在 30GB 以上；缓冲区容量应该在 8MB 以上；目前的传统硬盘多为 7200r/min，由于采用的技术差不多，其内部接口速率和无故障工作时间也相差不大，噪声和温度通常与性能成反比，用户需要在两者之间找到平衡点。

2. 硬盘用途

通常我们所接触的硬盘有企业级硬盘和桌面级硬盘两种，在购买时需要根据自己的使用情况来进行选择。

企业级硬盘是针对企业级应用推出的硬盘，性能、可靠性高，具备更高的容错性和安全性，主要应用在服务器、存储磁盘阵列、图形工作站等，有 SAS(串行 SCSI)、FC(光纤)、SATA 等接口。桌面级硬盘主要针对家庭和个人用户，应用在台式机、笔记本电脑等领域，主要接口为 SATA。

3. 硬盘品牌

目前生产传统硬盘的主要厂商有希捷、日立、西部数据和三星。固态硬盘的生产厂商则较多，除了以上的生产厂商外，还有 IBM、Intel、金士顿、现代、威刚等。

4. 保修

目前硬盘的保修一般最短为 1 年，部分硬盘能达到 3～5 年，但是需要注意的是，有些硬盘只有第 1 年享有免费保修，超过后则需要付费或补差价换新的产品，同时几乎所有的硬盘对 IDE 接口损坏和硬盘表面划伤故障将另外收取一定的费用。用户在选购时应注意向经销商询问详细的保修条款，以免发生不必要的纠纷。

2.5　选购显卡

显卡又称显示适配器，显卡是显示器与主机进行通信的接口，是电脑中不可缺少的部件，本节将详细介绍选购显卡的相关知识及技巧。

2.5.1　显卡的分类

显卡按照结构形式可以分为集成显卡和独立显卡两大类。集成显卡是指集成到主板上的显卡，一般没有单独的 GPU(独立的芯片)，主要的图形、图像的处理任务仍由 CPU 来完成，使用内存作为显示缓存。独立显卡是指插入主板专用扩展插槽上的独立板卡，一般有独立的 GPU 和显存。集成显卡和独立显卡分别如图 2-2 和图 2-3 所示。

图 2-2

图 2-3

下面详细介绍集成显卡和独立显卡的优缺点。

1. 集成显卡的优缺点

➢ 集成显卡的优点：功耗低、发热量小、部分集成显卡的性能已经可以媲美入门级的独立显卡，一般价格便宜。

➢ 集成显卡的缺点：不能换新显卡，如果必须换，就只能和主板、CPU 一起换。

2. 独立显卡的优缺点

➢ 独立显卡的优点：有单独显存，一般不占用系统内存，性能强劲，比集成显卡能够得到更好的显示效果和性能，容易进行显卡的硬件升级。

➢ 独立显卡的缺点：系统功耗有所加大，发热量也较大，价格高。

2.5.2 显卡的选购技巧

选购显卡时应考虑其用途、显存容量、显示芯片、显存位宽和品牌等方面，这样方可选购到适合自己的显卡，下面将详细介绍选购显卡的一些技巧。

1. 用途

由于不同人群使用显卡的作用不同，在选购显卡时应选购适合自己电脑的显卡，如办公电脑、家庭电脑、网吧电脑和专业图形图像设计电脑，下面将分别予以详细介绍。

➢ 办公电脑：该电脑对显卡的要求比较低，能处理简单的图像即可，在选购时，可以选购价格较低的显卡。

➢ 家庭电脑：家庭电脑一般用于上网、看电影和玩一些小游戏等，在选购时，可以选购中低档的显卡。

➢ 网吧电脑：网吧电脑中一般安装多种网络游戏，对显卡的要求比较高，在选购时，最好选购集成显卡。

➢ 专业图形图像设计电脑：这类电脑中会安装图形图像处理软件，如 Photoshop、CorelDraw、3DSMAX、Turbo Photo 和 AutoCAD 等，在选购时，应选择支持这些软件处理的显卡。

2. 显存容量

显存的容量与位宽越大，显卡的性能就越好，市场中常见的显存容量有 128MB、256MB 和 512MB 等，可以根据自己显卡的情况选择。

3. 显示芯片

显示芯片是显卡的核心部件，其直接影响显卡的性能。不同的显示芯片在性能及价格上都存在较大的差异，一款显卡需要多大的显存容量主要是由采用的显示芯片决定的。

4. 显存位宽

显存位宽即显示芯片处理数据时使用的数据传输位数。在数据传输速率不变的情况下，显存位宽越大，显示芯片所能传输的数据量就越大，显卡的整体性能也就越好，目前主流显卡的显示位宽一般为 256 位，很多高端显卡的显示位宽可高达 512 位。

5. 品牌

显卡的主流品牌包括 Intel、ATI、NVIDIA、VIA、SIS、Matrox 和 3D Labs 等，其中 Intel、VIA 和 SIS 厂商的主要产品为集成芯片；ATI 和 NVIDIA 厂商的主要产品为独立芯片；Matrox 和 3D Labs 厂商的产品主要针对专业图形处理用户。

2.6　选购显示器

显示器是电脑外部设备中非常重要的一个部件，是电脑的主要输出设备，用于显示电脑中处理后的数据、图片和文字等，本节将详细介绍选购显示器的相关知识及技巧。

2.6.1　显示器的技术参数

显示器有很多技术参数，包括可视面积、可视角度、点距、色彩度、对比度、亮度值、响应时间等，下面将分别予以详细介绍。

1. 可视面积

液晶显示器所标示的尺寸就是实际可以使用的屏幕范围。例如，一个 15.1 英寸的液晶显示器约等于 17 英寸 CRT 屏幕的可视范围。

2. 可视角度

液晶显示器的可视角度左右对称，而上下则不一定对称。当背光源的入射光通过偏光板、液晶及取向膜后，输出光便具备了特定的方向特性，也就是说，大多数从屏幕射出的光具备了垂直方向。假如从一个非常斜的角度观看一个全白的画面，可能会看到黑色或是色彩失真。一般来说，上下角度要小于或等于左右角度。如果可视角度为左右 80 度，表示在与屏幕法线成 80 度的位置处可以清晰地看见屏幕图像。但是，由于人的视力范围不同，如果没有站在最佳的可视角度，所看到的颜色和亮度将会有误差。市场上，大部分液晶显示器的可视角度在 160 度左右。而随着科技的发展，有些厂商开发出各种广视角技术，试图改善液晶显示器的视角特性。

3. 点距

虽然经常会听到液晶显示器的点距这一参数，但是多数人并不知道这个数值是如何得到的。一般 14 英寸 LCD 的可视面积为 285.7mm×214.3mm，它的最大分辨率为 1024 像素×768 像素，那么点距就等于：可视宽度/水平像素(或者可视高度/垂直像素)。

4. 色彩度

LCD 重要的参数当然是色彩表现度。自然界的任何一种色彩都是由红、绿、蓝三种基本色组成的。LCD 面板上是由 1024×768 个像素点组成显像的，每个独立的像素色彩都是由红、绿、蓝(R、G、B)三种基本色来控制的。大部分厂商生产出来的液晶显示器，每个基本色(R、G、B)可达到 6 位，即 64 种表现度。也有不少厂商使用了所谓的 FRC(Frame Rate Control)技术以仿真的方式来表现全彩的画面，也就是每个基本色(R、G、B)能达到 8 位，即 256 种表现度。

5. 对比度

对比值是最大亮度值(全白)除以最小亮度值(全黑)的比值。CRT 显示器的对比值通常高达 500∶1，以致在 CRT 显示器上呈现真正全黑的画面是很容易的。但对 LCD 来说就不容易了，由冷阴极射线管构成的背光源很难做快速的开关动作，因此背光源始终处于点亮的状态。为了得到全黑画面，液晶模块必须把由背光源照射的光完全阻挡，但在物理特性上，这些组件无法完全达到这样的要求，总是会有一些漏光发生。一般来说，人眼可以接受的对比值约为 250∶1。

6. 亮度值

液晶显示器的最大亮度，通常由冷阴极射线管(背光源)来决定，亮度值一般为 200～250 cd/m^2。液晶显示器的亮度略低，屏幕越暗。通过多年的经验积累，如今市场上液晶显示器的亮度普遍都为 $250cd/m^2$，超过 24 英寸的显示器则要稍高，但也基本维持在 300～400 cd/m^2，虽然技术上可以达到更高亮度，但是这并不代表亮度值越高越好，因为亮度过高的显示器有可能会使人眼受伤。

7. 响应时间

响应时间是指液晶显示器各像素点对输入信号反应的速度，此值当然是越小越好。如果响应时间过长，就有可能使液晶显示器在显示动态图像时，有尾影拖曳的感觉。一般液晶显示器的响应时间为 5～10ms，而一线品牌的产品中，普遍达到了 5ms 以下的响应时间，基本避免了尾影拖曳问题的产生。

2.6.2 显示器的选购技巧

显示器是用户每天都在使用的设备，因此它的质量和性能很重要，不同类型的显示器，在选购时需要考虑的因素也不同，下面将详细介绍选购显示器的方法。

1. 选购 CRT 显示器

选购 CRT 显示器时应考虑自己的需要、显示器的聚焦能力、显示器的磁化现象和色彩是否均匀等方面的问题，下面分别予以详细介绍。

➤ 需求：由于 CRT 显示器的色彩效果较好，视觉角度较大，适合家庭电脑使用；如果是办公需要，需长时间面对电脑，可以选购 LCD 显示器。

➤ 显示器的聚焦能力：如果聚焦能力不足，容易引起视觉疲劳，长时间使用聚焦能力不足的显示器容易造成近视。在选购 CRT 显示器时，可以打开一个窗口，观察其中的文字是否清晰，窗口边缘时是否存在锯齿，主要部位是显示器的四个角落。

➤ 显示器的磁化现象：家用电器都会产生磁场，如果 CRT 显示器没有屏蔽磁场的功能，在屏幕上会显示大片的斑点。

➤ 色彩是否均匀：对于专业的图形图像电脑，需要显示器的色彩足够均匀，可以将 Windows XP 系统桌面设置为白色，检测是否每个位置的色彩都相同。

2. 选购 LCD 显示器

选购 LCD 显示器时应考虑亮度与对比度、可视角度、响应时间、数字接口和坏点数，下面将分别予以详细介绍。

➤ 亮度与对比度：亮度和对比度对显示器的显示效果影响较大，一般 LCD 显示器的亮度在 $300cd/m^2$ 以上，对比度在 $500：1$ 以上，如果厂家声称比其大很多，仅是暂时性的。

➤ 可视角度：LCD 显示器无法在每个角度都可以看清屏幕上的内容，在选购时需要挑选可视角度比较大的显示器。一般 19 英寸的 LCD 显示器，左右的可视角度都为 160 度。

➤ 响应时间：响应时间应以人肉眼看不到拖尾现象为宜。

➤ 数字接口：LCD 显示器包括 VGA 接口和 DVI 接口，如果对画质的要求较高，在选购 LCD 显示器时，应考虑是否支持 DVI 接口。

➤ 坏点数：指屏幕上颜色不会发生任何变化的点，包括亮点或暗点。在选购 LCD 显示器时可以将屏幕设置为全黑以检测亮点，或将屏幕设置为全白以检测暗点。

2.7　选购光盘驱动器

光盘驱动器简称为光驱，与常见的存储器(U 盘、硬盘)不同，光驱可以方便地更换存储介质——光盘，本节将详细介绍选购光盘驱动器的相关知识及技巧。

2.7.1　光驱的分类

从读取光盘的种类及性能分类，可以将光驱分为 CD-ROM、DVD 光驱、刻录光驱、蓝光光驱和 HD-DVD 光驱等几大类，下面将分别予以详细介绍。

1. CD-ROM

CD-ROM 又称为致密盘只读存储器，是一种只读的光存储介质。它是利用原本用于音频 CD 的 CD-DA 格式发展起来的，用于读取 CD 和 VCD 类型的光盘，接口类型可以分为 SCSI 和 Enhanced-IDE 两种。

2. DVD 光驱

DVD 光驱用于读取 DVD 光盘，也可以读取 CD 和 VCD 光盘中的内容，包括 DVD-ROM、DVD-R、DVD-RAM 和 DVD-RW 等类型，并且对于 CD-I、VIDEO-CD、CD-G 等都有很好的支持。

3. 刻录光驱

刻录光驱有 CD-RW 和 DVD-RW 两种。CD-RM 可以将数据以 CD-ROM 的格式刻录到光盘上；DVD-RW 可以将数据以 DVD-ROM 或 CD-ROM 的格式刻录到光盘上。

4. 蓝光光驱

蓝光光驱是利用波长较短的蓝色激光读取和写入数据，也为 DVD 光驱的一个标准，但其是 DVD 的下一代标准，所以单独进行介绍。

5. HD-DVD 光驱

HD-DVD 光驱全称为 High Definition DVD，是一种以数字光储存格式的蓝色光束光碟产品，成为高清 DVD 标准之一，包括 HD DVD-ROM、HD DVD-R、HD DVD-RW 和 HD DVD-RAM 等类型。

2.7.2 光驱的性能指标

光驱是现在电脑中不可缺少的部件，不同类型的光驱性能指标也不同，下面将分别介绍 DVD-ROM 和 DVD 刻录机的主要性能指标。

1. DVD-ROM

DVD-ROM 的性能指标包括数据传输率、数据缓冲区、平均寻道时间和接口，下面将分别予以详细介绍。

➢ 数据传输率：也称光驱的倍数，DVD-ROM 数据传输率单倍数为 1350KB/s，目前常用光驱的倍数为 24X。

➢ 数据缓冲区：光驱内部的存储区，可以提高数据的传输率，减少光驱的读盘次数。

➢ 平均寻道时间：光驱的激光头从原位置移动到目标位置需要的时间，平均寻道时间越短，光驱的性能越好。

➢ 接口：CD-ROM 的接口方式包括 IDE 接口和 SCSI 接口两种。IDE 是目前使用比较广泛的光驱接口方式，具有安装方便和价格便宜等特点；SCSI 的接口方式较 IDE 接口方式的光驱价格高，需要 SCSI 接口卡支持，而且安装比较麻烦，具有稳定性好和 CPU 占用率低等特点，适合网络服务器使用。

2. DVD 刻录机

DVD 刻录机的性能指标包括倍数、缓存和防缓存欠载技术，下面将具体介绍 DVD 刻录机的性能指标。

➢ 倍数：刻录机包括写入速度、复写速度和读取速度三个倍数指标。写入速度是刻录机的重要参数，用于记录刻录机向刻录光盘写入数据的最大速度；复写速度用于记录刻录机对可擦写光盘的擦写速度；读取速度用于记录刻录机读取普通光盘的速度。

➢ 缓存：刻录数据时，数据先传送到刻录机的缓存中，再将缓存中的数据刻录在光盘上，如果缓存不够存放这些数据，将会出现因为数据中断导致盘片报废的情况。目前常见的刻录机缓存包括 2MB、4MB 和 8MB 等。

➢ 防缓存欠载技术：这种技术可以消除因缓存不够而造成的费盘隐患，可以实时监视缓存的状态，如果缓存刻录停止，即可记录下停止的位置，当缓存重新填满时，可以从停止处继续刻录。

2.7.3 光驱的选购技巧

光驱在系统安装和多媒体应用中起着重要的作用，带有刻录功能的光驱还能用于保存

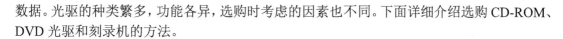

数据。光驱的种类繁多，功能各异，选购时考虑的因素也不同。下面详细介绍选购 CD-ROM、DVD 光驱和刻录机的方法。

1. 选购 CD-ROM

目前，CD-ROM 的技术已经相当成熟，而且 CD-ROM 较其他光驱价格便宜，在购买 CD-ROM 时，应考虑读盘能力和售后服务等，下面将具体进行介绍。

- ➢ 读盘能力：即光驱的纠错能力，在选购光盘时，可以自带一张质量较差的光盘放入光驱试验光驱的纠错能力。
- ➢ 售后服务：应选购售后服务时间较长的光驱，因为这可以从一个侧面反映出厂家对产品的信心。

2. 选购 DVD 光驱

选购 DVD 光驱时应考虑读盘能力、倍速、品牌和售后服务等因素，下面将具体介绍选购 DVD 光驱的方法。

- ➢ 读盘能力：读盘能力是在购买 DVD 光驱时最关心的因素，读盘能力差的光驱总会出现跳盘现象。
- ➢ 倍速：光驱倍速越高，读盘速度越快，目前市场上 DVD 光驱为 16 倍速，可以满足大部分人的需要。
- ➢ 品牌：光驱品牌包括先锋、华硕、明基和三星等，选购一些知名品牌在质量上有保证。
- ➢ 售后服务：选购光驱时，应选购信誉和口碑好，且售后服务时间长的光驱。

3. 选购刻录机

在选购刻录机时应考虑读写速度、缓存容量和兼容性等因素，下面将具体介绍选购刻录机的方法。

- ➢ 读写速度：在刻录机的标签中会标明刻录机的读写速度，其速度越快，价格越高，可以根据自己的需要和经济能力进行选择。
- ➢ 缓存容量：选购刻录机时需要考虑的一个重要指标，应尽量选购缓存容量大的刻录机。
- ➢ 兼容性：由于 DVD 光盘没有一个标准，所以在选购刻录机时应选择支持较多光盘格式的刻录机。

2.8　选购键盘与鼠标

键盘和鼠标是最常见的计算机输入设备，选购键盘和鼠标时，应掌握一定的技巧，确保选购到适合自己的键盘和鼠标。本节将详细介绍选购键盘与鼠标的相关知识。

2.8.1　键盘的选购技巧

选购键盘应该从键盘的功能、做工、手感、品牌和布局等方面入手，以选购到适合的键盘。下面详细介绍选购键盘的方法。

1. 键盘的功能

很多键盘在功能上已经明确分类,不同种类的键盘有不同的设计重心。喜欢上网冲浪、看电影和听音乐等的用户可以考虑购买一个拥有多媒体按键的键盘;喜欢玩游戏,对键盘的操作性能要求较高的用户可以考虑购买一个专门为游戏设计的键盘。

2. 做工

在外观上看,质量好的键盘应该美观大方、结构合理,面板上的颜色清爽、字迹清晰,键盘背面贴有产品信息和合格标签,按键没有松动且弹力适中,键盘手感不粗糙。

3. 手感

键盘的手感对于键盘使用者来说非常重要,手感好的键盘使用时不会感觉太累,按键的弹性适宜且灵敏度较高,敲击键盘后没有卡键的现象。

4. 品牌

选购键盘时尽量选购知名品牌的键盘,如罗技、微软、雷蛇和双飞燕等,知名品牌键盘的按键次数可以达到3万次以上。

5. 布局

一款高品质的键盘应布局合理,符合人体工程学设计。人体工程学键盘的字母按键分为两部分并呈一定的角度展开,以适应人手的角度,使用者不必弯曲手腕,同样能够有效地减少腕部疲劳。

2.8.2 鼠标的选购技巧

鼠标作为标准的输入设备,是电脑中必不可少又经常使用的设备,好的鼠标能有效地提高工作效率,选购鼠标可以从以下几个方面来考虑。

➢ 手感:选购一款手感好的鼠标非常重要,需要适合自己手的大小,并且需要灵敏一些的鼠标。

➢ 外形:可以选购比较小巧、做工精细的鼠标,而且不是特别重的鼠标,好的鼠标在使用时可以减少手的疲劳程度。

➢ 品牌:优秀的品牌有着多年市场口碑与技术的积淀,其产品无论在做工、用料还是技术上都有保证。选购鼠标时应选购品牌产品,如罗技、微软和双飞燕等,这样的鼠标使用寿命长,且售后服务也有保障。

2.9 选购机箱与电源

机箱主要用于固定电源、主板、硬盘和附加的显卡、声卡等部件,电源可以向电脑中的所有部件提供电能,本节将详细选购机箱与电源的相关知识。

2.9.1　机箱的选购技巧

机箱是电脑必不可少的一个重要配件，机箱性能与电脑性能虽然没有直接联系，但系统的稳定性及辐射问题却与机箱好坏有密切关系。选购机箱时可以从温度、外观、制作材料、品牌和附加功能等方面考虑，下面将具体介绍选购机箱的技巧。

1. 温度

从市场上看，目前多为 38℃机箱，该机箱是由 Intel 公司提出的标准，即规定室温在 25℃时，合上机箱侧面板，使用电脑时，距离 CPU 散热器上方 2cm 处，温度应在 38℃左右。

2. 外观

质量好的机箱钢板边缘不会有毛边毛刺，机箱的各个插槽定位准确；箱内有撑杠，以防止侧面板下沉；底板比较厚重结实，在抱起机箱时不会变形；机箱外面的烤漆均匀，不会掉漆也不会生锈。

3. 制作材料

机箱的用料是判断机箱质量好坏的重要标准，机箱用料可分为喷漆钢板、镀锌钢板和镁铝合金三大类，喷漆钢板的抗腐蚀能力及导电能力极差，目前基本已经淘汰。质量好的机箱可以防止产生静电，一般采用镀锌钢板。虽然镁铝合金机箱表面有致密的抗氧化层保护，抗腐蚀能力极强，但由于成本较高，导致该类型机箱的价格也相对较高。

4. 品牌

目前主要的机箱品牌有酷冷至尊、动力火车、Tt、金河田、大水牛、技展、NZXT、航嘉和多彩等，用户在选购时应尽量选择这些名牌产品以保证机箱的质量。

5. 附加功能

附件功能包括使用耳麦、音箱和 U 盘等，机箱正面包含音频插孔和 USB 插孔，如果经常使用书籍和数码相机，也可以在机箱上提供数据存储卡读卡器或红外线设备等。

知识精讲

> 某种程度上说，机箱越重则质量越可靠，但机箱的重量并没有统一规定，只能靠感觉，提着差不多重就行了。

2.9.2　电源的选购技巧

电源的选购也是十分重要的，若选购质量较差的电源就会影响系统的稳定性和硬件的使用寿命。选购电源时应从功率、版本、认证标志、品牌、做工和效率等方面考虑，下面将具体介绍选购电源的相关知识及技巧。

1. 功率

功率是电源的重要指标，电源的功率分为三种：额定功率、最大输出功率和峰值功率，有些电源的铭牌上标注的是其最大功率或峰值功率。

用户在选购电源时，一定要保证电源的额定功率大于所有硬件的最大功率之和。一般电源的输出功率为 250～420W，输出功率大，使得电脑可以连接更多的硬件设备，如果为家庭使用，在选购电源时可以选购 300～350W 的电源。

2. 版本

电源有很多的标准，如 ATX12V 2.2 和 ATX12V 2.3 等，不同的标准有不同的技术特点，一般来说版本越高，电源的效率就越高，用户需要根据主板的要求选用适合的电源标准。如果 CPU 功耗较大，可以选购符合 ATX12V 2.2 标准的电源；如果 CPU 功耗不大，但显卡功耗大时，可以选购 ATX12V 2.3 标准的电源。

3. 认证标志

电源的认证标志为权威机构颁发证明电源性能和安全水平标记，包括 3C 认证、FCC 认证、CSA 认证和 CE 认证等。

> * 3C 认证：英文全称为 China Compulsory Certificate，翻译成中文为中国国家强制性产品认证，其在用电安全、电磁兼容和电波干扰等方面作了全面的规定标准。
> * FCC 认证：英文全称为 Federal Communications Commission，翻译成中文为美国联邦通信委员会，包括无线电装置和航空器的检测等。
> * CSA 认证：英文全称为 Canadian Standards Association，翻译成中文为加拿大标准协会，它是世界上最著名的安全认证机构之一，为机械、建材、电器、电脑设备、办公设备、环保、医疗防火安全、运动和娱乐等方面提供安全认证。
> * CE 认证：英文全称为 European Conformity，翻译成中文为欧洲共同体，其符合安全、卫生、环保和消费者保护等标准。

4. 品牌

目前市场上的电源品牌众多，有航嘉、长城、酷冷至尊、ANTEC、鑫谷、Tt、大水牛和金河田等，不同厂家生产的电源具有不同的特点，用户应尽量选购这些大厂家的产品，以保证电脑能稳定工作和延长硬件的使用寿命。

5. 做工

电源的做工可以从重量和输出线的粗细方面查看，一般质量好的电源较重，而且输出线较粗，从散热孔观察内部，可以看到体积较大、金属散热片和各种电子元件较厚。

6. 效率

效率是电源的一个重要指标，不过一般不会直接标注出来。效率越高，电源自身的发热量就越低，电源的利用率就越高，同时采用的元件和设计方案就越先进，不过价格较高。

2.10　选购常用电脑配件

电脑的常用配件包括音箱、摄像头、耳麦、无线路由器和无线网卡等，在选购这些常用配件时需要掌握一些基本的选购技巧，本节将介绍选购常用电脑配件的相关知识及技巧。

2.10.1　选购音箱

音箱是多媒体电脑不可缺少的配置，在看电影、玩游戏时都会用到。选购音箱时，应从音箱的信噪比、灵敏度、阻抗和品牌等方面考虑，下面将具体介绍选购音箱的技巧。

1. 信噪比

信噪比是指音箱回放过程中的正常声音信号与无信号时噪声信号的比值，单位为 dB。一般来说，信噪比越大，音箱的回放质量就越高。如果信噪比很低，音箱声音会明显感觉混浊不清，因此在选购音箱时最好选择信噪比不低于 80dB 的。

2. 灵敏度

灵敏度是指当音箱获得 1W 的输入功率时，在音箱正前方距离音箱 1m 处，人耳能够接收到的音压值。在输入功率相同的情况下，灵敏度越高，音箱就越容易被推动，对功放输出功率的要求就越低。对音质没有过高要求的用户来说，可以选购灵敏度在 85～90dB 之间的音箱。

3. 阻抗

阻抗是指扬声器输入信号时产生的电压与电流的比值，以Ω为单位。输出功率与功放相同时，音箱的阻抗值越小，其获得的输出功率就越大，但是如果阻抗值过低，同样会影响音箱的音质。音箱的标准阻抗值为 8Ω，低于 8Ω的属于低阻抗，高于 168Ω的属于高阻抗。

4. 品牌

目前市场上较知名的音箱品牌包括惠威、漫步者、麦博、创新和三诺等，选购这些知名品牌的音箱质量可以得到保障。

2.10.2　选购摄像头

摄像头是一种视频输入设备，被广泛应用在电脑中，选购摄像头时应考虑感光元件、像素、色彩还原度和捕捉速度等，下面将详细介绍选购摄像头的相关方法。

1. 感光元件

摄像头的感光元件一般分为 CCD 和 CMOS 两种，感光器为摄像头的核心部件。高档的摄像头一般使用 CCD 感光器，其具有体积小、灵敏度高和抗震性好等特点，价格较高。CMOS 感光器具有低功耗和低成本等特点，分辨率和动态范围等方面较 CCD 感光器差。

2．像素

像素是判断摄像头质量的重要参数，一般来说，摄像头的像素越高，图像的品质就越好。选购摄像头时，要关注动态拍摄画面的像素值，目前主流的摄像头像素为 130 万。

3．色彩还原度和捕捉速度

在选购摄像头时最好可以实际操作一下，注意图像上色彩的真实程度，人物的清晰程度。也可以使用摄像头抓拍图片，并注意图片是否清晰，色彩是否真实。视频播放时，注意图像是否连贯，有没有明显的延迟或跳格现象。

2.10.3 选购耳麦

耳麦在电脑外设中有着相当重要的地位，玩游戏、听音乐、看视频，都要用耳麦。耳麦是电脑的输出设备，选购耳麦时应从耳麦结构、产品性能指标和质量方面考虑，下面将具体介绍选购耳麦的方法。

1．耳麦结构

耳麦结构有封闭式、开放式和半开放式三种。封闭式耳麦是使用软音垫包裹耳朵，使其完全被覆盖，此类耳麦适合在噪音较大的环境下使用；开放式耳麦是目前比较流行一种样式，具有体积小和佩戴舒适等特点；半开放式耳麦是一款新型耳麦，具有低频丰满浑厚、高频明亮自然和层次清晰等特点。

2．产品性能指标

选购耳麦时，要注意耳麦包装或说明书上的性能指标，质量差的耳麦往往是一些小厂生产的，它的性能指标有的是胡乱标注，有的是夸大其词。耳麦一般最低要达到 20～20kHz 的频率范围，大于 100mW 的功率，小于或略等于 0.5%的谐波失真等。如果达不到以上要求，最好不要选购，如果说明书上的性能写得太高的产品最好也不要买。

3．质量

大厂家生产的耳麦使用的通常是工程塑料，所以外观十分平滑，而且又有一定的应力和韧性；没有生硬感，做工也比较精细，手感极好，更没有采用劣质塑料制成的粗糙感；耳麦的引线线径比较粗，可以保证传输稳定，线的触感柔软但有一定的硬度；插头做得干净利落，没有毛刺，镀层平滑均匀。如果不符合以上条件的耳麦最好不要买。

2.10.4 选购无线路由器

如果需要长期上网，选购一个好的无线路由器是非常必要的。无线路由器是指带有无线覆盖功能的路由器，主要用于用户上网和无线覆盖。无线路由器可以看作一个转发器，即将家中墙上接出的宽带网络信号通过天线转发给附近的无线网络设备(笔记本电脑、支持WiFi 的手机等)。下面将详细介绍选择无线路由器的几个标准。

1. 无线标准

经常看到产品说明书上会写遵循 IEEE 802.11b，IEEE 802.11g 标准，其实这个就是无线协议标准。802.11b 是以 11Mbps 的速度上网，而 802.11g 是以 54Mbps 的速度上网。目前市场上最新的产品是 802.11ac 二代(802.11ac wave2)，802.11n 是市场上保有量最多的产品，但逐渐会被淘汰，所以在购买时要先看是不是最新产品，如图 2-4 所示。

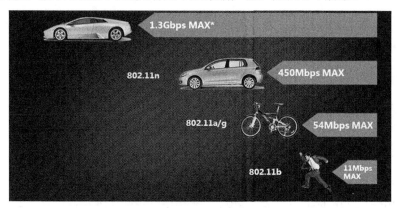

图 2-4

2. 发射功率

无线设备采用发射功率来衡量发射方的性能高低。发射功率的度量单位为 dBm 或者 mW。如同电灯泡亮度与瓦数之间的关系，无线设备的传输距离与发射功率同样存在着这样的联系。随着发射功率的增大，传输距离也会增大。目前国际上规定最大发射功率为 20dBm(或 100mW)，但是现在市场上的产品多数都达不到这个标准，在选择时当然是越接近越好。

3. 天线增益

无线产品大都要有天线，天线的好坏对无线产品有着直接的影响，在选路由器时一定要考虑这一问题。天线的功能用通俗的理解方法其实就是一个放大器，对接收和发送的信号都有扩大的作用。我们通常都说天线的增益，增益的度量单位为 dB，这个增益越大，信号的收发效果就越好。天线增益的大小不仅与天线的大小尺寸有关系，而且与天线内部的材料以及做工也有很大的关系。目前市场上的产品多以 2dB 和 5dB 产品为主，不过一些产品在天线方面宣称是 5dB 产品，但实际在做工和用料上不够好，所以达不到 5dB。

4. 产品品牌

无线路由器具有共享宽带上网的能力和无线客户端接入的能力，产品的性能马虎不得。在选择时应选一些品牌产品，如华硕、华为、中兴、极路由、Linksys、NETCORE(磊科)、NETGEAR(美国网件)等。由于规模大的厂商比较有实力，会采用品牌 CPU 和无线芯片，产品的性能和发射功率有保证，因此在支持接入主机数量、安全方案、无线覆盖范围、设置管理、软件升级等方面都会得到保证。

5. 简易安装

对于普通家庭用户来说，网络知识有限，因此我们选购的产品最好是有简洁的基于浏览器配置的管理界面，能有智能配置向导，能提供软件升级。

2.10.5 选购无线网卡

由于省了布线的麻烦，因此无线上网方式深受大众青睐。下面将详细介绍选购无线网卡的一些经验技巧。

1. 接口类型

在选购无线网卡的过程中，建议大家视情况而定。如果要考虑成本，建议选购 PCI 接口的无线网卡，这类无线网卡相对于 USB 接口的产品来说，价格更加便宜。

2. 网络标准

目前，适用于台式机的无线网卡采用的网络标准主要是 WiFi 联盟认证的 IEEE 802.11b 标准以及 IEEE 802.11g 标准，后者可以向下兼容 IEEE 802.11b 标准的产品。另外，很多厂商考虑到网络传输速率的自由选择，特别设计了支持 IEEE 802.11b 和 IEEE 802.11g 标准的产品，这样的产品可以自由选择传输速率。

3. 传输速率

目前，支持 IEEE 802.11b 标准的无线网卡的最大传输速率可达 11Mbps，这样的速率基本上可以满足台式机的网络传输。而支持 IEEE 802.11g 标准的无线网卡，最大传输速率可达 54Mbps。不过，IEEE 802.11g 标准的产品的数量还很少，而且价格比较高。

4. 覆盖范围

无线网卡覆盖范围的大小直接影响到无线信号的发送和传输，在选择台式机无线网卡的时候要特别注意该指标。目前，适合台式机使用的无线网卡的室内覆盖范围一般为 30～120 米，室外覆盖范围为 100～350 米，部分产品的覆盖范围可能更大。

5. 安全性能

在无线局域网中，很多人会忽视安全，其实当前标准的无线局域网存在很大的安全问题。因此，在选购台式机无线网卡的时候，一定要注意安全性能指标。

2.11   思考与练习

一、填空题

1. 主板包括_____、插座插槽、_____、BIOS 芯片和 CMOS 电池等。
2. 主板按照版型主要分为 Baby-AT 型、_____、Micro-ATX 型、NLX 型和_____型等几种，其中 Baby-AT 型目前已经被淘汰。

3. CPU 的性能指标包括_____、外频、前端总线频率、CPU 的位与字长、_____、缓存、_____、CPU 内核和 I/O 工作电压。

4. 内存是计算机处理器的_____。它是处理器运行的程序和数据必须驻留于其中的一个_____，是计算机十分重要的部件。

5. 硬盘是电脑中最主要的_____，保存着用户的操作系统、应用软件和各种数据等。

6. 显卡按照结构形式可以分为_____和_____两大类。

7. 显示器是电脑外部设备中非常重要的一个部件，是电脑的主要_____设备，用于_____电脑中处理后的数据、图片和文字等。

8. 光盘驱动器简称为_____，与常见的存储器_____、_____不同，光驱可以方便地更换存储介质——_____。

9. 机箱主要用于_____电源、主板、硬盘和附加的显卡、声卡等设备，电源可以向电脑中的所有部件提供_____。

二、判断题

1. 硬盘是电脑中的重要存储设备，主要用于暂时存放电脑运行所需的重要数据和各种资料。　　　　　　　　　　　　　　　　　　　　　　　（　　）

2. 显卡又称显示适配器，显卡是显示器与主机进行通信的接口，是电脑中不可缺少的部件。　　　　　　　　　　　　　　　　　　　　　　　　　（　　）

3. 集成显卡是指集成到主板上的显卡，一般有单独的 GPU(独立的芯片)，主要的图形、图像的处理任务仍由 CPU 来完成，使用内存作为显示缓存。　　　　　（　　）

4. 选购键盘应该从键盘的功能、做工、手感、品牌和布局等方面入手，选购适合的键盘。　　　　　　　　　　　　　　　　　　　　　　　　　　　　（　　）

5. 机箱是电脑必不可少的一个重要配件，机箱性能与电脑性能虽然没有直接联系，但系统稳定性及机箱辐射问题却与机箱好坏有密切关系。　　　　　　　（　　）

第 3 章

组装一台电脑

本章要点

- 电脑组装前的准备工作
- 安装电脑的基本硬件设备
- 连接机箱内的电源线
- 连接机箱内的控制线和数据线
- 连接外部设备

本章主要内容

　　本章主要介绍电脑组装前的准备工作、安装电脑的基本硬件设备、连接机箱内的电源线、连接机箱内的控制线和数据线方面的知识与技巧，以及连接外部设备的相关操作方法。通过本章的学习，读者可以掌握组装一台电脑的相关知识，为深入学习计算机组装、维护与故障排除知识奠定基础。

3.1 电脑组装前的准备工作

在动手组装电脑之前，应先做好相应的准备工作，主要包括准备使用的工具、熟悉装机流程和了解装机过程中的注意事项。本节将详细介绍电脑组装前的准备工作。

3.1.1 常用的装机工具

如果准备组装一台电脑，需要准备常用的装机工具，包括螺丝刀、尖嘴钳、导热硅脂、镊子、万用表等，下面将详细进行介绍。

1. 螺丝刀

螺丝刀是用来拧转螺丝钉，节省力气的工具。常用的螺丝刀按照刀头来分，可以分为一字形螺丝刀和十字形螺丝刀。电脑中的主要硬件设备都要用十字形螺丝刀来固定，在组装电脑的过程中也可能会用到一字形螺丝刀，比如固定和拆卸某些CPU散热风扇时就会用到。十字形螺丝刀和一字形螺丝刀分别如图3-1和图3-2所示。

 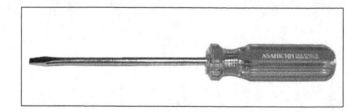

图 3-1   图 3-2

2. 尖嘴钳

尖嘴钳可以用来剪切线径较细的单股或多股线，包括绝缘材料等，是电工经常使用的工具之一，如图3-3所示。在装机中使用尖嘴钳，主要用来夹取机箱中的挡片或铁皮等。

图 3-3

3. 导热硅脂

导热硅脂具有良好的导热性能与绝缘性，主要涂抹在CPU的表面，填补CPU与散热片之间的空隙，帮助CPU进行散热。一般盒装CPU和CPU散热风扇的包装中带有导热硅脂；

部分散热风扇散热器与 CPU 的接触位置会预先涂覆导热硅脂，用户无须另外涂抹直接安装即可使用。导热硅脂如图 3-4 所示。

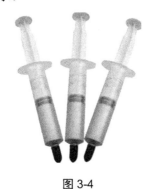

图 3-4

4. 镊子

镊子是维修机器和零部件经常使用的工具之一，如图 3-5 所示。镊子包括直头、平头和弯头三种。在装机中需要使用镊子夹取细小的零部件或螺丝等。

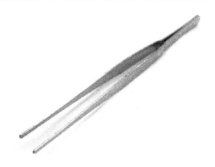

图 3-5

5. 万用表

万用表也称多用表，是一种多功能、多量程的测量仪表，可以测量直流电流、直流电压、交流电压、电阻和音频电平等，如图 3-6 所示。在装机中使用万用表，可以用来测量零部件两点之间的电流和电压等。

图 3-6

3.1.2 正确的装机流程

电脑的组装包括硬件组装和软件安装两个方面，应该按照正确的步骤有条不紊地进行安装。下面分别详细介绍电脑硬件的组装流程和电脑软件的安装流程。

1. 电脑硬件组装的正确流程

组装电脑时，应按照正确的步骤进行，这样既可以提高工作效率，也可以防止意外的发生。下面具体介绍电脑硬件组装的正确流程，如图 3-7 所示。

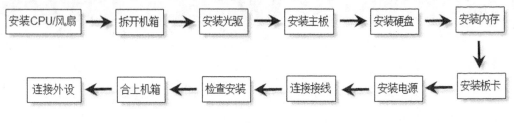

图 3-7

> 安装 CPU/风扇：把 CPU 安装到主板上，然后装好 CPU 散热风扇。
> 拆开机箱：取出新机箱并拆下两侧的挡板。
> 安装光驱：把光驱安装到机箱中的相应位置。
> 安装主板：把主板安装到机箱里。
> 安装硬盘：把硬盘安装到机箱中的相应位置。
> 安装内存：把内存条安装在机箱内的主板上。
> 安装板卡：将显卡、声卡和网卡等扩展板卡安装在主板上。
> 安装电源：将电源安装到机箱中。
> 连接接线：连接电源开关、复位开关，以及硬盘、光驱的电源线和数据线等。
> 合上机箱：检查安装、连接正确无误后，整理机箱内的线材，然后把机箱挡板恢复原样。
> 连接外设：分别连接键盘、鼠标、显示器和音箱(或耳麦)，最后连接电源线。

智慧锦囊

因为目前的键盘与鼠标大多使用 PS/2 接口，因此如果出现键盘安装错误，则可能是连接时接反了，也可能是插入时没有对准方向，没有真正地插进插槽。

2. 电脑软件安装的正确流程

完成电脑硬件的安装后，就可以安装软件了，参考流程如图 3-8 所示。下面具体介绍电脑软件安装的正确流程。

> BIOS 设置：进入 BIOS 设置界面，对系统进行初始化设置，并设置正确的引导启动顺序。

> 硬盘分区/格式化：硬盘使用前必须先分区并格式化，该操作可以在安装操作系统时进行，也可以单独执行。

> 安装操作系统：在电脑中安装 Windows XP、Windows 7 或 Linux 等操作系统。

> 安装驱动程序：安装操作系统无法识别的硬件驱动程序，如显卡、声卡和网卡等硬件。

> 安装常用软件：安装常用的软件，如图形处理软件、压缩/解压缩软件、办公软件、多媒体播放/处理软件等。

> 拷机测试：对电脑进行性能和稳定性检测，若发现某些隐藏的问题，应尽早排除。

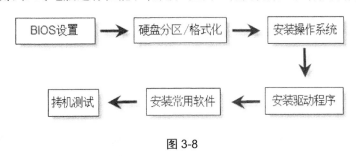

图 3-8

3.1.3　组装电脑的注意事项

在组装电脑前需要了解其注意事项，以免出现错误，包括阅读硬件说明书、轻拿轻放、防潮和消除人体静电等，下面将具体进行介绍。

1. 阅读硬件说明书

在组装电脑之前应该仔细阅读主板、显卡和其他硬件的说明书，了解各个插槽和接口的正确安装、使用、连接方法以及注意事项等。

2. 轻拿轻放

电脑中有的硬件比较小，不能受到大的撞击，特别是 CPU、主板和硬盘等，在安装时需要轻拿轻放，否则容易损坏这些硬件。

3. 防潮

电脑中的硬件都有电路连接，如果遇潮可能会烧坏硬件，在安装的过程中需要将其放置在干燥的地方。

4. 消除人体静电

人体所带的静电可能会损坏敏感的电子元器件或者破坏存储在芯片中的数据，因此在动手组装电脑之前一定要先消除人体静电，可以用手摸金属物体，如暖气片和金属衣架等来消除静电。

3.2　安装电脑的基本硬件设备

　　安装电脑的基本硬件设备之前，要先打开机箱盖，然后再安装电源、CPU 及散热风扇、内存、主板、硬盘、光驱和显卡等。本节将详细介绍安装电脑的基本硬件设备的方法。

3.2.1　打开机箱盖

　　在组装电脑前，需要先打开机箱盖，然后再将硬件装入机箱中。下面将具体介绍打开机箱盖的操作方法。

第1步 将机箱放置在桌子上，用手拧下机箱侧面板上的螺丝，如图 3-9 所示。

第2步 取下机箱侧面板，完成打开机箱盖的操作，如图 3-10 所示。

拧下螺丝

打开机箱盖

图 3-9　　　　　　　　　　　　　　　　　　　图 3-10

智慧锦囊

　　不少用户对电脑的散热问题极为看重，因此会为电脑安装强大的散热器，但其实对于一般机箱而言，只需要简单地打开机箱盖就可以有效增强内部硬件的散热效果。

3.2.2　安装电源

　　打开机箱盖后即可进行安装电源的操作，在安装时需要将其牢固安装，以免松动。下面将具体介绍安装电源的方法。

第1步 找到机箱电源，放置在桌子上，如图 3-11 所示。

第2步 找到机箱内的电源支架，用手托住机箱电源，按照机箱内的螺丝缺口，将其平稳地放入机箱内，如图 3-12 所示。

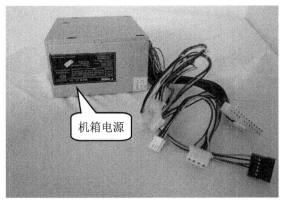

机箱电源

放入机箱内

图 3-11　　　　　　　　　　　　　　　　图 3-12

第3步 用螺丝刀拧紧机箱电源上的螺丝，将其固定在机箱中，如图 3-13 所示。

第4步 通过以上方法即可完成安装机箱电源的操作，如图 3-14 所示。

拧紧螺丝

电源安装完成

图 3-13　　　　　　　　　　　　　　　　图 3-14

智慧锦囊

在安装大四芯和小四芯电源插头之前，最好查看一下电源插头是否足够使用，然后再查看哪个插头应该插入哪个部件，这样就不会造成电源插头过短等情况发生。

3.2.3　安装 CPU 及散热风扇

安装电源后即可安装 CPU 与散热风扇，下面将具体介绍安装 CPU 与散热风扇的操作方法。

第1步 将主板放置在桌面上，在主板上找到 CPU 插槽，如图 3-15 所示。

第2步 稍微用力将 CPU 插槽旁的拉杆压下并向外拉出，使其脱离固定卡扣，然后将其拉起，如图 3-16 所示。

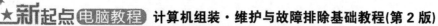

CPU 插槽

图 3-15

脱离固定卡扣

图 3-16

第3步 将 CPU 与 CPU 插槽一侧的针脚对应，然后缓慢放入插槽中，如图 3-17 所示。

第4步 确认将 CPU 放入正确的位置后，将 CPU 插槽一侧的拉杆用力按下，并放入插槽中，如图 3-18 所示。

放入插槽

图 3-17

按下拉杆

图 3-18

第5步 这样即可完成 CPU 的安装，如图 3-19 所示。

第6步 将散热风扇放置在桌面上，了解并认识散热风扇的构造，如图 3-20 所示。

安装 CPU

图 3-19

散热风扇

图 3-20

第7步 将散热风扇的一侧与 CPU 对齐，安装在 CPU 的上方，如图 3-21 所示。

第 8 步 散热风扇的一端有金属固定接口，将其固定到榫中，如图 3-22 所示。

图 3-21   图 3-22

第 9 步 散热风扇的另一端有塑料的扳手，将其用力向另一侧推，将其固定，如图 3-23 所示。

第 10 步 通过以上方法即可将散热风扇固定到主板上，如图 3-24 所示。

图 3-23   图 3-24

第 11 步 散热风扇上有一个需要与主板相连的电源接口，如图 3-25 所示。

第 12 步 在主板中查找带有 CPU_FAN 字样的接口，如图 3-26 所示。

图 3-25   图 3-26

第13步 将CPU风扇的电源接口插入主板中带有CPU_FAN字样的接口中,如图3-27所示。

第14步 通过以上方法即可完成安装CPU及散热风扇的操作,如图3-28所示。

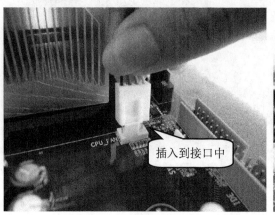

插入到接口中

图 3-27

CPU及散热风扇安装完成

图 3-28

智慧锦囊

在安装CPU时,将CPU上的金色三角符号与CPU插槽上的三角符号对应即可正确安装CPU。

智慧锦囊

原装的CPU风扇底部涂有硅脂,如果不是原装风扇,需要在CPU上均匀涂抹硅脂后再安装CPU风扇。

知识精讲

散热硅脂的主要作用是填充CPU与散热器之间的空隙帮助导热,其自身的导热散热能力不如金属。硅脂的涂抹应均匀,越薄越好,为了保证均匀,应分别在CPU表面和散热器接触位置进行涂抹。

3.2.4 安装内存

内存是电脑中的主要部件,是电脑中的存储器。一般主板上内存插槽的数量为4个或6个,可以组成双通道或三通道。下面将具体介绍安装内存的操作方法。

第1步 在硬件中找到内存条,了解其构造,如图3-29所示。

第2步 在主板上找到内存插槽,用手扳开内存插槽两侧的卡榫,如图3-30所示。

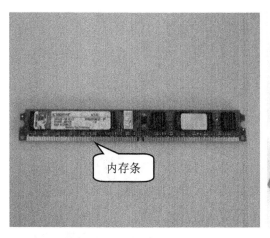

图 3-29　　　　　　　　　　　　　　　　　　　图 3-30

第3步 用手按住内存条的两侧，并垂直向下用力将内存条插入内存插槽中，插入后两侧的卡榫将自动扣紧，如图 3-31 所示。

第4步 内存条安装到主板上之后，即可完成内存的安装，如图 3-32 所示。

图 3-31　　　　　　　　　　　　　　　　　　　图 3-32

3.2.5　安装主板

机箱的侧面板上有许多用于固定主板的小孔，它们与主板的固定孔相对应，在把主板安装到机箱中之前，还需要做一些必要的准备工作，如调整固定主板的螺钉位置、查看后部的挡片是否适合主板接口等。下面具体介绍正确的安装操作步骤。

第1步 若机箱后的挡片与主板不匹配，可以使用尖嘴钳将挡片拆除，如图 3-33 所示。

第2步 将主板附带的挡片安装在机箱中卸载挡片的位置，如图 3-34 所示。

第3步 将挡片固定到机箱后即可完成安装主板挡片的操作，如图 3-35 所示。

第4步 将机箱平放在桌面上，在机箱底部按照主板螺丝接口将铜质螺丝拧到机箱中，作为主板托架，如图 3-36 所示。

第5步 将主板接口一侧与挡片对应，并按照支架接口，平稳地将主板水平放入机箱内，如图 3-37 所示。

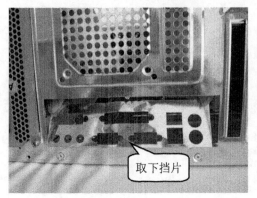

图 3-33

图 3-34

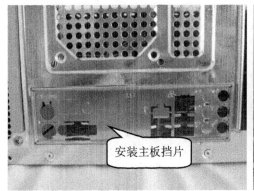

图 3-35

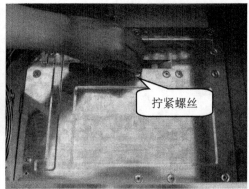

图 3-36

第6步 确定主板位置后，使用螺丝刀将主板固定，这样即可完成安装主板的操作，如图 3-38 所示。

图 3-37

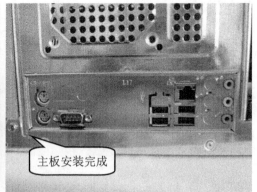

图 3-38

3.2.6 安装硬盘

　　安装主板后即可在机箱中安装硬盘，安装硬盘时必须保证硬盘的正面向上，下面具体介绍安装硬盘的操作方法。

第1步　将硬盘放置在桌面上，保证正面向上，如图 3-39 所示。

第2步　在机箱中确定合适的硬盘支架，将硬盘正面向上，平稳地推入硬盘支架中，如图 3-40 所示。

硬盘正面向上

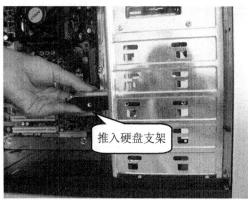

推入硬盘支架

图 3-39　　　　　　　　　　　　　　　　　　图 3-40

第3步　推入硬盘后，调整硬盘的位置，使固定孔与机箱硬盘支架上的定位孔相对应，然后在支架的两侧位置拧紧螺丝，将硬盘固定牢固，如图 3-41 所示。

第4步　通过以上方法即可完成安装硬盘的操作，如图 3-42 所示。

固定硬盘

硬盘安装完成

图 3-41　　　　　　　　　　　　　　　　　　图 3-42

智慧锦囊

如果电源没有提供 SATA 硬盘专门的电源线插头，同时 SATA 硬盘又没有提供多余的 D 型 4 针电源接口，就需要自购一条 4 针电源转 SATA 电源接口的转接线，这样也可以为 SATA 硬盘提供电力支持。

3.2.7　安装光驱

安装硬盘后即可安装光驱，安装光驱的方法同硬盘相似，下面将详细介绍在机箱中安装光驱的操作方法。

第1步 在机箱前取下光驱的挡板，将光驱水平推入光驱支架中，如图 3-43 所示。

第2步 将光驱的螺丝孔与光驱支架对应，拧紧螺丝将其固定，如图 3-44 所示。

图 3-43

图 3-44

第3步 光驱安装到机箱后如图 3-45 所示。

图 3-45

 智慧锦囊

安装光驱时至少需要呈对角固定，两面共 4 颗螺丝，最好固定好全部的 8 颗螺丝，光驱固定螺丝为细纹螺丝，与固定硬盘的粗纹螺丝不同，两者不能混用。

3.2.8 安装显卡

在安装显卡之前，要先查看插槽是否能兼容准备安装的显卡，指定接口的显卡只能安装到主板的对应插槽内，比如 PCIE 接口的显卡就只能安装到 PCIE 插槽内。下面具体介绍安装显卡的操作方法。

第1步 将显卡正面向上放置到桌面上，显卡上方安装有散热片，用于显卡的散热，如图 3-46 所示。

第2步 在主板中找到显卡的插槽，并将显卡插槽对应的挡片取下，如图 3-47 所示。

显卡

显卡插槽

图 3-46　　　　　　　　　　　　　　　图 3-47

第3步 将显卡对准插槽后，两手用力将显卡插入显卡插槽中，如图 3-48 所示。

第4步 将显卡与机箱的螺丝孔对齐，拧紧螺丝，将其固定在机箱中，即可完成安装显卡的操作，如图 3-49 所示。

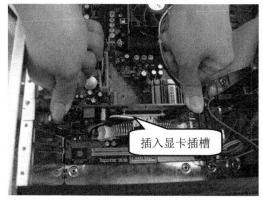

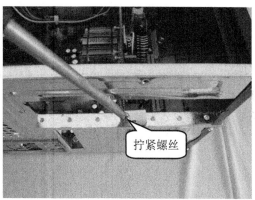

插入显卡插槽

拧紧螺丝

图 3-48　　　　　　　　　　　　　　　图 3-49

3.3　连接机箱内的电源线

连接机箱内的电源线主要包括连接主板电源线、连接 SATA 硬盘电源线和连接 IDE 光驱电源线等。本节将详细介绍连接机箱内的电源线的相关知识及操作方法。

3.3.1　认识电源的各种插头

ATX 电源是电脑的供电来源，由于每种硬件对电源的要求不同，为了防止插错，不同硬件的供电插头形状都有差别，可以分为主板供电插头、PCI-E 设备供电插头、IDE 设备供电插头和 SATA 设备供电插头，下面将分别予以详细介绍。

1. ATX 电源的主板供电接口

ATX 的主电源接口主要有 20PIN 和 24PIN 两种,CPU 供电专用接口主要有 4PIN 和 8PIN 两种。目前的新电源都能提供 24PIN 的主电源接口和 8PIN 的 CPU 供电专用接口, 如图 3-50 所示。

图 3-50

如果电源提供的接口与主板的要求不符, 可以使用转换线, 常见的有 20PIN→4PIN 转换线、24PIN→20PIN 转换线、D 形→4PIN CPU 专用供电转换线等, 如图 3-51 和图 3-52 所示。在使用 24PIN→20PIN 以外的转换线时, 注意电源的功率要足够, 否则可能会影响系统工作的稳定性, 并有可能损坏硬件。

图 3-51   图 3-52

2. ATX 电源的 PCI-E 设备供电接口

PIC-E 专用供电接口有 6PIN 和 8PIN 两种, 其中 PCI-E 6PIN 接口能够提供最大 75W 的功率, PCI-E 8PIN 接口能够提供最大 150W 的功率。与 CPU 供电类似, 有些电源使用了 6+2PIN 的形式, 从而使 PCI-E 供电接口的应用范围更广, 如图 3-53 所示。

图 3-53

3. IDE 接口和 SATA 接口

ATX 电源上还有数量众多的 D 型 IDE 接口和 SATA 接口，如图 3-54 和图 3-55 所示。

图 3-54

图 3-55

3.3.2　连接主板电源线

主板电源线包括 ATX 电源接口和+12V 电源接口，需要将其连接到主板上相应的插座上，下面具体介绍连接主板电源线的方法。

第1步　在电源上有一个 ATX 电源接口，形状为长方形，一侧有一个夹子，用来与主板中的 ATX 插座相连，如图 3-56 所示。

第2步　在主板中找到 ATX 电源插座，一侧有一个用来固定夹子的挡板，如图 3-57 所示。

第3步　将 ATX 电源接口与 ATX 电源插座对齐，按照正确的方向插入该接口，如图 3-58 所示。

第4步　插入 ATX 电源接口后如图 3-59 所示。

图 3-56

图 3-57

图 3-58

图 3-59

第5步 在电源中找到+12V 电源插座,形状为方形,在一侧有一个夹子,用来为主板提供+12V 的电压,如图 3-60 所示。

第6步 在主板中找到带有 ATX12V 字样的电源插座,用于插入+12V 电源接口,如图 3-61 所示。

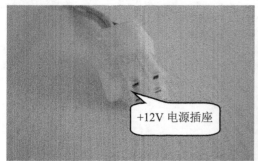

图 3-60

图 3-61

第7步 将+12V 电源接口按照正确的方向插入 ATX12V 电源插座,如图 3-62 所示。

第8步 插入+12V 电源接口后如图 3-63 所示。

插入 ATX12V 电源插座

图 3-62

插入+12V 电源接口

图 3-63

知识精讲

在装机过程中可能会遇到这样的情况：ATX 电源的主供电插头为 20PIN，CPU 专用供电为 4PIN；而主板上的主供电插座却为 24PIN，CPU 专用供电插座为 8PIN。此时推荐使用转换线，虽然会占用其他的电源接口，但不会影响主板的稳定性。如果主板耗电比较小，在对齐卡口的情况下，可以直接使用电源插头。

智慧锦囊

在插入 ATX 电源接口时，应按照正确的方向插入，否则无法插入 ATX 电源插座，并容易损坏其接口。

3.3.3　连接 SATA 硬盘电源线

连接完主板电源线后即可连接硬盘电源线，目前硬盘基本已全部采用 SATA 接口，下面具体介绍连接 SATA 硬盘电源线的操作方法。

第1步　在电源上有一个黑色的接口，可以连接硬盘的电源线，如图 3-64 所示。

第2步　将硬盘的电源线按照正确的方向插入硬盘的电源接口，如图 3-65 所示。

图 3-64

图 3-65

第3步 连接 SATA 硬盘电源线后如图 3-66 所示。

连接 SATA 硬盘电源线

图 3-66

3.3.4 连接 IDE 光驱电源线

目前仍有很多光驱还在使用 IDE 接口,连接 IDE 光驱电源线的方法非常简单,下面具体介绍。

第1步 在电源上有一个 4 针的电源插头,即为光驱的电源线,用于为光驱供电,如图 3-67 所示。

第2步 将光驱电源线插入光驱的电源接口中,即可完成连接 IDE 光驱电源线的操作,如图 3-68 所示。

光驱电源线

图 3-67

连接 IDE 光驱电源线

图 3-68

3.4 连接机箱内的控制线和数据线

机箱内的控制线和数据线包括 SATA 硬盘数据线、机箱内的控制线和信号线、IDE 光驱数据线等,本节将详细介绍连接机箱内的控制线和数据线的相关知识及方法。

3.4.1　连接 SATA 硬盘数据线

一条 SATA 数据线只能连接一个设备，没有方向性，具有防止插反的设计，同时支持热插拔，连接起来更加简单，下面具体介绍连接 SATA 硬盘数据线的操作方法。

第1步　在硬件的配件中，有一条红色的线即为硬盘的数据线，用来将硬盘与主板的 SATA 接口相连，如图 3-69 所示。

第2步　在主板上寻找 SATA 接口，一般主板上有两个这种接口，可以任选其一进行连接，如图 3-70 所示。

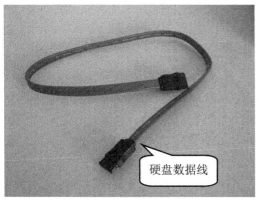

图 3-69　　　　　　　　　　　　　　　　图 3-70

第3步　将硬盘数据线与主板 SATA 接口相连的一端，按照正确的方向插入主板上的 SATA 接口中，如图 3-71 所示。

第4步　将硬盘数据线插入主板的 SATA 接口后如图 3-72 所示。

图 3-71　　　　　　　　　　　　　　　　图 3-72

第5步　在硬盘上找到 SATA 接口，大约在硬盘接口的中间部位。将硬盘数据线与硬盘 SATA 接口相连的一端插入硬盘的 SATA 接口中，如图 3-73 所示。

第6步　通过上述方法即可完成连接 SATA 硬盘数据线的操作，如图 3-74 所示。

插入硬盘 SATA 接口

图 3-73

连接 SATA 硬盘
数据线

图 3-74

智慧锦囊

　　有的主板上 SATA 接口数量众多，可以分为两部分，分别由南桥芯片和扩展芯片所提供。其中南桥芯片提供的 SATA 接口功能相对简单，无须单独安装驱动程序；扩展芯片提供的 SATA 接口可能支持更多的功能，但通常需要安装驱动程序才能发挥性能。

3.4.2　连接机箱内的控制线和信号线

　　内部控制线包括 USB 接口、AUDIO 接口、POWER SW 接口、RESET SW 接口、POWER LED+接口和 H.D.D LED 接口等，下面具体介绍连接机箱内的控制线和信号线的操作方法。

　　第1步　在机箱内找到信号控制线，了解其用途，如 RESET SW 接口为复位开关控制线，如图 3-75 所示。

　　第2步　在主板上找到带有 F_PANEL 字样的插座，了解其与控制线的关系，如图 3-76 所示。

图 3-75

图 3-76

　　第3步　按照主板上的符号提示将信号控制线依次插入对应的插座中，如图 3-77 所示。

第4步 将 AUDIO 接口按照主板上的提示插入主板上的 AUDIO 插座中，如图 3-78 所示。

图 3-77　　　　　　　　　　　　　　　　　图 3-78

第5步 在主板上找到带有 JUSB1 和 JUSB2 字样的插座，它们用于插入 USB 接口，如图 3-79 所示。

第6步 在 JUSB1 和 JUSB2 插座中任选一个，将 USB 控制线的接口按照正确的方向插入其中，这样即可完成连接机箱内的控制线和信号线的操作，如图 3-80 所示。

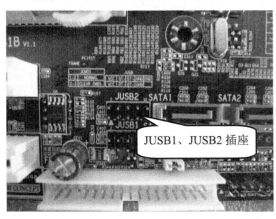

图 3-79　　　　　　　　　　　　　　　　　图 3-80

3.4.3　连接 IDE 光驱数据线

IDE 数据线是扁平的宽幅电缆线，由 40 条或 80 条连接线组成，一般一条数据线上有 3 个接口，下面具体介绍连接 IDE 光驱数据线的操作方法。

第1步 在配件中找出光驱数据线，其上带有 IDE 接口，如图 3-81 所示。

第2步 在主板上寻找 IDE 插槽，如图 3-82 所示。

第3步 将光驱数据线的 IDE 接口按照正确的方向对准主板中的 IDE 插槽垂直插入，如图 3-83 所示。

第4步 按照同样的方法，将数据线另一端的接口插入光驱中，这样即可完成 IDE 光驱数据线的连接，如图 3-84 所示。

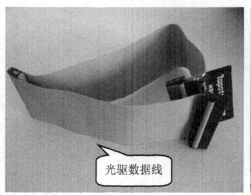

光驱数据线

图 3-81

IDE 插槽

图 3-82

插入IDE接口

图 3-83

连接 IDE 光驱数据线

图 3-84

3.5 连接外部设备

台式电脑在使用时，还必须连接鼠标、键盘、显示器和主机电源线等外部设备，本节将详细介绍连接外部设备的相关知识及操作方法。

3.5.1 装上机箱侧面板

组装完成机箱内部硬件后，对其进行检查并整理，确认无误后即可装上机箱的侧面板。具体方法为：将机箱侧面板安装在机箱上，然后将机箱侧面板上的螺丝拧紧，如图 3-85 所示。

知识精讲

安装时应区分清楚两块侧面板在机箱上的位置，带有 CPU 风扇导风管的为机箱左侧面板（前面板面向用户时），另一块则为机箱右侧面板。

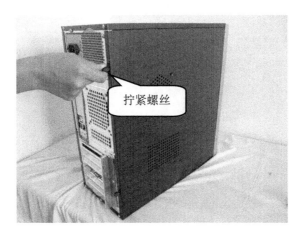

图 3-85

3.5.2　连接鼠标和键盘

鼠标和键盘是电脑重要的输入设备，需要将其与机箱连接才能使用，下面详细介绍连接鼠标和键盘的操作方法。

第1步　一般的鼠标和键盘为 PS/2 接口，键盘接口为紫色，鼠标接口为绿色，如图 3-86 所示。

第2步　在机箱后面有键盘和鼠标的插座，紫色圈孔为键盘插座，绿色圈孔为鼠标插座，如图 3-87 所示。

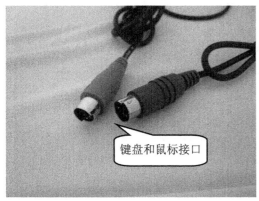

图 3-86

图 3-87

第3步　将键盘和鼠标按照正确的位置，轻轻插入对应的插座中，如图 3-88 所示。通过以上步骤即可完成鼠标和键盘的连接，如图 3-89 所示。

图 3-88

图 3-89

3.5.3 连接显示器

显示器是最主要的输出设备，需要将其与机箱中的显示器接口相连才可以使用，下面详细介绍连接显示器的操作方法。

第1步 将显示器的数据线轻轻插入机箱后的显示器插座，如图 3-90 所示。

第2步 将左右两侧的螺丝拧紧，即可连接好显示器，如图 3-91 所示。

图 3-90

图 3-91

3.5.4 连接主机电源线

主机电源线是最后连接的部分，主机的电源线用于将机箱中的电源部件与电源插座相连，以提供电能，下面详细介绍连接主机电源线的方法。

第1步 将电源线的梯形插头按照正确的方向插入机箱内的电源部件上，如图 3-92 所示。

第2步 通过以上方法即可连接主机电源线，如图 3-93 所示。

插入主机电源线

图 3-92　　　　　　　　　　　　　　　　　图 3-93

3.5.5　按下电源开关开机测试

组装电脑后，需要进行开机测试，检查是否组装正确，以便及时发现问题并纠正，下面将具体介绍开机测试的方法。

第1步 组装完成后，首先按下显示器的电源开关，然后按下机箱上的电源按钮，如图 3-94 所示。

第2步 电脑将自动启动，并进入自检界面，通过以上方法即可完成开机测试的操作，如图 3-95 所示。

按下此按钮

进入自检界面

图 3-94　　　　　　　　　　　　　　　　　图 3-95

3.6　思考与练习

一、填空题

1. 导热硅脂具有良好的导热性能与_____，主要涂抹在 CPU 的表面，填补 CPU 与散热片之间的空隙，帮助 CPU 进行_____。

2. 电脑的组装包括_____组装和_____安装两个方面。

3. PIC-E 专用供电接口有 6PIN 和_____两种,其中 PCI-E 6PIN 接口能够提供最大为_____的功率,PCI-E 8PIN 接口能够提供最大为_____的功率。

4. 安装主板后即可在机箱中安装硬盘,安装硬盘时必须保证硬盘的_____。

5. 主板电源线包括_____接口和_____接口,需要将其与主板上相应的插座相连。

二、判断题

1. 在自带电源的机箱中,电源通常已经装好。　　　　　　　　　　　　( )

2. 一般主板上内存插槽的数量为 5 个或 6 个,可以组成双通道或三通道。　( )

3. 万用表也称多用表,是一种多功能、多量程的测量仪表,可以测量直流电流、直流电压、交流电压、电阻和音频电平等,在装机中使用万用表,可以用来测量零部件两点之间的电流和电压等。　　　　　　　　　　　　　　　　　　　( )

4. 机箱的侧面板上有许多用来固定主板的孔,它们与主板的固定孔相对应,在把主板安装到机箱中之前,还需要做一些必要的准备工作,如调整固定主板的螺钉位置、查看后部的挡片是否适合主板接口等。　　　　　　　　　　　　　　( )

5. IDE 数据线是扁平的宽幅电缆线,由 40 条或 80 条连接线组成,一般一条数据线上有 3 个接口。　　　　　　　　　　　　　　　　　　　　　( )

第 **4** 章

BIOS 的设置与应用

本章要点

- 认识 BIOS
- BIOS 的设置方法
- 常用的 BIOS 设置

本章主要内容

本章主要介绍 BIOS 方面的知识与设置技巧。通过本章的学习，读者可以掌握 BIOS 设置与应用方面的知识，为深入学习计算机组装、维护与故障排除知识奠定基础。

4.1 认识 BIOS

BIOS 的英文全称为 Basic Input Output System，中文名称为基本的输入/输出系统。在安装系统前首先要对 BIOS 进行设置，BIOS 中保存着电脑的基本输入/输出程序、系统设置信息以及自检程序等内容，BIOS 的设置将直接影响电脑的工作效率。本节将详细介绍 BIOS 的相关知识。

4.1.1 主板上的 BIOS 芯片

BIOS 芯片是主板上的一块长方形或正方形芯片，准确地说应该是 CMOS 芯片，CMOS 指芯片的类型，而 BIOS 是装在芯片里的程序。一般 BIOS 芯片离电池很近，位于软驱接口和 PCI 插槽之间，圆形纽扣电池右边的就是 BIOS 芯片。它是软件与硬件打交道的最基础的桥梁，里面记录了电脑最基本的信息，没有它电脑就不能工作，如图 4-1 所示。

图 4-1

4.1.2 BIOS 的分类

根据制造厂商的不同，可以将 BIOS 程序分为不同版本的 BIOS 主板，目前比较流行的版本为 Award BIOS、AMI BIOS 和 Phoenix BIOS，下面将分别予以详细介绍。

➤ Award BIOS：由 Award Software 公司开发，目前使用最为广泛，具有功能齐全、支持较多新硬件等特点。

➤ AMI BIOS：由 AMI 公司于 20 世纪 80 年代中期开发，早期的 286、386 电脑大多采用 AMI BIOS。其具有对软件、硬件适应性好，能保持系统稳定等特点。

➤ Phoenix BIOS：由 Phoenix 公司开发，Phoenix BIOS 多用于高档的 586 原装品牌机和笔记本电脑，具有画面简洁、便于操作等特点。

4.1.3　BIOS 和 CMOS 的关系

CMOS 的英文全称为 Complementary Metal Oxide Semiconductor，是电脑主板上的一块具有数据存储功能的可读写 RAM 芯片，保存 BIOS 的硬件配置和用户对某些参数的设定。CMOS RAM 由主板上的电池作为电源，当系统断电时，保存在该芯片中的信息也不会丢失。

BIOS 是直接与硬件进行交互的程序，是进行参数设置的方式，通过 BIOS 设置可以对 CMOS 的参数进行修改。CMOS 存储器用来存储 BIOS 设定后需要保存的数据，包括系统的硬件配置和对参数的设定，如传统 BIOS 的系统密码和设备启动顺序等。

BIOS 与 CMOS 是两种不同的概念，准确地说是通过 BIOS 程序对 CMOS 参数进行设置，二者的区别如表 4-1 所示。

表 4-1　CMOS 与 BIOS 的关系

名　称	硬　件	功　能	关　系
BIOS	程序	设置硬件参数	将硬件参数保存在 CMOS 芯片中
CMOS	RAM 芯片	存放硬件参数	接受并保存 BIOS 所设置的参数

4.1.4　何时需要设置 BIOS

为了保障电脑能够正常运行、提高电脑的性能，通常在以下几个情况中，需要对电脑的 BIOS 进行设置。

➢ 新电脑：对于新购买的电脑，需要根据电脑硬件的实际情况设置 BIOS 参数，使电脑能够正确识别电脑硬件。

➢ 添加新硬件：电脑添加新硬件后，需要在 BIOS 中对新硬件进行设置，使电脑能够识别新硬件。

➢ BIOS 数据遭到破坏：当 BIOS 中的数据被破坏，导致硬件不能够正常运行或者系统不能启动时，需要对 BIOS 参数进行设置。

➢ 优化系统：在 BIOS 中可以对系统参数进行优化，提高电脑的性能。

➢ 解决电脑故障：当电脑中的硬件发生冲突时，可以通过 BIOS 设置解决电脑硬件的这些故障。

4.2　BIOS 的设置方法

如果准备安装系统，需要对 BIOS 进行设置，BIOS 的设置可以影响系统的运行效率，本节将详细介绍 BIOS 设置的相关知识及操作方法。

4.2.1　进入 BIOS 的方法

通常情况下，在电脑开机的自检界面中，系统都会在屏幕下方给出进入 BIOS 的提示信

息，按下指定的按键即可进入 BIOS 的操作界面。不同版本 BIOS 的进入方法也不相同，下面以比较常见的 Award BIOS 为例，介绍进入 BIOS 设置界面的方法。

第1步 启动电脑后，进入自检界面，当屏幕下方出现 Press DEL to enter SETUP 提示时，在键盘上按下 Del 键，如图 4-2 所示。

第2步 进入 BIOS 设置的主界面，可以看到 BIOS 设置的各选项类别，如图 4-3 所示。

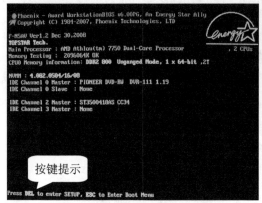

图 4-2

图 4-3

4.2.2 设置 BIOS 的方法

在 BIOS 界面中不能用鼠标选择选项，可以使用方向键或功能键对 BIOS 参数进行设置，各个按键的具体功能如表 4-2 所示。

表 4-2 设置 BIOS 的方法

按 键	作 用	按 键	作 用
方向键↑	可以选择当前选项的上一个选项	F2 键	更改 BIOS 界面的颜色
方向键↓	可以选择当前选项的下一个选项	F5 键	返回上一次设置的值
方向键→	可以选择当前选项右侧的选项	F6 键	选择基础的预设值
方向键←	可以选择当前选项左侧的选项	F7 键	选择最佳的预设值
Enter 键	可以选择当前选项	F10 键	存储 BIOS 设置并退出 BIOS 程序
Esc 键	返回上一级菜单或退出 BIOS 程序	Page Up 键	选择当前选项的上一个预设值
F1 键	显示当前选项的帮助信息	Page Down 键	选择当前选项的下一个预设值

4.3 常用的 BIOS 设置

常用的 BIOS 设置包括密码设置、加载系统默认设置和退出 BIOS 的方法，本节将详细介绍常用的 BIOS 设置相关知识及操作方法。

4.3.1　密码设置

密码设置包括设置超级用户密码、用户密码和取消超级密码等，下面详细介绍密码设置的相关知识及操作方法。

1. 设置超级用户密码

在 BIOS 程序中可以设置超级用户密码，使用该密码可以进入 BIOS 程序对各项参数进行查看和修改。下面详细介绍设置超级用户密码的操作方法。

第 1 步　进入 BIOS 程序界面后，选择 Set Supervisor Password 菜单项，在键盘上按 Enter 键，如图 4-4 所示。

第 2 步　弹出 Enter Password 对话框，在文本框中输入准备设置的密码，在键盘上按 Enter 键，如图 4-5 所示。

图 4-4　　　　　　　　　　　　　　　　图 4-5

第 3 步　弹出 Confirm Password 对话框，再次输入密码，并在键盘上按下 Enter 键，超级用户密码的设置操作即可完成，如图 4-6 所示。

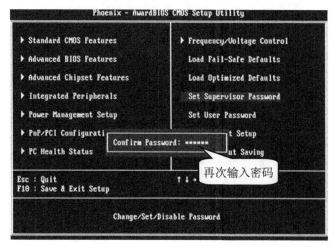

图 4-6

智慧锦囊

如果电脑不能正常支持某一硬件, 可以通过升级 BIOS 版本, 解决这一问题。

2. 设置用户密码

在 BIOS 程序中可以设置用户密码, 使用该密码可以查看 BIOS 程序中的参数设置, 但无法对其进行修改, 下面详细介绍设置用户密码的操作方法。

第1步 进入 BIOS 程序界面后, 选择 Set User Password 菜单项, 在键盘上按 Enter 键, 如图 4-7 所示。

第2步 弹出 Enter Password 对话框, 提示输入密码, 在文本框中输入密码, 在键盘上按 Enter 键, 如图 4-8 所示。

图 4-7   图 4-8

第3步 弹出 Confirm Password 对话框, 提示再次输入密码, 在文本框中再次输入密码, 并在键盘上按 Enter 键即可完成用户密码的设置, 如图 4-9 所示。

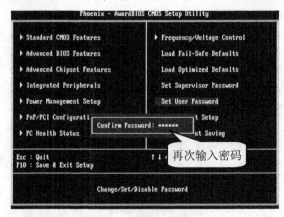

图 4-9

3. 取消超级密码

如果不想继续使用超级密码, 可以在 BIOS 程序中取消超级密码, 下面详细介绍在 BIOS

程序中取消超级密码的操作方法。

第 1 步　进入 BIOS 程序界面后，选择 Set Supervisor Password 菜单项，在键盘上按 Enter 键，如图 4-10 所示。

第 2 步　弹出 Enter Password 对话框，在键盘上按 Enter 键，如图 4-11 所示。

图 4-10　　　　　　　　　　　　　　　　　　图 4-11

第 3 步　弹出 PASSWORD DISABLED！！！提示框，提示确认取消密码，按任意键后即可完成取消超级密码的操作，如图 4-12 所示。

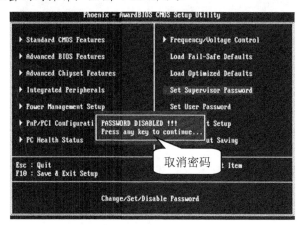

图 4-12

4. 取消用户密码

如果不想继续使用用户密码，可以在 BIOS 程序中取消该密码，下面详细介绍在 BIOS 程序中取消该密码的操作方法。

第 1 步　进入 BIOS 程序界面后，选择 Set User Password 菜单项，在键盘上按 Enter 键，如图 4-13 所示。

第 2 步　弹出 Enter Password 对话框，在键盘上按 Enter 键，如图 4-14 所示。

第 3 步　弹出 PASSWORD DISABLED！！！提示框，提示确认取消密码，按任意键即可完成取消用户密码的操作，如图 4-15 所示。

图 4-13   图 4-14

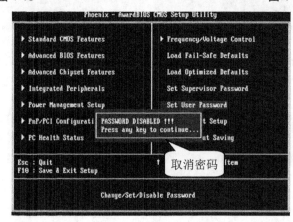

图 4-15

4.3.2 加载系统默认设置

加载系统默认设置包括加载基本默认设置和加载最佳默认设置等，下面详细介绍在 BIOS 程序中设置加载系统默认设置的方法。

1. 加载基本默认设置

载入基本默认设置是指将系统设置恢复到出厂时的基本设置，下面将详细介绍在 BIOS 程序中加载基本默认设置的操作方法。

第1步 进入 BIOS 程序界面后，选择 Load Fail-Safe Defaults 菜单项，在键盘上按 Enter 键，如图 4-16 所示。

第2步 弹出 Load Fail-Safe Defaults 对话框，提示是否载入默认设置，输入字母 "Y"，在键盘上按 Enter 键即可加载系统基本默认设置，如图 4-17 所示。

2. 加载最佳默认设置

使用最佳默认设置可以提高电脑的工作效率，并避免可能出现的各种故障，下面详细介绍加载最佳默认设置的操作方法。

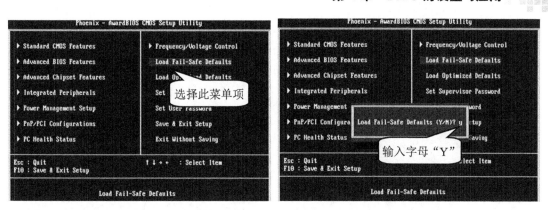

图 4-16　　　　　　　　　　　　　　　　　　图 4-17

第1步 进入 BIOS 程序界面后，选择 Load Optimized Defaults 菜单项，在键盘上按 Enter 键，如图 4-18 所示。

第2步 弹出 Load Optimized Defaults 对话框，提示是否载入最佳默认设置，输入字母 "Y"，在键盘上按 Enter 键即可载入系统最佳默认设置，如图 4-19 所示。

图 4-18　　　　　　　　　　　　　　　　　　图 4-19

智慧锦囊

不同版本的 BIOS 界面也不同，在进行保存操作时应了解界面中英文的含义后再进行操作，如果准备取消当前的操作，可以在键盘上按 Esc 键关闭当前设置的对话框。

4.3.3　退出 BIOS 的方法

对 BIOS 进行设置后即可退出 BIOS 程序，退出 BIOS 程序包括保存并退出和不保存退出两种，下面详细介绍其操作方法。

1. 保存并退出

对 BIOS 程序进行设置后，应保存该设置才可以使该设置生效，下面介绍在 BIOS 程序中保存并退出的方法。

第1步 进入 BIOS 程序界面后，使用键盘的方向键选择 Save & Exit Setup 菜单项，如图 4-20 所示。

第2步 弹出对话框询问是否保存 BIOS 设置并退出，输入"Y"命令后，在键盘上按 Enter 键即可保存并退出 BIOS 程序，如图 4-21 所示。

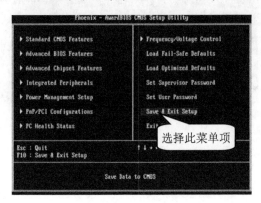
图 4-20

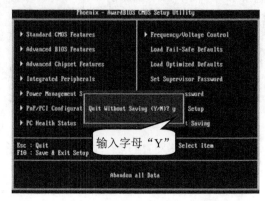
图 4-21

 知识精讲

对于非正常进入 BIOS 模式，比如电脑老化、电量不足或者主板程序出错等，最好保存并退出，如果重新启动对电脑硬件有一定损伤。

如果没需要最好不要修改 BIOS 参数，设置不当对电脑硬件会有一定的损伤，尤其是新电脑，造成损伤的话有可能会影响保修，谨慎操作。

2. 不保存退出

如果进行了错误的设置，或不准备保存当前的设置，那么可以进行不保存退出操作，下面将详细介绍其操作方法。

第1步 进入 BIOS 程序界面后，使用键盘上的方向键选择 Exit Without Saving 菜单项，如图 4-22 所示。

第2步 弹出对话框询问是否不保存 BIOS 设置并退出，输入"Y"命令后，在键盘上按 Enter 键即可不保存并退出 BIOS 程序，如图 4-23 所示。

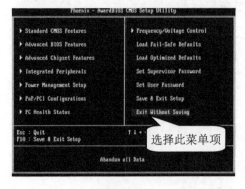
图 4-22

图 4-23

4.4　实践案例与上机指导

通过本章的学习，读者基本可以掌握 BIOS 设置与应用的基本知识以及一些常见的操作方法。下面通过练习操作，以达到巩固学习、拓展提高的目的。

4.4.1　设置系统日期和时间

在 BIOS 中保存着系统的日期和时间，通过标准 CMOS 设置选项可以对其进行设置，下面介绍设置日期和时间的操作方法。

第 1 步 将光标移至 Standard CMOS Features 菜单项，按 Enter 键即可进入标准 CMOS 设置界面设置系统的日期与时间等，如图 4-24 所示。

第 2 步 将光标移至 Date 选项中的"月"菜单项，按 Page Up 键或者 Page Down 键可以设置日期的月份，如图 4-25 所示。

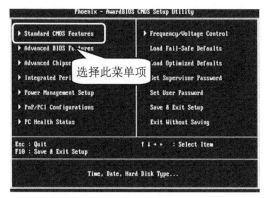 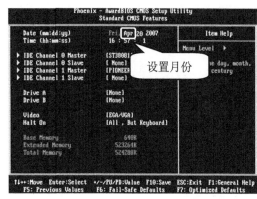

图 4-24　　　　　　　　　　　　　　　　　　图 4-25

第 3 步 使用同样的方法，对系统日期的"日"菜单项和"年"菜单项进行设置，如图 4-26 所示。

第 4 步 使用键盘上的方向键，将光标移动到 Time 选项中的"小时"菜单项，按键盘上的 Page Up 键和 Page Down 键设置时间中的小时，如图 4-27 所示。

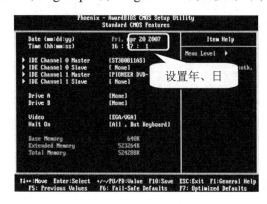 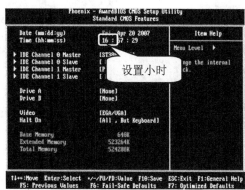

图 4-26　　　　　　　　　　　　　　　　　　图 4-27

第5步 使用同样的方法,对系统时间中的"分"菜单项和"秒"菜单项进行设置,这样即可完成设置系统日期和时间的操作,如图4-28所示。

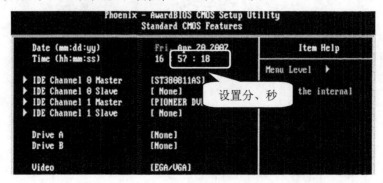

图 4-28

知识精讲

在询问是否保存并退出 BIOS 设置时,输入字母"Y"并按 Enter 键可以确认并退出 BIOS 设置;若输入字母"N",按 Enter 键将返回 BIOS 设置主界面。

4.4.2 设置启动顺序

设置启动顺序,是指在电脑启动时,选择采用何种启动方式。常见的启动方式有软盘启动、光驱启动和硬盘启动,下面介绍设置启动顺序的操作方法。

第1步 在 BIOS 设置主界面中,使用键盘上的方向键选择 Advanced BIOS Features 选项,按 Enter 键即可进入高级 BIOS 设置界面,如图4-29所示。

第2步 在高级 BIOS 设置界面中,将光标移动到 First Boot Device 菜单项,然后按 Enter 键,如图4-30所示。

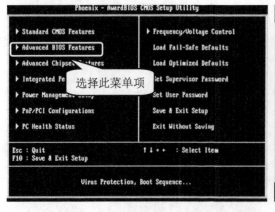

图 4-29

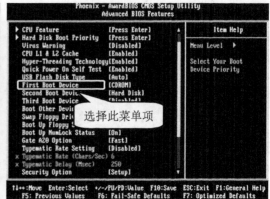

图 4-30

第3步 弹出 First Boot Device 对话框,使用方向键选择 CDROM 菜单项,按 Enter 键,将系统的第一启动设备设置为光驱启动,如图4-31所示。

第4步　再将光标移动到 Second Boot Device 菜单项和 Third Boot Device 菜单项，分别设置系统的第二和第三启动设备，完成系统启动顺序的设置，如图 4-32 所示。

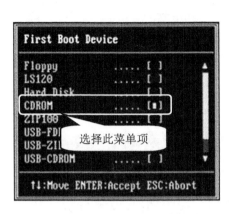

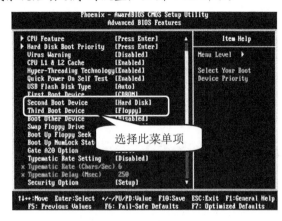

图 4-31

图 4-32

4.4.3　设置显示器的显示方式

在标准 CMOS 设置界面的 Video 选项中，可以设置显示器的显示方式，下面介绍详细的设置方法。

第1步　在标准 CMOS 设置界面中，将光标移动到 Video 菜单项，按下键盘上的 Enter 键，如图 4-33 所示。

第2步　弹出 Video 对话框，根据电脑的显示器，选择显示类型，本例选择 EGA/VGA 菜单项，然后按 Enter 键确认，如图 4-34 所示。

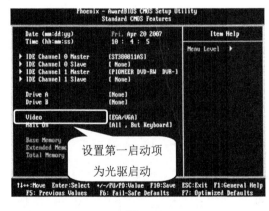

图 4-33

图 4-34

知识精讲

在 Video 对话框中，有 EGA/VGA、CGA 40、CGA 80 和 MONO 4 个选项。EGA/VGA 表示 EGA/VGA 显示器；CGA 40 表示 80 行显示模式的彩色图形适配器；CGA 40 表示 40 行显示模式的彩色图形适配器；MONO 表示单色显示器。

4.4.4 设置开机密码

如果 BIOS 设置了密码,用户可以使用 BIOS 密码作为电脑的开机密码,下面将详细介绍设置开机密码的方法。

第1步 在高级 BIOS 设置界面中,将光标移动到 Security Option 菜单项,按 Enter 键,如图 4-35 所示。

第2步 弹出 Security Option 对话框,使用方向键选择 System 菜单项,按 Enter 键,即可完成开机密码的设置,如图 4-36 所示。

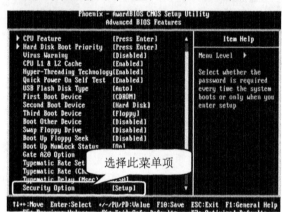

图 4-35

图 4-36

4.4.5 设置 CPU 缓存和超线程功能

开启 CPU 的缓存和超线程功能,可以提高 CPU 的工作效率,下面将介绍设置 CPU 缓存和超线程功能的方法。

第1步 在高级 BIOS 设置界面中,将光标移动到 CPU L1 & L2 Cache 菜单项,按 Enter 键,如图 4-37 所示。

第2步 弹出 CPU L1 & L2 Cache 对话框,使用方向键选择 Enabled 菜单项,按 Enter 键,开启 CPU 的缓存,如图 4-38 所示。

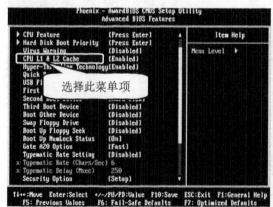

图 4-37

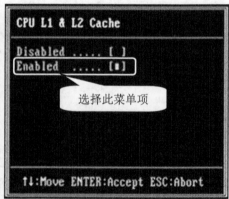

图 4-38

第3步　在高级 BIOS 设置界面中,将光标移动到 Hyper-Threading Technology 菜单项,按 Enter 键,如图 4-39 所示。

第4步　弹出 Hyper-Threading Technology 对话框,使用方向键选择 Enabled 菜单项,按键,开启 CPU 超线程功能,如图 4-40 所示。

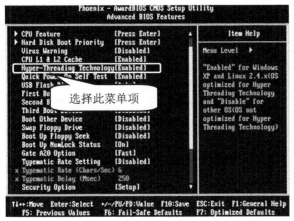

图 4-39

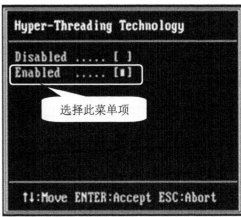

图 4-40

4.5　思考与练习

一、填空题

1. BIOS 芯片是主板上的一块长方形或正方形芯片,准确地说应该是_____,CMOS 指芯片的类型,而 BIOS 是装在芯片里的程序,一般 CMOS 芯片离_____很近,位于软驱接口和 PCI 插槽之间。

2. 在 BIOS 界面中无法使用鼠标选择选项,可以使用_____或_____对 BIOS 参数进行设置。

3. CMOS RAM 由主板上的_____作为电源,当系统断电时,保存在该芯片中的信息也不会丢失。

4. _____用来存储 BIOS 设定后需要保存的数据,包括系统的_____和对参数的设定,如传统 BIOS 的系统密码和设备启动顺序等。

二、判断题

1. BIOS 的英文全称为 Basic Input Output System,中文名称为基本的输入/输出系统。在安装系统前首先要对 BIOS 进行设置,BIOS 中保存着电脑的基本输入/输出程序、系统设置信息以及自检程序等内容,BIOS 的设置将直接影响电脑的工作效率。　　　　　　(　　)

2. 通常情况下,在电脑刚开机的自检界面中,系统都会在屏幕下方给出进入 BIOS 的提示信息,按下指定的按键即可进入 BIOS 的操作界面,各种版本 BIOS 的进入方法相同。

(　　)

3. 在 BIOS 程序中可以设置用户密码,设置该密码后可以查看 BIOS 程序中的参数设

置但无法对其进行修改。 （ ）

4. BIOS 是直接与硬件进行交互的程序，是进行参数设置的方式，通过 BIOS 设置可以对 CMOS 的参数进行修改。 （ ）

三、思考题

1. 如何进入 BIOS？

2. 如何加载系统基本默认设置？

3. 如何保存并退出 BIOS？

第 5 章

硬盘的分区与格式化

本章要点

- 硬盘分区概述
- 使用启动盘启动电脑
- 使用 Partition Magic 分区
- 使用 DiskGenius 分区软件操作分区

本章主要内容

本章主要介绍硬盘分区、使用启动盘启动电脑和使用 Partition Magic 分区方面的知识与技巧，同时还讲解了使用 DiskGenius 分区软件操作分区的相关操作方法。通过本章的学习，读者可以掌握硬盘的分区与格式化基础操作方面的知识，为深入学习计算机组装、维护与故障排除知识奠定基础。

5.1 硬盘分区概述

新硬盘必须经过分区和格式化后才能正常使用,合理的硬盘分区,可以提高硬盘的使用效率,有利于硬盘中的文件和数据的管理,本节将介绍有关硬盘分区的一些概念和知识。

5.1.1 什么是硬盘分区

硬盘分区是指将硬盘的整体存储空间划分成相互独立的多个区域(即 C 盘、D 盘、E 盘、F 盘等),这些区域可以用来安装不同的操作系统、存储文件和安装应用程序等。

硬盘分区有主分区、扩展分区和逻辑分区三种类型,下面将分别予以详细介绍。硬盘正常使用时的分区示意图如图 5-1 所示。

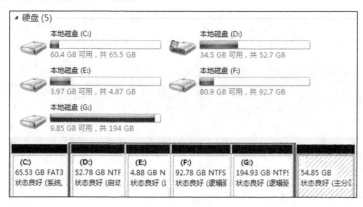

图 5-1

1. 主分区

主分区是包含启动操作系统时所需的文件和数据的硬盘分区,是硬盘上最重要的分区,一般情况下系统默认 C 盘为主分区。启动操作系统的文件都放在主分区上,所以要在硬盘上安装操作系统,必须要建立一个主分区。一块硬盘上最多能创建 4 个主分区,但为避免发生启动冲突,通常只建立一个主分区。

2. 扩展分区

扩展分区是指由主分区以外的空间创建的分区,用来存放逻辑分区。扩展分区不能直接使用,必须再创建能被操作系统直接识别的逻辑分区。

3. 逻辑分区

逻辑分区是指从扩展分区中分配的,即平时在操作系统中看到的 D 盘、E 盘、F 盘等,一般最多允许建立 23 个逻辑分区,即盘符从 D 到 Z。

5.1.2 常见的分区格式

常见的分区格式包括 FAT16、FAT32、NTFS 和 EXFAT 等，下面将详细介绍常见分区格式的相关知识。

1. FAT16

FAT16 为 MS-DOS 和早期的 Windows 95 操作系统中常用的分区格式，采用 16 位文件分配表和 2GB 的分区容量，几乎所有的操作系统都支持这种格式，如 DOS、Win 3.x、Win 95、Win 97、Win 98、Windows NT、Windows 2000、Windows XP 以及 Windows Vista 和 Windows 7 的非系统分区，甚至近年来流行的 Linux 都支持这种分区格式。但采用该分区格式的磁盘利用率比较低，现在已经不再使用该分区格式。

2. FAT32

这种格式采用 32 位文件分配表，对磁盘的管理能力有很大提高，解决了 FAT16 对每个分区的容量都限制为 2GB 的问题。采用 FAT32 的分区格式后，可以将一个大硬盘定义成一个分区，而不必分为几个分区使用。在超过 8GB 的分区中，FAT32 分区格式的每个簇容量固定为 4KB，可以较大程度地减少硬盘空间的浪费，提高利用效率。由于文件分配表较大，FAT32 的运行速度比 FAT16 慢。

3. NTFS

NTFS 是一种新兴的磁盘格式，早期在 Windows NT 网络操作系统中常用，随着安全性的提高，在 Windows Vista 和 Windows 7 操作系统中也开始使用这种格式，并且在 Windows Vista 和 Windows 7 中只能使用 NTFS 格式作为系统分区格式。NTFS 分区格式具有较高的安全性和稳定性，对使用者的权限有严格控制，可以保护系统和数据的安全。

4. EXFAT

EXFAT 的英文全称为 Extended File Allocation Table File System，即为扩展文件分配表，具有增强台式电脑与移动设备互操作能力、簇大小高达 32MB 和支持访问控制等特点。

5.1.3 分区的基本顺序

不管准备建立多少个硬盘分区，建立硬盘分区的顺序都是相同的，即建立主分区→建立扩展分区→建立逻辑分区→激活主分区→格式化所有分区。

如果在此之前硬盘已经建立了分区，在新建之前，需要删除硬盘中的原有分区后再创建新的分区。

在建立分区时应遵循实用性、合理性和安全性原则，提高硬盘的使用效率和寿命，方便管理数据。

5.1.4 分区规划通用原则

对硬盘进行合理的分区规划，是系统稳定进行和规范管理硬盘的基本条件，因此，在

硬盘分区之前，需要对硬盘分区进行合理的规划，分区规划一般遵循以下几个原则。

➢ 实用性：根据个人的实际需要，规划分区的数量和每个分区的容量。

➢ 合理性：合理规划系统区、数据区和数据备份区，以方便磁盘的管理。

➢ 安全性：为保证磁盘数据的安全性，在分区时，应合理选择分区的文件系统格式。

5.1.5 硬盘分区方案

硬盘分区方案包括单系统硬盘分区方案、双系统硬盘分区方案和多系统硬盘分区方案等，下面详细介绍硬盘分区方案的相关知识。

1. 单系统硬盘分区方案

家庭型和办公型电脑可以考虑单系统硬盘分区方案。下面以容量为 500GB 的硬盘为例，介绍单系统硬盘分区的方案，如表 5-1 所示。

表 5-1　单系统硬盘分区方案

盘　符	容　量	分区格式	存储内容
C 盘	50GB	FAT32/NTFS	Windows 7
D 盘	150GB	NTFS	应用程序及软件安装
E 盘	200GB	NTFS	影音娱乐及个人文件
F 盘	100GB	NTFS	备份资料

2. 双系统硬盘分区方案

如果电脑中同时装有 Windows 7 和 Windows 8 系统，需要将其分别安装在不同的分区。下面以容量为 500GB 的硬盘为例，介绍双系统硬盘分区的方案，如表 5-2 所示。

表 5-2　双系统硬盘分区方案

盘　符	容　量	分区格式	存储内容
C 盘	50GB	FAT32/NTFS	Windows 7
D 盘	50GB	FAT32/NTFS	Windows 8
E 盘	100GB	NTFS	应用程序及软件安装
F 盘	200GB	NTFS	影音娱乐及个人文件
G 盘	100GB	NTFS	备份资料

3. 多系统硬盘分区方案

如果电脑中安装了三个以上的系统，通常在本地磁盘(C)中安装最常使用的操作系统，在本地磁盘(D)和本地磁盘(E)等中安装其他操作系统，如表 5-3 所示。

表 5-3　多系统硬盘分区方案

盘　符	容　量	分区格式	存储内容
C 盘	50GB	FAT32/NTFS	Windows 7
D 盘	50GB	FAT32/NTFS	Windows 8
E 盘	50GB	FAT32/NTFS	Windows 10
F 盘	100GB	NTFS	应用程序及软件安装
G 盘	250GB	NTFS	个人文件与备份资料

5.1.6　常用的硬盘分区软件

下面详细介绍一些常用的硬盘分区软件。

1. 硬盘分区魔术师

硬盘分区魔术师是一款非常优秀的磁盘分区管理软件，支持大容量硬盘，可以非常方便地实现分区的拆分、删除、修改，轻松实现 FAT 和 NTFS 分区相互之间的转换；能够优化磁盘使应用程序和系统速度变得更快；在不损失磁盘数据的情况下，可以在不同的分区之间进行大小调整、移动、隐藏、合并、删除、格式化、搬移分区等操作；恢复丢失或者删除的分区和数据。硬盘分区魔术师能够管理安装多操作系统，方便地转换系统分区格式。

2. 傲梅分区助手

傲梅分区助手是一个简单易用、多功能的免费磁盘分区管理软件，在它的帮助下，用户可以无损数据地调整分区大小，移动分区位置，复制分区，复制磁盘，迁移系统到固态硬盘(SSD)，合并分区、拆分分区、创建分区等操作。

3. EASEUS Partition Manager(硬盘分区工具)

EASEUS Partition Manager(硬盘分区工具)可以删除或者格式化分区，可以重新设置分区大小以及移动用户的分区。通过它用户可以减小现有分区的尺寸，然后使用未分配的磁盘空间创建新的分区或者扩大其他分区的大小以便更好地管理数据。此外，使用此工具还可以浏览磁盘和分区的属性，设置一个活动分区，改变盘符等。并且还可以创建可启动光盘，允许在安装 Windows 系统之前管理分区。

4. DiskGenius

DiskGenius 是一款硬盘分区及数据恢复软件，是在最初的 DOS 版的基础上开发而成的。Windows 版本的 DiskGenius 软件，除了继承并增强了 DOS 版的大部分功能外(少部分没有实现的功能将会陆续加入)，还增加了许多新的功能，如已删除文件恢复、分区复制、分区备份、硬盘复制等功能，另外还增加了对 VMWare、Virtual PC、VirtualBox 虚拟硬盘的支持，更多功能正在制作并在不断完善中。

5. Partition Magic

Partition Magic 是老牌的硬盘分区管理工具,其最大特点是允许在不损失硬盘中原有数据的前提下对硬盘进行重新设置分区、分区格式化以及复制、移动、格式转换和更改硬盘分区大小、隐藏硬盘分区以及多操作系统启动设置等操作。

5.2　使用启动盘启动电脑

如果用硬盘无法启动电脑,可以考虑用启动盘启动电脑,如使用光盘和 U 盘启动电脑。本节将详细介绍使用启动盘启动电脑的相关方法。

5.2.1　使用光盘启动电脑

如果准备使用光盘启动电脑,应准备一张带有启动功能的 Windows 安装光盘,下面具体介绍使用光盘启动电脑的操作方法。

第 1 步 进入 BIOS 程序,打开 Advanced BIOS Features 界面,设置 First Boot Device 菜单项为 CDROM,按 Esc 键,如图 5-2 所示。

第 2 步 返回到 BIOS 程序界面,选择 Save & Exit Setup 菜单项,按 Enter 键,如图 5-3 所示。

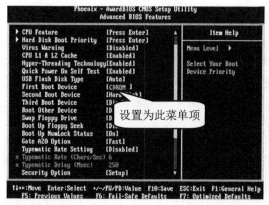

图 5-2

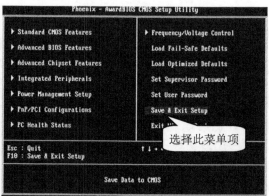

图 5-3

第 3 步 弹出 SAVE to CMOS and EXIT(Y/N)? 对话框,输入字母"Y",按 Enter 键,如图 5-4 所示。

第 4 步 重新启动电脑,将 Windows 安装光盘放入光驱,在出现的界面中选择 2. Boot from CD-ROM 菜单项即可启动电脑,如图 5-5 所示。

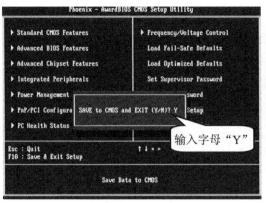

图 5-4　　　　　　　　　　　　　　图 5-5

5.2.2　使用 U 盘启动电脑

如果没有系统光盘，也可以用 U 盘启动电脑。在使用前先制作 U 盘启动盘，制作完成后，在 BIOS 程序中设置第一启动程序为 usb-zip 即可使用 U 盘启动电脑。下面将具体介绍使用 U 盘启动的方法。

第 1 步　重新启动电脑，将 U 盘启动盘插入 USB 接口中，在出现的界面中选择 2. Start computer without CD-ROM support 菜单项，按 Enter 键，如图 5-6 所示。

第 2 步　当屏幕上出现 A:\>提示符号时，即可完成使用 U 盘启动电脑的操作，如图 5-7 所示。

图 5-6　　　　　　　　　　　　　　图 5-7

知识精讲

使用 U 盘也可以启动电脑，但需要主板支持该功能。如果在 BIOS 程序中无法找到 usb-zip 菜单项，可以将 U 盘插入 USB 接口中再试；如果还是无法找到该菜单项，则说明主板不支持该功能。

5.3 使用 Partition Magic 分区

使用 Partition Magic 可以轻松地管理硬盘分区，本节将详细介绍使用 Partition Magic 软件分区的相关知识及操作方法。

5.3.1 创建主分区

根据创建分区的顺序，应先创建主分区，然后再进行其他操作。下面详细介绍建立主分区的操作方法。

第1步 启动 Partition Magic 程序，进入主界面后，**1.** 右击磁盘，**2.** 在弹出的快捷菜单中，选择【创建】菜单项，如图 5-8 所示。

第2步 弹出【创建分区】对话框。**1.** 在【创建为】下拉列表框中选择【主分区】选项。**2.** 在【分区类型】下拉列表框中选择 NTFS 选项。**3.** 在【容量】微调框中输入准备设定的磁盘分区容量。**4.** 单击【确定】按钮，如图 5-9 所示。

图 5-8

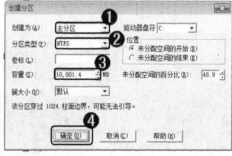

图 5-9

第3步 这样即可完成建立主分区的操作，如图 5-10 所示。

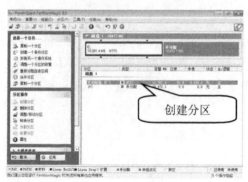

图 5-10

5.3.2　建立扩展分区

主分区完成创建后，即可创建扩展分区。下面以建立 D、E 盘为例，来详细介绍建立扩展分区的操作方法。

第1步 启动 Partition Magic 程序，进入主界面后，*1.* 右击未分配磁盘，*2.* 在弹出的快捷菜单中选择【创建】菜单项，如图 5-11 所示。

第2步 弹出【创建分区】对话框。*1.* 在【创建为】下拉列表框中选择【逻辑分区】选项。*2.* 在【分区类型】下拉列表框中选择 NTFS 选项。*3.* 在【容量】微调框中输入磁盘分区容量。*4.* 单击【确定】按钮，如图 5-12 所示。

图 5-11

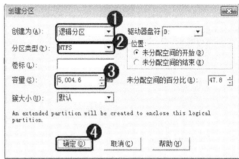

图 5-12

第3步 这样磁盘 D 即建立完成，下面开始建立磁盘 E。*1.* 右击未分配磁盘，*2.* 在弹出的快捷菜单中选择【创建】菜单项，如图 5-13 所示。

第4步 弹出【创建分区】对话框。*1.* 在【创建为】下拉列表框中选择【逻辑分区】选项。*2.* 在【分区类型】下拉列表框中选择 NTFS 选项。*3.* 在【容量】微调框中输入磁盘容量。*4.* 单击【确定】按钮，如图 5-14 所示。

图 5-13

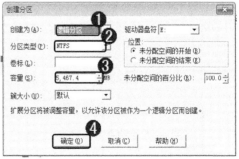

图 5-14

第5步 这样磁盘 E 即可建立完成，单击【应用】按钮，如图 5-15 所示。

第6步 弹出【应用更改】对话框，单击【是】按钮，如图 5-16 所示。

图 5-15   图 5-16

第7步 弹出【过程】对话框，显示目前作业的整个进展，如图 5-17 所示。

第8步 单击【确定】按钮即可完成建立扩展分区，如图 5-18 所示。

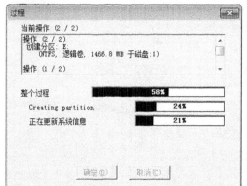

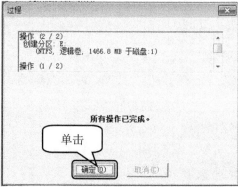

图 5-17   图 5-18

知识精讲

　　为了防止出现 Partition Magic 与其他软件的兼容性问题，在使用 Partition Magic 之前，最好用防病毒软件将硬盘及可能要用到的软件彻底查杀一遍病毒，确保没有病毒的情况下，将防病毒软件功能关闭，再运行 Partition Magic。

5.3.3　激活主分区

　　使用 Partition Magic 程序创建硬盘分区后，同样需要激活主分区，这样才能正常地引导硬盘，下面具体介绍激活主分区的操作方法。

第1步 启动 Partition Magic 程序，进入主界面后，右击主分区磁盘，选择【高级】→【设置激活】菜单项，如图 5-19 所示。

第2步　弹出【设置活动分区】对话框，提示是否确定要变更作用分割磁区，单击【确定】按钮，如图 5-20 所示。

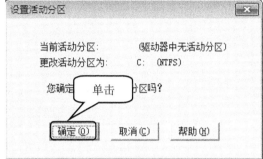

图 5-19　　　　　　　　　　　　　　　　　　图 5-20

第3步　通过上述方法即可激活主分区，如图 5-21 所示。

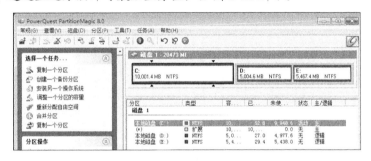

图 5-21

知识精讲

　　硬盘存储数据要运用一定的文件系统格式，主要有 FAT16、FAT32、NTFS、HPFS 等，高一级的格式可以比低一级的格式在驱动器上创建多至几百兆的额外硬盘空间，从而更高效地存储数据。此外，可加快程序的加载速度，减少所用的系统资源。

5.3.4　调整分区大小

　　如果对当前所做的分区大小不满意，可以使用 Partition Magic 程序进行更改，从而调整分区大小，下面具体介绍其操作方法。

第1步　启动 Partition Magic 程序，进入主界面后，**1.** 右击准备调整分区容量的磁盘，**2.** 在弹出的快捷菜单中选择【调整容量/移动】菜单项，如图 5-22 所示。

第2步　弹出【调整容量/移动分区】对话框。**1.** 在【自由空间之前】微调框中输入准备设置的数值，**2.** 在【新建容量】微调框中输入准备设置的数值，**3.** 单击【确定】按钮，如图 5-23 所示。

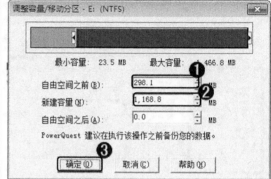

图 5-22 图 5-23

第3步 空间已被释放，*1.* 右击主分区磁盘，*2.* 在弹出的快捷菜单中选择【创建】菜单项，如图 5-24 所示。

第4步 弹出【创建分区】对话框，单击【确定】按钮，如图 5-25 所示。

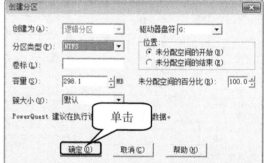

图 5-24 图 5-25

第5步 新的磁盘分区大小已被建立，单击【应用】按钮，如图 5-26 所示。

第6步 弹出【应用更改】对话框，单击【是】按钮，如图 5-27 所示。

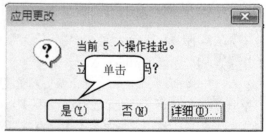

图 5-26 图 5-27

第7步 弹出【过程】对话框，显示目前作业的整个进展，如图 5-28 所示。

第8步 单击【确定】按钮即可完成调整分区大小的操作，如图 5-29 所示。

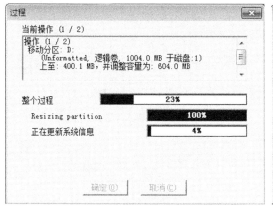

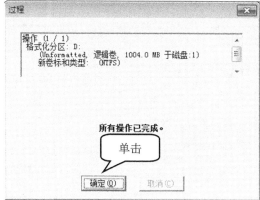

图 5-28　　　　　　　　　　　　　　　　　　图 5-29

5.3.5　合并分区

如果一个分区的空间不够，那么可以将两个或两个以上的分区合并为一个分区，下面将具体介绍合并分区的操作方法。

第1步 启动 Partition Magic 程序，进入主界面。1. 右击准备合并分区的磁盘，2. 在弹出的快捷菜单中选择【合并】菜单项，如图 5-30 所示。

第2步 弹出【合并邻近分区】对话框，1. 在【文件夹名称】文本框中输入准备使用的名称，2. 单击【确定】按钮，如图 5-31 所示。

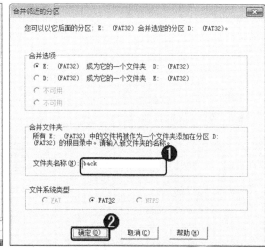

图 5-30　　　　　　　　　　　　　　　　　　图 5-31

第3步 返回至 Partition Magic 程序主界面，单击左下角的【应用】按钮，如图 5-32 所示。

第4步 弹出【应用改变】对话框，提示是否现在执行变更信息，单击【是】按钮，如图 5-33 所示。

 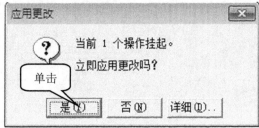

图 5-32   图 5-33

第5步 弹出【过程】对话框，显示目前作业的整个进度，如图 5-34 所示。
第6步 单击【确定】按钮即可完成合并分区的操作，如图 5-35 所示。

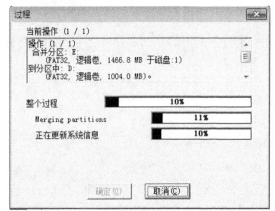 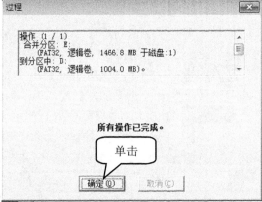

图 5-34   图 5-35

 知识精讲

　　使用 Partition Magic 程序进行合并分区的操作时，除了可以通过选择左边栏中的命令并根据操作向导进行操作外，还可以直接选择准备操作的分区，通过右键快捷菜单来进行具体的操作。

5.4 使用 DiskGenius 分区软件操作分区

　　DiskGenius 是一款集磁盘分区管理与数据恢复功能于一身的工具软件，是一款功能强大、灵活易用的分区软件。本章将介绍如何使用 DiskGenius 进行快速分区、手工创建主分区、手工创建扩展分区、手工创建逻辑分区、删除分区、调整分区大小。

5.4.1　快速分区

DiskGenius 软件为用户提供了快速分区模式，通过快速分区模式，可以快速地将硬盘分成几个区域，下面详细介绍其操作方法。

第1步　打开分区软件 DiskGenius，单击【快速分区】按钮，如图 5-36 所示。

第2步　弹出快速分区对话框，**1.**选择分区数目、调整分区大小、更改卷标和调整分区格式，**2.**单击【确定】按钮，如图 5-37 所示。

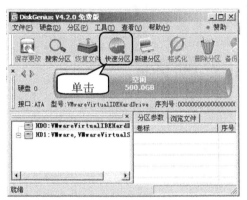

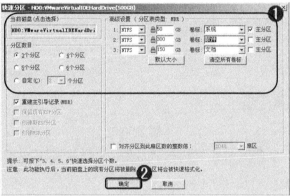

图 5-36　　　　　　　　　　　　　　　　　　图 5-37

第3步　等待一段时间，返回到 DiskGenius 主界面，可以看到已经将磁盘分为 C 盘、D 盘和 E 盘，这样即可完成快速分区的操作，如图 5-38 所示。

图 5-38

5.4.2　手工创建主分区

主分区也称为主磁盘分区，是一种分区类型，任何一种操作系统的启动程序，都是放在主分区上的。下面详细介绍手工创建主分区的操作方法。

第1步　打开 DiskGenius 分区软件，**1.**选择菜单栏中的【分区】菜单，**2.**在弹出的菜单中，选择【建立新分区】菜单项，如图 5-39 所示。

第2步 弹出【建立新分区】对话框，**1.** 调整主分区的容量大小、文件系统类型等属性，**2.** 单击【确定】按钮，如图 5-40 所示。

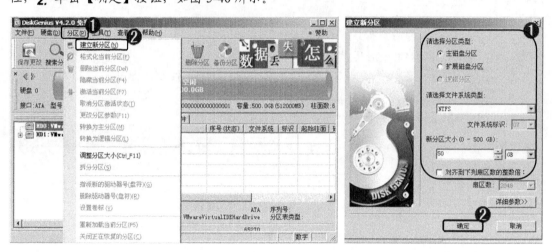

图 5-39　　　　　　　　　　　　　　　　　　图 5-40

第3步 返回到 DiskGenius 软件界面，完成主分区创建，此时主分区为未格式化状态，如图 5-41 所示。

图 5-41

5.4.3　手工创建扩展分区

创建主分区之后，接下来需要创建扩展分区，扩展分区的容量是各个逻辑分区容量的总和。下面详细介绍创建扩展分区的操作步骤。

第1步 在 DiskGenius 软件主界面中，**1.** 选择菜单栏中的【分区】菜单，**2.** 在弹出的菜单中，选择【建立新分区】菜单项，如图 5-42 所示。

第2步 弹出【建立新分区】对话框，**1.** 选中【扩展磁盘分区】单选按钮，**2.** 单击【确定】按钮，如图 5-43 所示。

第3步 返回到 DiskGenius 软件主界面，可以看到扩展分区创建完毕，如图 5-44 所示。

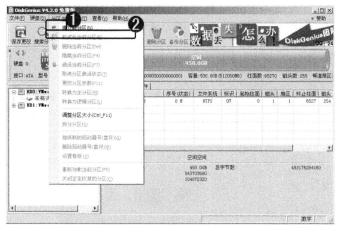

图 5-42

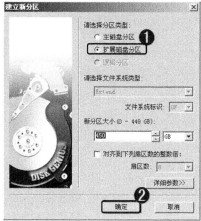

图 5-43

完成扩展分区的创建

图 5-44

知识精讲

在分区前，请备份好磁盘中的资料，一旦进行分区格式化，资料将很难找回，请慎重。当硬盘或分区存在某种错误时，比如磁盘有坏道或其他潜在的逻辑错误，或者由于系统异常、突然断电等原因会造成分区失败。

5.4.4　手工创建逻辑分区

逻辑分区是扩展分区的一部分，可以说扩展分区和逻辑分区是包含关系，下面详细介绍创建逻辑分区的具体操作。

第1步 创建好扩展分区以后，**1.** 选择菜单栏中的【分区】菜单，**2.** 在弹出的菜单中选择【建立新分区】菜单项，如图 5-45 所示。

第2步 弹出【建立新分区】对话框，**1.** 选中【逻辑分区】单选按钮，**2.** 选择文件系统类型，**3.** 调整磁盘大小，**4.** 单击【确定】按钮，如图 5-46 所示。

图 5-45 图 5-46

第3步 返回到 DiskGenius 软件界面,完成逻辑分区的创建,如图 5-47 所示。

第4步 重复以上步骤,可以继续创建其他逻辑分区,例如 E 盘、F 盘等,这里不再赘述,如图 5-48 所示。

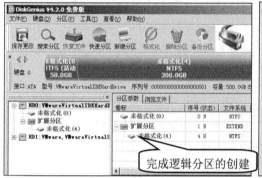

图 5-47

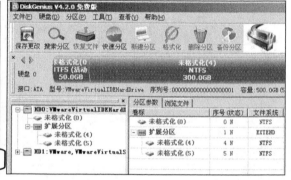

图 5-48

第5步 所有逻辑分区创建成功后,单击【保存更改】按钮,如图 5-49 所示。

第6步 在弹出的对话框中单击【是】按钮,如图 5-50 所示。

图 5-49

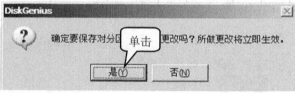

图 5-50

第7步 等待一段时间,返回到 DiskGenius 软件主界面,可以看到完成了逻辑分区的创建,如 D 盘和 E 盘,如图 5-51 所示。

图 5-51

5.4.5　删除分区

在建立分区的过程中，如果发现分区不理想可以删除分区，重新建立新的分区方案。下面以删除 D 盘为例，详细介绍删除分区的操作方法。

第 1 步　打开 DiskGenius 分区软件，*1.* 单击需要删除的分区"本地磁盘(D:)"，*2.* 选择菜单栏中的【分区】菜单，*3.* 选择【删除当前分区】菜单项，如图 5-52 所示。

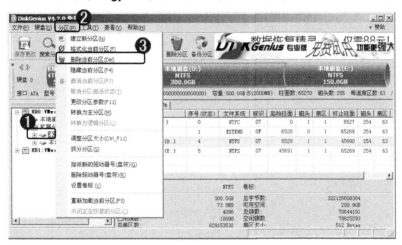

图 5-52

第 2 步　弹出 DiskGenius 对话框，单击【是】按钮，如图 5-53 所示。

图 5-53

第 3 步　返回到 DiskGenius 软件界面，*1.* 单击【保存更改】按钮，*2.* 弹出 DiskGenius 对话框，单击【是】按钮，如图 5-54 所示。

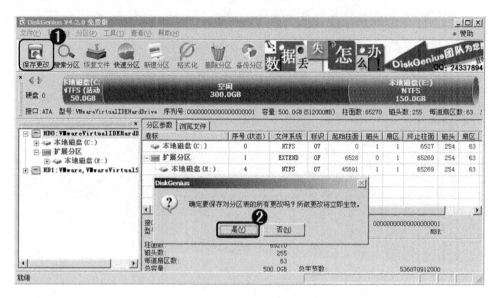

图 5-54

第4步 等待一段时间，即可完成 D 盘的删除操作，如图 5-55 所示。

第5步 类似以上步骤即可删除其他分区，这里不再赘述。

图 5-55

5.4.6 调整分区大小

在分区之后，如果发现把两个逻辑分区分到了一起，出现一个逻辑分区过大的现象，那么可以通过调整分区大小来调整。下面以 D 盘为例，详细介绍调整分区大小的操作方法。

第1步 打开 DiskGenius 分区软件，*1.* 选择需要调整分区大小的分区 "本地磁盘(D:)"，*2.* 选择菜单栏中的【分区】菜单，*3.* 在弹出的菜单中，选择【调整分区大小】菜单项，如图 5-56 所示。

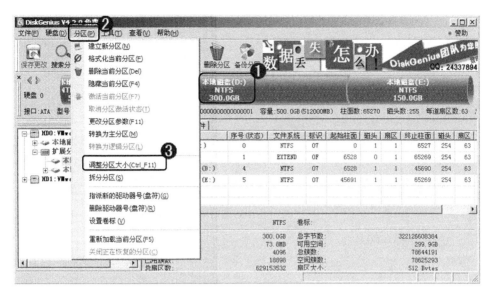

图 5-56

第2步 弹出【调整分区容量】对话框，*1.* 在【调整后容量】文本框中输入合适的数值，*2.* 单击【开始】按钮，如图 5-57 所示。

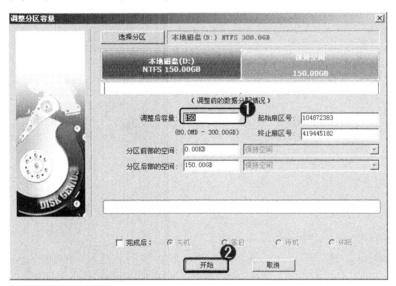

图 5-57

第3步 弹出 DiskGenius 对话框，提示信息"确定要立即调整此分区的容量吗？"，单击【是】按钮，如图 5-58 所示。

第4步 等待一段时间，单击【调整分区容量】对话框中的【完成】按钮，如图 5-59 所示。

第5步 返回到 DiskGenius 软件界面，完成调整分区大小的操作，如图 5-60 所示。

第6步 类似以上步骤即可完成其他分区大小的调整，这里不再赘述。

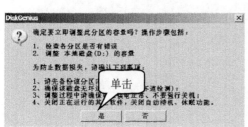

图 5-58

图 5-59

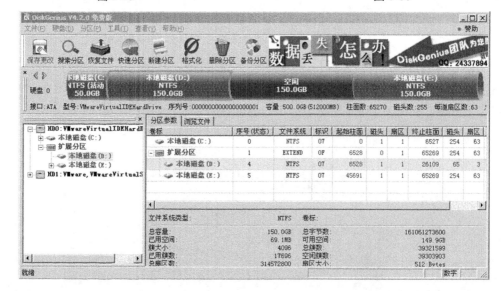

图 5-60

 知识精讲

    在 DiskGenius 进行无损分区调整过程中，不要使用其他软件对磁盘进行读写操作。事实上，DiskGenius 在进行无损分区调整过程中，会自动锁住当前正在调整大小的分区。

5.5 实践案例与上机指导

    通过本章的学习，读者基本可以掌握硬盘的分区与格式化的基本知识以及一些常见的操作方法。下面通过练习操作，以达到巩固学习、拓展提高的目的。

5.5.1　用 Partition Magic 转换分区格式

使用 Partition Magic 程序可以将 FAT32 格式与 NTFS 格式互相转换，下面以将 NTFS 格式转换为 FAT32 格式为例，详细介绍转换分区格式的操作方法。

第 1 步　启动 Partition Magic 程序进入主界面后，右击主分区磁盘，在弹出的快捷菜单中选择【转换】菜单项，如图 5-61 所示。

第 2 步　弹出转换分区对话框，提示是否继续转换信息，单击【确定】按钮，如图 5-62 所示。

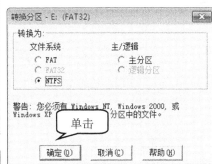

图 5-61　　　　　　　　　　　　　　　　图 5-62

第 3 步　弹出【应用转换到 NTFS】对话框，单击【是】按钮，如图 5-63 所示。

第 4 步　弹出批处理命令执行窗口，完成后按任意键，如图 5-64 所示。

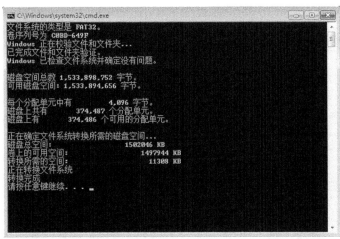

图 5-63　　　　　　　　　　　　　　　　图 5-64

第 5 步　弹出【过程】对话框，单击【确定】按钮，如图 5-65 所示。通过以上步骤

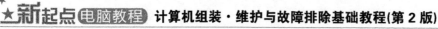

即可完成转换分区格式的操作，如图 5-66 所示。

图 5-65   图 5-66

5.5.2 用 Partition Magic 隐藏磁盘分区

如果不想让他人查看某个分区，可以使用 PartitionMagic 程序将其隐藏，下面具体介绍隐藏磁盘分区的操作方法。

第1步 启动 Partition Magic 程序进入主界面，**1.** 右击准备隐藏的磁盘分区，**2.** 在弹出的快捷菜单中选择【高级】→**3.** 【隐藏分区】菜单项，如图 5-67 所示。

第2步 弹出隐藏分区对话框，提示是否确定隐藏此分区，单击【确定】按钮，如图 5-68 所示。

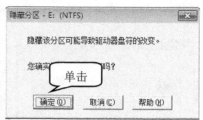

图 5-67   图 5-68

第3步 返回至主界面，单击【应用】按钮，如图 5-69 所示。

第4步 弹出【过程】对话框，单击【确定】按钮即可完成隐藏磁盘分区的操作，如图 5-70 所示。

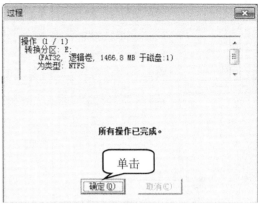

图 5-69　　　　　　　　　　　　　　　　　　图 5-70

5.5.3　用 Partition Magic 删除分区

如果需要删除电脑中的一个分区，那么可以使用 Partition Magic 的删除分区功能来实现。下面将详细介绍删除分区的操作方法。

第 1 步　启动 Partition Magic 程序进入主界面，*1.* 右击主分区磁盘，*2.* 在弹出的快捷菜单中选择【删除】菜单项，如图 5-71 所示。

第 2 步　弹出删除分区对话框。*1.* 选中【删除】单选按钮，*2.* 单击【确定】按钮，如图 5-72 所示。

图 5-71　　　　　　　　　　　　　　　　　　图 5-72

第 3 步　返回至 Partition Magic 程序主界面，单击【应用】按钮，如图 5-73 所示。

第 4 步　弹出【应用更改】对话框，提示是否现在执行变更信息，单击【是】按钮，如图 5-74 所示。

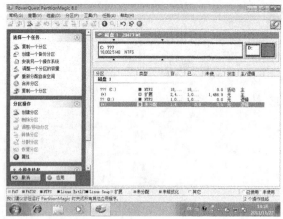

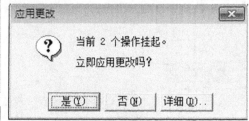

图 5-73

图 5-74

第5步 弹出【过程】对话框，显示目前作业的整个进度，如图 5-75 所示。

第6步 单击【确定】按钮即可完成删除分区的操作，如图 5-76 所示。

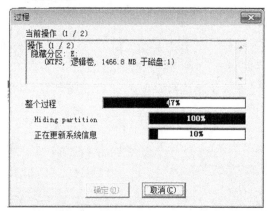

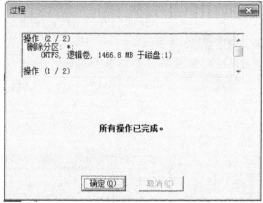

图 5-75

图 5-76

智慧锦囊

删除分区后，系统会自动删除此分区包含的所有资料和数据，所以在删除某个分区之前，最好备份此分区中的资料和数据。

5.5.4 用 DiskGenius 搜索分区

DiskGenius 可以通过搜索硬盘扇区，找到已丢失分区的引导扇区，通过引导扇区及其他扇区中的信息确定分区的类型、大小，从而达到恢复分区的目的。下面详细介绍搜索分区的操作方法。

第1步 打开 DiskGenius 分区软件，单击【搜索分区】按钮，如图 5-77 所示。

第2步 弹出搜索丢失分区对话框，**1.** 选中【整个硬盘】单选按钮，**2.** 单击【开始搜索】按钮，如图 5-78 所示。

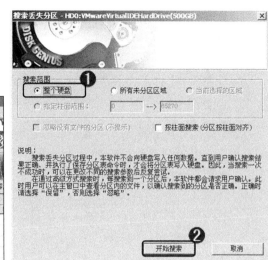

图 5-77　　　　　　　　　　　　　　　　　　图 5-78

第 3 步　弹出【搜索到分区】对话框，单击【保留】按钮，如图 5-79 所示。

第 4 步　弹出 DiskGenius 对话框，单击【确定】按钮，如图 5-80 所示。

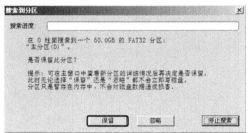

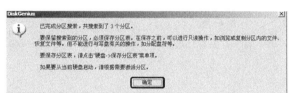

图 5-79　　　　　　　　　　　　　　　　　　图 5-80

第 5 步　通过以上步骤即可完成磁盘分区的搜索，结果如图 5-81 所示。

卷标	序号(状态)	文件系统	标识	起始柱面	磁头	扇区	终止柱面	磁头	扇区	容量
主分区(0)	0	FAT32	0C	0	1	1	6527	254	63	50.0GB
扩展分区	1	EXTEND	0F	6528	0	1	65269	254	63	450.0GB
逻辑分区(4)	4	NTFS	17	6528	1	1	26109	254	63	150.0GB
逻辑分区(5)	5	NTFS	07	32484	1	1	65269	254	63	251.2GB

图 5-81

5.6　思考与练习

一、填空题

1. 硬盘分区是指将硬盘的＿＿＿＿＿＿＿＿划分成相互独立的多个区域(即 C 盘、D 盘、E 盘、F 盘等)，这些区域可以用来安装不同的＿＿＿＿＿＿、存储文件和安装应用程序等。

2. 常见的分区格式包括FAT16、_____、_____和EXFAT格式等。

3. 主分区也称为_____，是一种分区类型，任何一种操作系统的_____都是放在主分区上的。

4. 逻辑分区是_____的一部分，可以说扩展分区和逻辑分区是_____关系。

二、判断题

1. 不管准备建立多少个硬盘分区，建立硬盘分区的顺序是相同的，即建立主分区→建立扩展分区→建立逻辑分区→激活主分区→格式化所有分区。 （　　）

2. 如果一个分区的空间不够，那么可以将两个或两个以上的分区合并为一个分区。 （　　）

3. 创建了主分区之后，接下来需要创建扩展分区，扩展分区容量是各个扩展分区容量的总和。 （　　）

4. 在分区之后若发现把两个逻辑分区分到了一起，出现一个逻辑分区过大的问题，那么可以通过调整分区大小来调整。 （　　）

三、思考题

1. 如何使用 Partition Magic 调整分区大小？

2. 如何使用 DiskGenius 进行快速分区？

第 **6** 章

安装 Windows 操作系统与驱动程序

本章要点

- 认识 Windows 7
- 全新安装 Windows 7
- 了解驱动程序
- 安装驱动程序
- 使用驱动精灵快速安装系统驱动

本章主要内容

本章主要介绍全新安装 Windows 7 和安装驱动程序方面的知识与技巧，以及使用驱动精灵快速安装系统驱动的相关操作方法。通过本章的学习，读者可以掌握安装 Windows 操作系统与驱动程序基础操作方面的知识，为深入学习计算机组装、维护与故障排除知识奠定基础。

6.1 认识 Windows 7

Windows 7 是由微软公司开发的，具有革命性变化的操作系统，它不仅是对 Windows 的修改和更新，而且还把重点放在人与电脑的沟通上，更加以用户为中心，提供用户为中心的服务，并继承了 Vista 的华丽界面和强大功能，并在此基础上新增和完善了许多功能，使用户操作起来更加安全和稳定。本节将详细介绍 Windows 7 的相关知识。

6.1.1 Windows 7 新增功能

Windows 7 与以前的操作系统版本相比，增加了一些新的特性和功能，用户使用后会有耳目一新的感觉，如全新的 IE 8 浏览器、Windows Media Center、触摸功能、Tablet PC 增强功能、高保真媒体 PC、Aero 主题与背景和高级网络支持等。下面分别予以详细介绍。

1. 全新的 IE 8 浏览器

IE 8 浏览器是 Windows 7 系统自带的应用程序，相对以往版本，IE 8 的启动速度更快，能立即创建新的选项卡并且加载网页，使用户感到更加快捷。IE 8 中的 JavaScript 引擎也更加快速，提高了在浏览很多基于 JavaScript 或 Ajax 的网站时的速度。此外，IE 8 浏览器对地址栏、搜索、收藏夹和选项卡等都做了很大的改进，如图 6-1 所示。

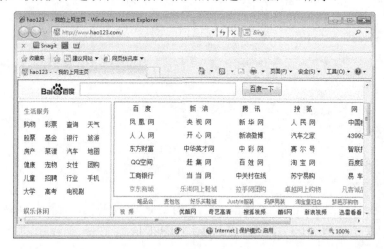

图 6-1

2. Windows Media Center

在 Windows 7 操作系统中，Windows Media Center 可以为用户提供丰富的媒体视觉享受，可以无障碍且快速方便地播放电影或音乐。与以前的版本相比，Windows 7 还可以播放更多种类的媒体文件，这样用户就不需要下载很多播放器或其他软件，为用户带来了很大的方便，如图 6-2 所示。

图 6-2

3. 触摸功能

触摸功能是 Windows 7 操作系统独创的触摸屏技术，触摸技术与鼠标技术相比更方便、更快捷，而且更直观。与手机的触摸功能相似，用户只需轻轻在屏幕上触摸一下即可打开所需要的功能，从而进行相关操作，但是需要用户为计算机配置相应的硬件和显示器等，才能体验 Windows 7 操作系统的触摸功能。

4. Tablet PC 增强功能

Windows 7 为 Tablet PC 提供的增强功能包括以下几个方面：提升了手写、识别功能的准确性和速度，支持手写数学表达式，支持个性化自定义手写词典和识别动能，支持新语言的手写识别和文本预测功能，如图 6-3 所示。

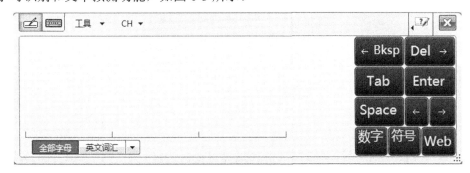

图 6-3

5. 高保真媒体 PC

在 Windows 7 操作系统中，完善的声音管理特性使用户可以享受高保真的音质，用户可以轻松地将蓝牙设备连接到 PC，并使用该设备进行语音通话或收听音乐。另外，用户也可以管理多个声音设备，并且可以选择每个设备的声音播放方式。右击通知区域中的扬声器图标，在弹出的快捷菜单中选择【播放设备】菜单项即可在弹出的【声音】对话框中进行相应的设置，如图 6-4 所示。

图 6-4

6. Aero 主题与背景

Windows 7 系统自带了许多主题,每个主题都包括丰富的背景、玻璃配色、唯一的声音方案和屏幕保护程序,用户也可以下载新的主题或创建自己的主题,在任意主题中,都有 16 种玻璃配色选项。另外,用户也可以将桌面背景设置为图片幻灯片的形式,如图 6-5 所示。

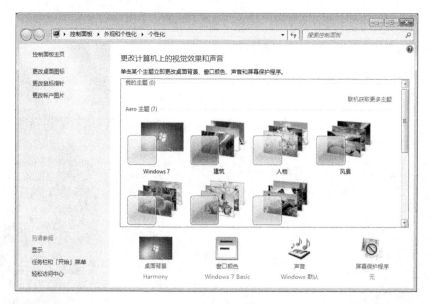

图 6-5

7. 高级网络支持

Windows 7 中的"网络和共享中心"可以取得实时网络状态和到自定义活动的链接,还可以使用交互式诊断功能识别并修复网络问题。Windows 7 可以将启用无线的 PC 当作无线访问点,用户还可以将具有无线功能的设备(如移动打印机、数码相机)等,直接链接到计算机上,并且如果 PC 链接到网络上,这些设备也可以通过 PC 直接访问网络,如图 6-6 所示。

图 6-6

6.1.2　Windows 7 的版本

Windows 7 目前在零售市场上主要有 6 个版本，分别为 Windows 7 Starter(简易版)、Windows 7 Home Basic(家庭普通版)、Windows 7 Home Premium(家庭高级版)、Windows 7 Professional(专业版)、Windows 7 Enterprise(企业版)和 Windows 7 Ultimate(旗舰版)。下面分别予以详细介绍。

1. Windows 7 Starter

Windows 7 简易版也称为初级版，其简单易用，保留了熟悉的 Windows 特点和兼容性，并吸收了在可靠性和响应速度方面的最新技术，可以加入家庭组(Home Group)，任务栏有很多变化，也有 JumpLists 菜单，但没有 Aero，缺少玻璃特效功能。家庭组创建和完整的移动功能，仅在新兴市场投放(发达国家中澳大利亚在部分上网本中有预装)，仅安装在原始设备制造商的特定机器上，并限于某些特殊类型的硬件。

2. Windows 7 Home Basic

Windows 7 家庭普通版也称家庭基础版，可以更快、更方便地访问使用最频繁的程序和文档，其主要新特性有无限应用程序、增强视觉体验(仍无 Aero)、高级网络支持(ad-hoc 无线网络和互联网连接支持 ICS)、移动中心(Mobility Center)。其缺少的功能有玻璃特效功能、实时缩略图预览、Internet 连接共享，不支持应用主题，该版本仅在新兴市场投放。

3. Windows 7 Home Premium

此版本为 Windows 7 家庭高级版，作为 Home 的加强版本，它可以轻松地欣赏和共享用户喜爱的电视界面、照片、视频和音乐等，有 Aero Glass 高级界面、高级窗口导航、改进的媒体格式支持、媒体中心和媒体流增强(包括 Play To)、多点触摸、更好的手写识别等；而且包含玻璃功能、触控功能和多媒体功能(播放电影和刻录 DVD)，并可以组建家庭网络组，该版本的操作系统在全球范围投放使用。

4. Windows 7 Professional

此版本为 Windows 7 专业版,其具备各种商务功能,并拥有家庭高级版本卓越的媒体和娱乐功能,替代了 Vista 系统下的商业版,支持加入管理网络(Domain Join)、高级网络备份等数据保护功能、位置感知打印技术(可在家庭或办公网络上自动选择合适的打印机)等,还包含加强网络的功能,比如域加入;高级备份功能、位置感知打印、脱机文件夹、移动中心(Mobility Center)和演示模式(Presentation Mode),该版本在全球范围内使用。

5. Windows 7 Enterprise

此版本为 Windows 7 企业版,提供了一系列企业级增强功能,如 BitLocker、内置和外置驱动器数据保护、AppLocker、锁定非授权软件运行、DirectAccess、无缝链接基于 Windows Server 2008 R2 的企业网络、BranchCache 和 Windows Server 2008 R2 网络缓存等,而且包含 Virtualization Enhancements(增强虚拟化)、Management (管理)、Compatibility and Deployment(兼容性和部署)及 VHD 引导支持等功能。

6. Windows 7 Ultimate

此版本为 Windows 7 旗舰版,是各个版本中最为灵活和强大的一个版本,其消耗的硬件资源也最大,可以在 35 种语言中任意选择,也可以使用 BitLocker 对数据进行加密等,该版本的操作系统在全球范围内使用。

6.1.3 Windows 7 的硬件要求

Windows 7 的功能很强大,同时它对硬件的配置要求也高于其他操作系统,如果用户准备在电脑中安装并正常使用 Windows 7 操作系统,那么应先检查电脑的硬件配置是否满足安装 Windows 7 的最低配置。下面将分别从 CPU、显卡、内存和硬盘四个方面详细介绍安装 Windows 7 的硬件要求。

1. CPU 的配置要求

目前市场上所有中端以上的 CPU 一般都能满足 Windows 7 的基本要求,但要希望其更好地发挥优势,CPU 应该达到 1GHz。另外,Windows 7 操作系统包括 32 位和 64 位两种版本,如果安装 64 位的版本,则需要使用支持 64 位运算的 CPU。

2. 显卡的配置要求

Windows 7 拥有全新的华丽图形界面和外观,因此对显卡的配置要求要稍微高些,要保证显卡支持 DirectX 9,显存最好大于 128MB。

3. 内存的配置要求

Windows 7 操作系统要求计算机至少配置 512MB 内存,以支持系统运行以及普通的软件运行需求,为了有效地使用 Windows 7 的先进功能,系统内存最好在 1GB DDR2 以上(64位系统需要 2GB 及以上),如果需要安装的应用软件很多并对硬件要求较高,最好确定还能扩展内存。

4. 硬盘的配置要求

安装 Windows 7 操作系统的硬盘最低要求有 16GB 以上的空间，如果准备安装 64 位版本的 Windows 7 操作系统，最低需要 20GB 以上的可用空间。

知识精讲

"驱动精灵"有"Windows 7 驱动升级评估"，运行它，通过网上扫描，会告知用户是否有适合使用的驱动，有就可以安装，没有则不能安装。

6.2　全新安装 Windows 7

了解安装 Windows 7 操作系统的硬件配置要求后，本节将详细介绍安装 Windows 7 的全过程。

6.2.1　运行安装程序

如果准备安装 Windows 7 操作系统，需要先运行安装程序才能进行随后的操作，下面详细介绍运行安装程序的操作方法。

第 1 步　进入 BIOS 程序将启动顺序设置为从光盘启动，将系统安装盘放入光驱，重新启动电脑后，当屏幕显示 Press any key to boot from CD or DVD...信息时，按 Enter 键，如图 6-7 所示。

第 2 步　进入 Windows is loading files...界面，显示加载安装程序的进度，如图 6-8 所示。

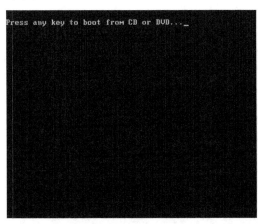

图 6-7　　　　　　　　　　　　　图 6-8

第 3 步　文件加载完成后，弹出【安装 Windows】对话框，这样即可完成启动安装程序的操作，如图 6-9 所示。

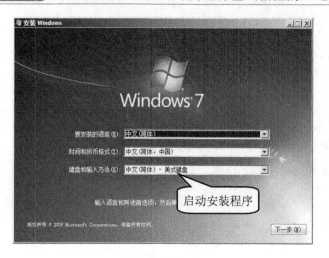

图 6-9

知识精讲

　　全新安装是指完全删除原有系统，全新安装新的 Windows 7 系统，原系统所在分区的数据会被全部删除并重新安装系统。

6.2.2　复制系统安装文件

　　启动安装程序后，即可进入复制系统安装文件环节，下面具体介绍复制系统安装文件的操作方法。

第1步 进入【安装 Windows】对话框，**1.** 设置安装语言信息，**2.** 设置时间和货币格式信息，**3.** 设置键盘和输入方法信息，**4.** 单击【下一步】按钮，如图 6-10 所示。

第2步 进入 Windows 7 安装界面，单击【现在安装】按钮，如图 6-11 所示。

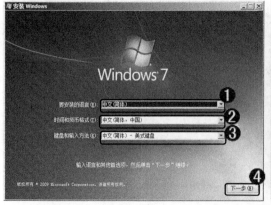

图 6-10

图 6-11

第3步 进入下一界面，在界面中显示"安装程序正在启动"信息，如图 6-12 所示。

第4步 进入【选择要安装的操作系统】界面，**1.** 选择准备安装的操作系统版本，如选择【Windows 7 64 位 旗舰版】选项，*2.* 单击【下一步】按钮，如图 6-13 所示。

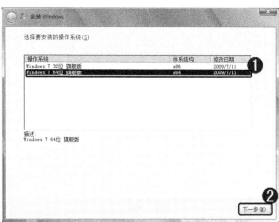

图 6-12　　　　　　　　　　　　　　　图 6-13

第5步　进入【请阅读许可条款】界面，仔细阅读许可条款。*1.* 选中【我接受许可条款】复选框，*2.* 单击【下一步】按钮，如图 6-14 所示。

第6步　进入【您想进行何种类型的安装？】界面，单击【自定义(高级)】选项，如图 6-15 所示。

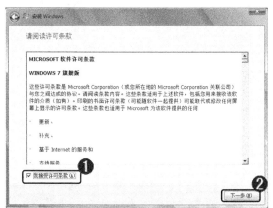

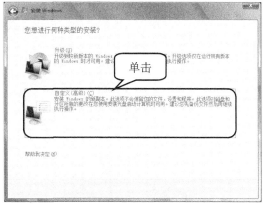

图 6-14　　　　　　　　　　　　　　　图 6-15

第7步　进入【您想将 Windows 安装在何处？】界面，*1.* 选择准备安装的磁盘分区，*2.* 单击【下一步】按钮，如图 6-16 所示。

第8步　进入【正在安装 Windows】界面，在安装过程中依次完成复制 Windows 文件、展开 Windows 文件、安装功能和安装更新四个任务，并显示其安装的详细状态信息，如图 6-17 所示。

第9步　进入【Windows 需要重新启动才能继续】界面，显示"1 秒内重新启动"信息，如图 6-18 所示。

第10步　重新启动电脑后，进入启动服务界面，屏幕上提示"安装程序正在启动服务"信息，如图 6-19 所示。

第11步　返回【正在安装 Windows】界面，显示"完成安装"信息，如图 6-20 所示。

图 6-16

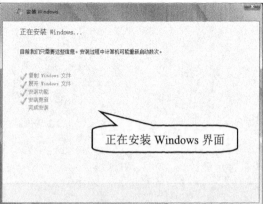

图 6-17

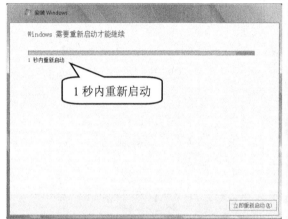

图 6-18

图 6-19

第12步 安装完成后再次启动电脑，屏幕上会显示"安装程序正在为首次使用计算机做准备"信息，稍后即可完成复制系统安装文件，如图 6-21 所示。

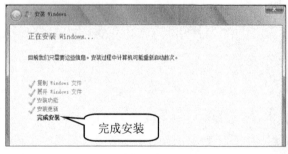

图 6-20

图 6-21

6.2.3 首次启动计算机并配置系统

安装 Windows 7 操作系统的最后阶段，需要对操作系统的信息进行设置，包括设置用户名、密码、计算机名和系统时间等。下面具体介绍首次启动电脑并配置系统的方法。

第 1 步　完成复制系统安装文件后，重新启动电脑便会弹出【设置 Windows】对话框。*1.* 在【键入用户名】文本框中输入准备使用的名称，*2.* 在【键入计算机名称】文本框中输入计算机名称，*3.* 单击【下一步】按钮，如图 6-22 所示。

第 2 步　进入【为账户设置密码】界面，*1.* 在【键入密码】文本框中输入密码，*2.* 在【再次键入密码】文本框中再次输入密码，*3.* 在【键入密码提示】文本框中输入密码提示信息，*4.* 单击【下一步】按钮，如图 6-23 所示。

图 6-22

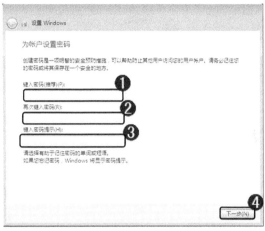

图 6-23

第 3 步　进入【键入您的 Windows 产品密钥】界面。*1.* 在【产品密钥】文本框中输入产品密钥，*2.* 选中【当我联机时自动激活 Windows】复选框，*3.* 单击【下一步】按钮，如图 6-24 所示。

第 4 步　进入【帮助您自动保护计算机以及提高 Windows 的性能】界面，选择【使用推荐设置】选项，如图 6-25 所示。

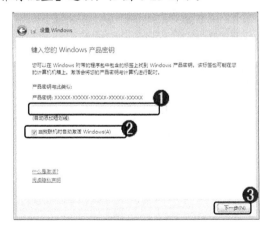

图 6-24

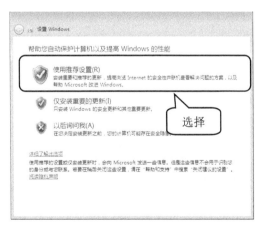

图 6-25

第 5 步　进入【查看时间和日期设置】界面。*1.* 在【时区】下拉列表框中选择用户所在时区，*2.* 在【日期】区域中设置日期，*3.* 在【时间】区域中设置时间，*4.* 单击【下一步】按钮，如图 6-26 所示。

第6步 进入【请选择计算机当前的位置】界面，选择准备使用的网络，如选择【工作网络】选项，如图 6-27 所示。

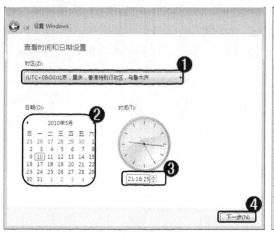

图 6-26

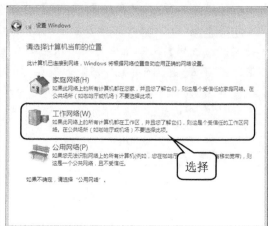

图 6-27

第7步 进入【Windows 7 旗舰版】界面，显示"Windows 正在完成您的设置"进度，如图 6-28 所示。

第8步 进入【欢迎】界面，显示"欢迎"信息，准备进入下一个界面，如图 6-29 所示。

图 6-28

图 6-29

第9步 进入【正在准备桌面】界面，显示准备桌面进度，准备首次登录 Windows 7 操作系统的界面，如图 6-30 所示。

第10步 Windows 全部安装设置完成后，进入操作系统桌面，如图 6-31 所示。

准备桌面

图 6-30

完成安装

图 6-31

6.3　了解驱动程序

安装完操作系统后，可能会发现存在屏幕分辨率不能调到最佳、播放影音时没有声音或者无法连接到网络等问题，这是因为电脑没有安装驱动程序，本节介绍驱动程序的相关知识。

6.3.1　驱动程序的作用与分类

驱动程序全称为"设备驱动程序"，是一种实现操作系统与硬件设备通信的特殊程序，相当于硬件的接口，操作系统只有通过这个接口，才能控制硬件设备工作。下面详细介绍驱动程序的作用与分类。

1. 驱动程序的作用

随着电子技术的飞速发展，电脑硬件的性能越来越强大。驱动程序是直接工作在各种硬件设备上的软件，正是通过驱动程序，各种硬件设备才能正常运行，达到既定的工作效果。硬件如果缺少了驱动程序的"驱动"，那么本来性能非常强大的硬件就无法根据软件发出的指令进行工作。

从理论上讲，所有的硬件设备都需要安装相应的驱动程序才能正常工作。但像 CPU、内存、主板、软驱、键盘、显示器等设备不需要安装驱动程序也可以正常工作，而显卡、声卡、网卡等却一定要安装驱动程序，否则便无法正常工作。

并非所有驱动程序都是对实际的硬件进行操作的，有的驱动程序只是辅助系统来运行，如 Android 中的一些驱动程序提供辅助操作系统的功能，这些驱动不是 Linux 系统的标准驱动，如 ashmen、binder 等。

2. 驱动程序的分类

驱动程序按照程序的版本可以分为官方正式版、微软 WHQL 认证版、第三方驱动和测试版；按其服务的硬件对象可以分为主板驱动、显卡驱动、声卡驱动等；按照适用的操作系统可以分为 Windows XP 适用、Windows Vista 适用、Windows 7 适用和 Linux 适用等。

一般情况下，官方正式版驱动的稳定性和兼容性较好；微软 WHQL 认证版的驱动程序与 Windows 系统基本上不存在兼容性问题；第三方驱动比官方正式版拥有更加完善的功能和更加强大的整体性能；测试版驱动处于测试阶段，稳定性和兼容性方面存在一些问题。

6.3.2 驱动程序的获得方法

通常驱动程序可以通过操作系统自带、硬件设备附带的光盘和网上下载三种途径获得。

➢ 现在的操作系统，如 Windows 7 系统中附带大量的驱动程序，这样在系统安装完成后，无须单独安装驱动程序即可正常使用这些硬件设备。

➢ 各种硬件设备的生产厂商都会针对自己的硬件设备特点开发专门的驱动程序，并在销售硬件设备的同时一并免费提供给用户。

➢ 用户还可以在互联网中找到硬件设备生产厂家的官方网站或在各大下载网站下载相应的驱动程序。

6.4 安装驱动程序

本节将详细介绍驱动程序的安装顺序、查看硬件驱动程序、驱动程序的安装方法和卸载驱动程序的相关知识及操作方法。

6.4.1 驱动程序的安装顺序

一般来说，驱动程序的安装顺序如下：首先安装主板的驱动，因为所有的部件都插在主板上，只有主板能正常工作其他的部件才可能正常，特别是对于 via 芯片组的主板来说更要注意安装 via 4in1 的补丁。

然后安装 DirectX 和操作系统的补丁等，以确保系统能够正常运行。

接下来，可以安装显卡、声卡、网卡、调制解调器、SCSI 卡等这些插在主板上的板卡类驱动。

最后安装打印机、扫描仪、读写机这些外设驱动。对于显示器、光存储设备、键盘鼠标来说，其实它们也是有驱动的，但是操作系统一般都会正确识别。

6.4.2 查看硬件驱动程序

一般来说，应先检查哪些硬件的驱动没有安装，然后找到相应的安装程序，才能进行有目的的安装。下面详细介绍查看硬件驱动程序的方法。

第 1 步 在 Windows 系统桌面上，*1.* 单击【开始】按钮，*2.* 在【搜索程序和文件】文本框中输入"设备管理器"，*3.* 在弹出的列表中选择【设备管理器】选项，如图 6-32 所示。

第 2 步 打开【设备管理器】窗口，如果有硬件驱动没有正确安装或被停用，就会在列表中显示出来；如果硬件安装了正确的驱动程序，会显示出硬件的型号。默认情况下，所有能够正常工作的硬件设备都会自动收起，只有有问题的硬件才会自动展开，并在硬件图标上用符号标识，如图 6-33 所示。

图 6-32　　　　　　　　　　　　　　图 6-33

6.4.3　驱动程序的安装方法

一般来说，安装驱动程序可以在产品光盘中找到，如果光盘已经丢失，可以根据产品型号到官方网站下载，还可以运用一些软件检测硬件的型号并自动下载和安装合适的驱动。下面以安装网卡驱动程序为例，介绍驱动程序的安装方法。

第1步　打开下载的驱动安装包所在文件夹，双击该驱动程序图标，如图 6-34 所示。

第2步　弹出对话框，提示"正在解压文件，请稍候…"信息，如图 6-35 所示。

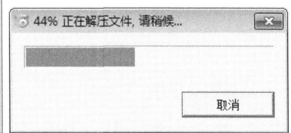

图 6-34　　　　　　　　　　　　　　图 6-35

第3步　打开 Realtek Ethernet Controller Driver 对话框，进入欢迎界面，单击【下一步】按钮，如图 6-36 所示。

第4步　进入安装界面，单击【安装】按钮，如图 6-37 所示。

第5步　进入【安装状态】界面，显示安装进度信息，如图 6-38 所示。

第6步　进入完成安装界面，显示已经成功安装此驱动信息，单击【完成】按钮即可完成操作, 如图 6-39 所示。

图 6-36

图 6-37

图 6-38

图 6-39

智慧锦囊

各硬件厂商会时常更新自己产品的驱动程序, 用户可到其官方网站下载, 也可以通过一些专门的驱动程序网站进行下载, 如驱动之家: www.mydrivers.com。驱动程序实质上也属于软件, 只不过其面向硬件设备。

6.4.4 卸载驱动程序

如果某些硬件设备已经不再使用, 可以将其驱动程序卸载, 另外在升级和更新驱动程序之前, 最好也先卸载原来的驱动程序。下面将详细介绍卸载驱动程序的方法。

第1步 在 Windows 7 操作系统桌面上, **1.** 使用鼠标右键单击【计算机】图标, **2.** 在弹出的快捷菜单中选择【管理】菜单项, 如图 6-40 所示。

第2步 打开【计算机管理】窗口, **1.** 在【计算机管理】区域下方, 选择【磁盘管理器】选项, **2.** 右键单击准备卸载的驱动程序, **3.** 在弹出的快捷菜单中选择【卸载】菜单项, 如图 6-41 所示。

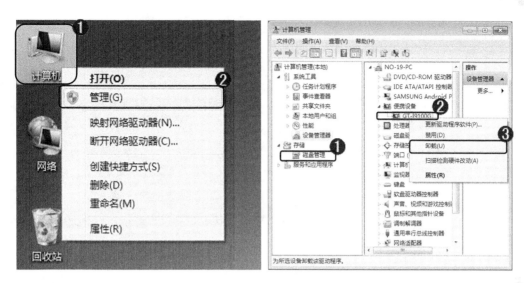

图 6-40　　　　　　　　　　　　　　　图 6-41

第3步　弹出【确认设备卸载】对话框，**1.** 选中【删除此设备的驱动程序软件】复选框，**2.** 单击【确定】按钮，即可完成卸载驱动程序的操作，如图 6-42 所示。

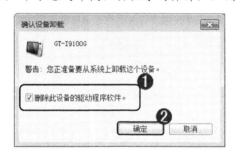

图 6-42

6.5　使用驱动精灵快速安装系统驱动

　　驱动精灵是一款集驱动管理和硬件检测于一体的、专业级的驱动管理和维护工具。驱动精灵为用户提供了驱动备份、恢复、安装、删除、在线更新等实用功能，本节将详细介绍使用驱动精灵的相关操作方法。

6.5.1　安装驱动精灵

　　安装驱动精灵需要首先在网上下载一个驱动精灵安装包，用户可以在驱动精灵官方网站 http://www.drivergenius.com 下载最新的版本。下面将详细介绍安装驱动精灵的方法。
　　第1步　在电脑中找到下载的驱动精灵安装包，双击该安装包图标，如图 6-43 所示。
　　第2步　弹出【驱动精灵】界面，**1.** 取消选中相应的复选框，**2.** 单击【更改路径】链接进行安装路径的设置，这里保持默认，**3.** 单击【安装选项】链接，如图 6-44 所示。

图 6-43

图 6-44

第3步 展开安装选项，*1.* 取消选中相应复选框，*2.* 单击驱动下载右侧的【更改路径】链接设置驱动下载的路径，这里保持默认，*3.* 单击【一键安装】按钮，如图 6-45 所示。

第4步 对话框会变成一个安装进度条，显示安装的进度，如图 6-46 所示。

图 6-45

图 6-46

第5步 等待一段时间后，即可弹出驱动精灵软件的主界面，这样即可完成安装驱动精灵的操作，如图 6-47 所示。

图 6-47

6.5.2　更新驱动

为了让硬件的兼容性更好，厂商会不定期推出硬件驱动的更新程序，以保证硬件功能最大化。驱动精灵提供了专业级驱动识别能力。能够智能识别计算机硬件并且给用户的计算机匹配最适合的驱动程序，严格保证系统的稳定性。下面以更新 Realtek RTL81XX 系列网卡驱动为例，详细介绍如何使用驱动精灵更新驱动程序。

第 1 步　在驱动精灵主界面的右下角，单击【更多】按钮，如图 6-48 所示。

第 2 步　进入另一个界面，**1.** 切换到【驱动管理】选项卡，**2.** 在准备进行更新驱动的右侧，单击【升级】按钮，如图 6-49 所示。

图 6-48　　　　　　　　　　　　　　　　图 6-49

第 3 步　系统会自动下载最新的驱动，并显示其下载速度以及进度，如图 6-50 所示。

第 4 步　等待一段时间后，驱动下载完成会显示"安装中"信息，如图 6-51 所示。

图 6-50　　　　　　　　　　　　　　　　图 6-51

第 5 步　弹出 Realtek Ethernet Controller Driver 对话框，单击【下一步】按钮，如图 6-52 所示。

第 6 步　进入【可以安装该程序了】界面，单击【安装】按钮，如图 6-53 所示。

第 7 步　进入【安装状态】界面，需要等待一段时间，如图 6-54 所示。

第 8 步　进入【InstallShield Wizard 完成】界面，单击【完成】按钮，即可完成更新驱动的操作，如图 6-55 所示。

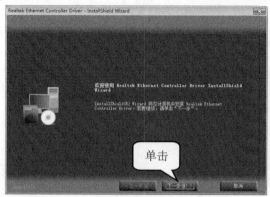

图 6-52

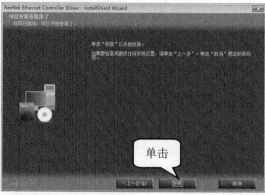

图 6-53

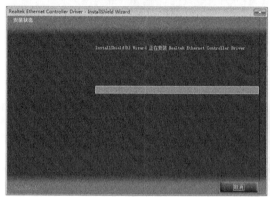

图 6-54

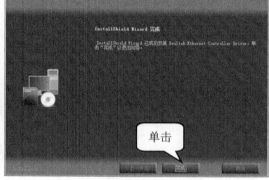

图 6-55

6.5.3 驱动备份与还原

驱动精灵除了可以更新驱动程序以外，还具有驱动备份和还原的功能，方便重装电脑系统后快速安装驱动程序，这样省去了很多找驱动的麻烦。下面详细介绍驱动备份与驱动还原操作。

1. 驱动备份

驱动备份是把电脑上的驱动程序存储在指定位置，以便在误操作或者重做系统时用于恢复驱动程序。下面详细介绍驱动备份的操作方法。

第1步 进入【驱动管理】界面，1. 单击界面右侧的下拉按钮，2. 在弹出的下拉列表中选择【备份】选项，如图 6-56 所示。

第2步 进入【驱动备份还原】界面，1. 切换到【备份驱动】选项卡，2. 在准备进行备份驱动的右侧，单击【备份】按钮，如图 6-57 所示。

第3步 通过以上步骤即可完成驱动备份的操作，如图 6-58 所示。

图 6-56　　　　　　　　　　　　　　　　　　　图 6-57

图 6-58

2. 驱动还原

驱动还原是指将存储在指定位置的驱动文件备份还原到当前操作系统的操作，下面详细介绍使用驱动精灵进行驱动还原的操作方法。

第 1 步　进入【驱动备份还原】界面，切换到【还原驱动】选项卡，如图 6-59 所示。

第 2 步　在准备进行还原驱动的右侧，单击【还原】按钮，如图 6-60 所示。

图 6-59

图 6-60

第3步 通过以上步骤即可完成还原驱动的操作，如图 6-61 所示。

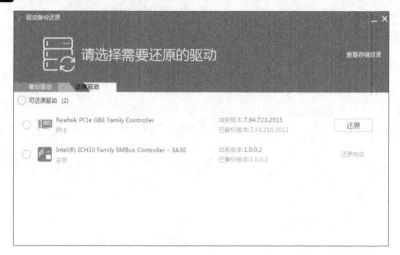

图 6-61

6.5.4 使用驱动精灵卸载驱动程序

对于因错误安装或其他原因导致的驱动程序残留，可以使用驱动精灵卸载。下面以卸载 Realtek HD Audio 音频驱动为例，详细介绍如何使用驱动精灵卸载驱动程序。

第1步 进入【驱动管理】界面，*1.* 在准备进行卸载驱动的右侧，单击下拉按钮，*2.* 在弹出的下拉列表中选择【卸载】选项，如图 6-62 所示。

第2步 弹出【驱动卸载】对话框，单击【继续卸载】按钮，如图 6-63 所示。

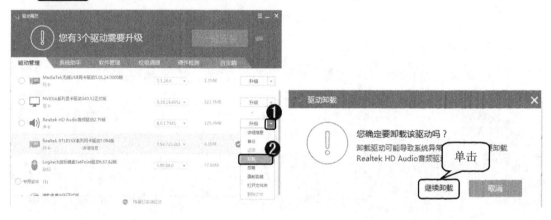

图 6-62   图 6-63

第3步 进入【正在卸载驱动程序】界面，等待一段时间，如图 6-64 所示。

第4步 进入【驱动卸载成功】界面，单击【确定】按钮即可完成卸载驱动程序的操作，如图 6-65 所示。

图 6-64　　　　　　　　　　　　　　　　　　图 6-65

6.6　实践案例与上机指导

通过本章的学习，读者基本可以掌握安装 Windows 操作系统与驱动程序的基本知识以及一些常见的操作方法。下面通过练习操作，以达到巩固学习、拓展提高的目的。

6.6.1　使用驱动精灵进行硬件检测

驱动精灵提供了硬件检测功能，能够检测绝大多数的流行硬件。基于正确的检测，驱动精灵可以提供准确的驱动程序。下面将详细介绍使用驱动精灵进行硬件检测的操作方法。

第 1 步　在驱动精灵主界面的右下角，单击【更多】按钮，如图 6-66 所示。

第 2 步　进入另一个界面，**1.** 切换到【硬件检测】选项卡，**2.** 系统会自动检测出电脑中的一些硬件设备信息，如图 6-67 所示。

图 6-66　　　　　　　　　　　　　　　　　　图 6-67

6.6.2　手动更新驱动程序

如果没有驱动精灵而又想更新驱动程序，那么需要手动来实现更新。下面以更新显卡驱动程序为例，详细介绍手动更新驱动程序的操作方法。

第 1 步　打开【设备管理器】窗口，**1.** 展开【显示适配器】列表，**2.** 右击 NVIDIA GeForce GT 220 列表项，**3.** 弹出快捷菜单，选择【更新驱动程序软件】命令，如图 6-68 所示。

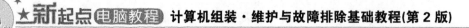

第2步 弹出更新驱动程序软件对话框，选择【自动搜索更新的驱动程序软件】选项，如图 6-69 所示。

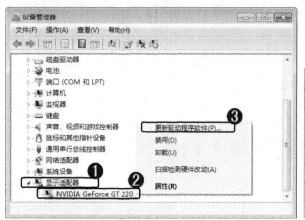

图 6-68

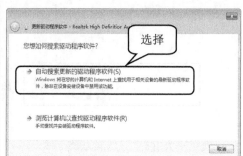

图 6-69

第3步 进入【正在下载驱动程序软件】界面，显示更新进度，如图 6-70 所示。

第4步 进入【已安装适合设备的最佳驱动程序软件】界面，可以看到 "Windows 已确定该设备的驱动程序软件是最新的" 信息，单击【关闭】按钮即可完成手动更新驱动程序的操作，如图 6-71 所示。

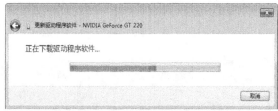

图 6-70

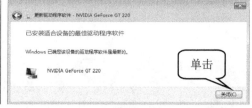

图 6-71

6.6.3 使用驱动精灵进行开机加速

使用驱动精灵还可以优化一些开机项，从而使电脑的开机速度更快。下面详细介绍使用驱动精灵进行开机加速的操作方法。

第1步 在驱动精灵主界面的右下角，单击【更多】按钮，如图 6-72 所示。

第2步 进入另一个界面，*1.* 切换到【百宝箱】选项卡，*2.* 在【系统工具】区域中，单击【开机加速】图标，如图 6-73 所示。

第3步 进入【驱动精灵-开机加速】界面，系统会首先进行扫描计算开机时间，如图 6-74 所示。

第4步 扫描结束后，*1.* 选择准备进行优化的开机项，*2.* 单击【一键加速】按钮，如图 6-75 所示。

第5步 进入下一界面，显示共加速的开机项，这样即可完成使用驱动精灵进行开机加速的操作，如图 6-76 所示。

图 6-72　　　　　　　　　　　　　　　　　　图 6-73

图 6-74　　　　　　　　　　　　　　　　图 6-75

图 6-76

6.7　思考与练习

一、填空题

1. 驱动程序全称为"设备驱动程序"，是一种实现_____与_____通信的特殊程序，相当于硬件的接口，操作系统只有通过这个接口，才能控制硬件设备工作。

2. 驱动备份是把电脑上的驱动程序_____在指定位置,以便在误操作或者重做系统时用于恢复驱动程序。

二、判断题

1. 一般来说,用户应先检查哪些硬件的驱动没有安装,然后找到相应的安装程序,才能进行有目的的安装。 （　　）

2. 为了让硬件的兼容性更好,厂商会不定期推出软件驱动的更新程序,以保证硬件功能最大化。 （　　）

3. 驱动还原是指将存储在指定位置的驱动文件备份还原到当前操作系统的操作。

（　　）

三、思考题

1. 如何查看硬件驱动程序?
2. 如何卸载驱动程序?

新起点
电脑教程

第 7 章

测试计算机系统性能

本章要点

- 电脑性能测试基础
- 电脑综合性能检测——鲁大师
- 电脑系统性能专项检测
- 硬件设备性能测试

本章主要内容

本章主要介绍电脑性能测试方面的知识与技巧，以及使用鲁大师进行电脑综合性能检测、电脑系统性能专项检测和硬件设备性能测试的相关操作方法。通过本章的学习，读者可以掌握测试计算机系统性能方面的知识，为深入学习计算机组装、维护与故障排除知识奠定基础。

7.1 电脑性能测试基础

刚刚组装的电脑一定要用多种方法来测试电脑的性能，从而根据检查的数据来判断电脑性能的优劣。本节将详细介绍电脑性能测试方面的相关知识与技巧。

7.1.1 电脑测试的必要性

随着 IT 设备的增多，如何准确地定位硬件好坏的问题就显得更加突出，要评价其性能高低，势必要测试其中各个部件的优劣以及组装在一起的整体性能。近年来，一些专业性的机构开发了评测软件，专业的硬件评测一方面具有选购指导的作用，通过阅读评测报告，比较几方面的数值，可以选择理想的产品；另一方面，通过测试，还能更详细地了解硬件各方面的性能，对用户提高技术水准也是大有益处的。

电脑的性能主要包括 CPU 运算系统性能、内存子系统性能、磁盘子系统性能、图形系统性能等方面，只有这些方面都搭配得当，才不会出现影响系统性能的瓶颈。在电脑中对CPU、内存、主板、显卡、显示器、声卡和硬盘等硬件设备进行测试，可以及时了解电脑中各个硬件的性能指标，了解电脑当前硬件的运行状态是否与厂商宣传的参数相符。

7.1.2 检测电脑性能的方法与条件

一般来说，电脑的性能可以通过两种方法进行检测，即运行常用软件和运行专业的检测软件来进行检测，下面将分别予以详细介绍。

1. 常用软件检测

检测电脑性能最简单的方法是让电脑运行常用的软件，通过查看软件能否运行且执行的速度和结果是否正确等，简单地判断电脑的性能是否满足要求。一般情况下，测试可以分为以下几类：游戏测试、视频播放测试、图片处理测试、文件拷贝测试、压缩测试和网络性能测试等，这些测试基本上包括了电脑的各个方面。

2. 专业软件测试

用户也可以运行一些专业的测试软件，如使用 EVEREST Ultimate 和鲁大师等测试整机性能；使用 3DMARK 测试 CPU、内存和视频性能；使用 CPU-Z 测试 CPU、内存主板和显卡性能；使用 MemTest 测试内存稳定性；使用 HD Tune 和 HD Speed 测试硬盘性能和健康状态；使用 RightMark Audio Analyzer 检测声卡性能；使用 OCCT 检测电源品质等。

为了保证检测结果的真实性，减少误差，在检测计算机性能时，一般需要满足以下几个条件。

➢ 安装操作系统和驱动程序，安装所有的补丁程序(包括系统补丁和驱动程序补丁)，并保证所安装的驱动程序是最稳定的新版本。

➤ 整理检测软件所在分区的磁盘碎片，减少磁盘性能对测试结果产生的影响。

➤ 安装检测软件，最好能在安装完成后重新启动电脑。

➤ 关闭不使用的软件和程序，最好能断开网络(除非检测软件需要连接网络)，然后关闭防火墙和杀毒软件，只运行基本的系统组件。

➤ 运行检测软件进行硬件性能检测，记录检测结果，可多次重复检测求出平均值。

➤ 对比检测结果和基准测试结果，分析原因，然后想办法提升性能较差的硬件性能。

7.2　电脑综合性能检测——鲁大师

鲁大师是新一代的系统工具，能轻松辨别电脑硬件的真伪，保护电脑稳定运行，优化清理系统，提升电脑运行速度。它是 360 旗下的安全产品。

7.2.1　电脑综合性能测试

鲁大师的性能测试功能可以全面测试电脑的性能，包括处理器性能、显卡性能、内存性能和磁盘性能的测试。下面将详细介绍使用鲁大师进行电脑综合性能测试的方法。

第1步 打开【鲁大师】软件，*1.* 单击【性能测试】按钮◉，*2.* 切换到【电脑性能测试】选项卡，*3.* 单击【开始评测】按钮，如图 7-1 所示。

第2步 进入正在检测界面，等待一段时间，系统会自动对处理器性能、显卡性能、内存性能和磁盘性能进行测试评分，如图 7-2 所示。

图 7-1　　　　　　　　　　　　　　图 7-2

第3步 完成测试后，可以看到电脑的综合性能、处理器性能、显卡性能、内存性能和磁盘性能的得分，如图 7-3 所示。

图 7-3

7.2.2　电脑硬件信息检测

使用鲁大师进行电脑硬件信息检测，会详细显示用户计算机的硬件配置信息，可以检测以下硬件的详细信息：处理器、主板、内存、硬盘、显卡、显示器、光驱、网卡、声卡、键盘和鼠标等。

使用鲁大师进行电脑硬件信息检测的操作十分简单。启动鲁大师程序，*1.* 单击【硬件检测】按钮，*2.* 选择准备进行检测的硬件即可查看硬件信息，如图 7-4 所示为处理器信息检测。

图 7-4

 智慧锦囊

　　在进行电脑硬件信息检测后，单击右上角的【复制信息】链接，然后可以粘贴到记事本或者给 QQ 好友发送自己电脑的信息。

7.3　电脑系统性能专项检测

一般电脑的主要用途为播放视频、处理图片、玩游戏以及访问互联网等，因此对这些应用进行检测，可以判断电脑性能是否满足使用要求。本节将详细介绍有关电脑系统性能专项检测的知识。

7.3.1　游戏性能检测

很多用户都会在电脑上玩游戏，游戏可以说是对电脑性能的综合测试，包含 CPU、内存、显卡、主板、显示器、光驱、键盘、鼠标、声卡和音箱等硬件的测试。因此，通过玩游戏检测电脑性能可以说是最好的方法。

游戏测试的内容一般包括游戏程序的安装速度、游戏的运行速度、游戏的画质、游戏的流畅程度和游戏的音质等方面。用户可以更改显示器设置、显卡设置、特效设置、系统设置和游戏设置来感受不同设置下的电脑表现效果。

由于游戏的种类太多，版本升级也很快，游戏设置各有不同，因此用户需要根据游戏分别进行相应的设置，某些游戏带有性能检测程序，可以针对硬件进行性能检测并给出代表性能高低的数值和所用时间，一般来说数值越大越好、时间越短越好，用户也可以和配置相近的电脑进行对比，感受整机的性能表现。

7.3.2　视频播放性能检测

当电脑播放视频尤其是高清视频时，对显卡、CPU 和显示器等硬件有较高的要求，一般要求显卡具有硬件解码功能，用户可以通过播放视频感受整机的性能表现。

建议用户选择常用的播放器和比较熟悉的电影，最好能播放几种不同码率的高清视频，以查看视频是否能够播放、画面是否流畅、画面的清晰度、色彩和细节的表现等，在播放的时候还可以查看 CPU 的占用率，一般 CPU 的占用率不能太高。另外，还可以调节显示器的亮度、对比度等参数，进而查看显示器的表现能力。

7.3.3　图片处理能力检测

针对电脑的图片处理能力，推荐使用常用的图形处理软件进行测试，如 Photoshop 图形处理软件、AutoCAD 和 3DS Max 等。用户可以试着打开、更改或编辑一些体积较大或数量较多、内容丰富的文件，以测试电脑的图片处理速度，并观察其画面显示质量。

7.3.4　网络性能检测

网络性能检测相对要简单一些，主要检查网络的连接状态和速度，用户可以使用下载文件的方法进行测试，不过下载速度还与资源服务器和所使用的下载工具有一定的关系，因此不是太准确。用户可以通过访问提供在线网速测试的站点来检测网络速度，需要注意的是，这些网站的服务器应尽量接近用户所在的区域，以避免因为距离太远而影响检测结果。

7.4 硬件设备性能测试

随着电脑与互联网的发展，用来检测电脑硬件设备性能的软件有很多，具体可以分为整机性能检测、显卡性能检测、CPU 性能检测、内存性能检测、硬盘性能检测等，本节将详细介绍硬件设备性能测试的相关知识及操作方法。

7.4.1 整机性能检测

Futuremark 推出的 PCMark Vantage 可以衡量各种类型 PC 的综合性能。PCMark Vantage 通过模拟方式，使电脑运行于不同的工作任务之下，分别考察其性能表现，再根据这些不同的工作任务在电脑实际应用中的比重，得出一个总分，从而判断电脑总的应用性能。下面将详细介绍使用 PCMark Vantage 进行整机性能检测的操作方法。

第1步 启动 PCMark Vantage 程序，在 Suites 区域中单击 SELECT SUITES 按钮，如图 7-5 所示。

第2步 弹出 Select Suites 对话框，**1.** 选择准备检测的硬件，**2.** 单击 OK 按钮，如图 7-6 所示。

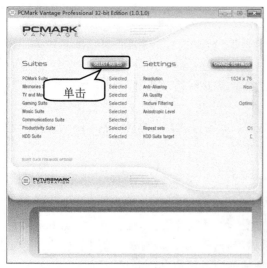

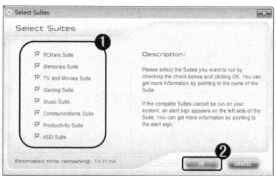

图 7-5   图 7-6

第3步 单击软件界面右下角的 RUN BENCHMARK 按钮，即可使用 PCMark Vantage 进行整机性能检测，如图 7-7 所示。

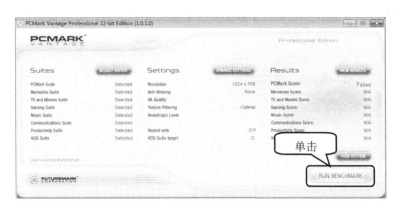

图 7-7

7.4.2　显卡性能检测

3DMark Vantage 是 Futuremark 公司推出的新一代 3D 基准测试软件，是业界第一套专门基于微软 DX10 API 打造的综合性基准测试工具，并能全面发挥多路显卡、多核心处理器的优势，能在当前和未来一段时间内满足 PC 系统游戏性能测试需求。

3Dmark Vantage 提供了两个图形测试项目、两个处理器测试项目、六个特性测试项目，并引入四种不同等级的参数预设，可以更细致地反映系统性能等级。

单击软件界面右下角的 RUN BENCHMARK 按钮，即可进行相关测试。3DMark Vantage 总分代表了测试系统的整体游戏性能，是根据各个子分数进行加权调和平均后得出的；GPU 和 CPU 子分数分别代表显卡和处理器的性能，分别根据两个图形测试项目和两个处理器测试项目的原始得分进行加权调和平均后得出，如图 7-8 所示。

图 7-8

7.4.3　CPU 性能测试

CPU-Z 是一款 CPU 检测软件，是检测 CPU 使用情况的很好的一款软件。另外，它具有主板、内存和内存双通道检测功能，下面将详细介绍一下 CPU-Z 的使用方法。

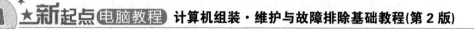
第1步 打开 CPU-Z 软件，在【处理器】选项卡中可以很直观地看到 CPU 的相关信息，包括名字、Logo、指令集和核心电压等，如图 7-9 所示。

第2步 在【缓存】选项卡中，可以看到一级数据缓存、一级指令缓存和二级缓存的相关信息，如图 7-10 所示。

图 7-9

图 7-10

第3步 在【主板】选项卡中，可以看到主板、BIOS 和图形接口的相关信息，如图 7-11 所示。

第4步 在【内存】选项卡中，可以看到内存常规和时序的相关信息，如图 7-12 所示。

图 7-11

图 7-12

7.4.4　内存性能检测

MemTest 是一款内存检测软件，可以通过长时间运行彻底检测内存的稳定性，同时测试内存的储存与检索数据的能力，让用户明确自己内存的可靠性。下面将详细介绍使用

MemTest 进行内存检测的操作方法。

第1步 打开 MemTest 程序窗口，在【请输入要测试的内存大小】区域中单击【开始测试】按钮，如图 7-13 所示。

第2步 弹出【首次使用提示信息】对话框，认真阅读该提醒，单击【确定】按钮，如图 7-14 所示。

图 7-13

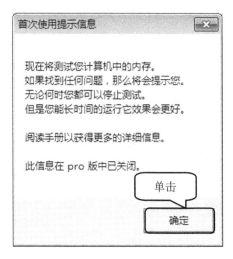

图 7-14

第3步 在窗口下方将显示内存覆盖率。一般情况下，如果用户的内存通过 100%的覆盖，出现问题的可能性不大，如图 7-15 所示。

图 7-15

7.4.5 硬盘性能检测

HD Tune 是一款小巧易用的硬盘工具软件，其主要功能有硬盘传输速率检测，健康状态检测，温度检测及磁盘表面扫描存取时间、CPU 占用率检测。另外，还能检测出硬盘的固件版本、序列号、容量、缓存大小以及当前的 Ultra DMA 模式等。下面将详细介绍使用

HD Tune 进行硬盘检测的操作方法。

第1步 打开 HD Tune 软件，*1.* 切换到【基准】选项卡，*2.* 单击【开始】按钮，如图 7-16 所示。

第2步 完成检测后，可以看到硬盘的传输速率、存取时间和 CPU 占用率等相关信息，如图 7-17 所示。

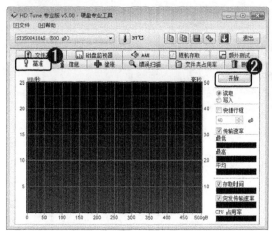

图 7-16

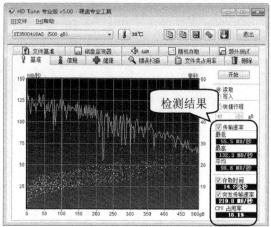

图 7-17

 知识精讲

硬盘是我们平时存储数据的重要载体，如果硬盘出现坏道，那么硬盘的数据就有丢失的危险，要及时备份重要的数据，以免造成损失。

7.5 实践案例与上机指导

通过本章的学习，读者基本可以掌握测试计算机系统性能的基本知识以及一些常见的操作方法。下面通过练习操作，以达到巩固学习、拓展提高的目的。

7.5.1 U 盘扩容检测

MyDiskTest 是一款集五大功能于一身的 U 盘扩容检测工具，有扩容检测、坏块扫描、速度测试、老化测试、坏块屏蔽的功能。下面具体介绍 MyDiskTest 的相关操作方法。

第1步 启动并进入 MyDiskTest 主界面，软件提示未发现可移动磁盘，请插入要测试的设备，如图 7-18 所示。

第2步 插入磁盘后，MyDiskTest 会自行侦测出所有插入的可移动磁盘。*1.* 选择准备要检测的磁盘，*2.* 选中【坏块检测】单选按钮，*3.* 选中【数据完整性校验】单选按钮，*4.* 单击【立即开始测试此驱动器】按钮，如图 7-19 所示。

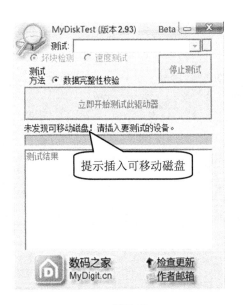

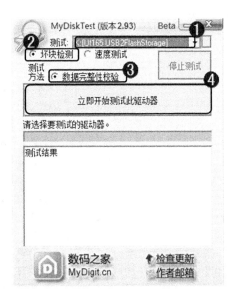

图 7-18　　　　　　　　　　　　　　　　　　图 7-19

第 3 步　进入写入和校验界面，显示进度条，如图 7-20 所示。

第 4 步　数据完整性校验结束，显示测试结果，如图 7-21 所示。

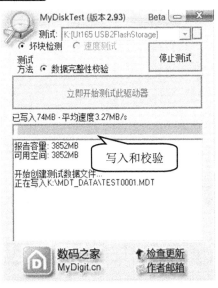

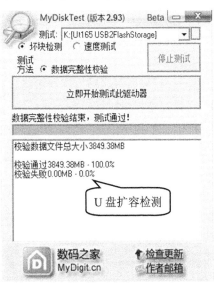

图 7-20　　　　　　　　　　　　　　　　　　图 7-21

7.5.2　显示屏测试

DisplayX 通常被叫作显示屏测试精灵。显示屏测试精灵是一款小巧的显示器常规检测和液晶显示器坏点、延迟时间检测软件，它可以在微软 Windows 全系列操作系统中正常运行。下面将详细介绍使用 DisplayX 进行显示屏测试的操作方法。

第 1 步　启动 DisplayX 软件程序，选择【常规完全测试】菜单项，如图 7-22 所示。

第2步 第一个进入的界面是对比度检测，调节亮度，让色块都能显示出来，并且亮度不同，确保黑色不要变灰，每个色块都能显示出来得好一些，如图 7-23 所示。

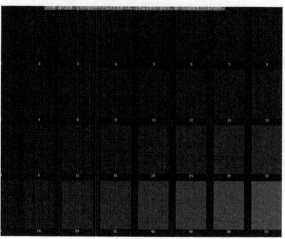

图 7-22   图 7-23

第3步 进入对比度(高)检测，能分清每个黑色和白色区域的显示器品质高，如图 7-24 所示。

第4步 进入灰度检测，测试显示器的灰度还原能力，看到的颜色过渡越平滑越好，如图 7-25 所示。

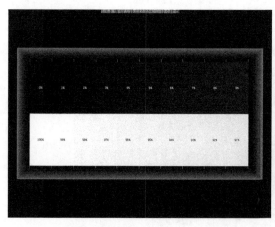

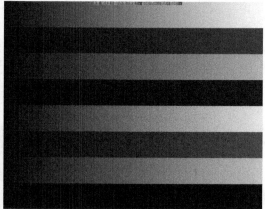

图 7-24   图 7-25

第5步 进入 256 级灰度，测试显示器的灰度还原能力，最好让色块全部显示出来，如图 7-26 所示。

第6步 进入呼吸效应检测，点击鼠标时，画面在黑色和白色之间过渡时如看到画面边界有明显的抖动，则为不好，不抖动则为好，如图 7-27 所示。

第7步 进入几何形状检测，调节控制台的几何形状，确保不变形，如图 7-28 所示。

第8步 测试 CRT 显示器的聚焦能力，需要特别注意四个边角的文字，越清晰越好，如图 7-29 所示。

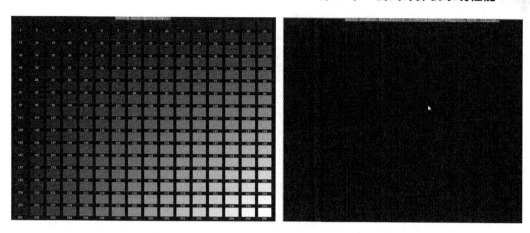

图 7-26　　　　　　　　　　　　　图 7-27

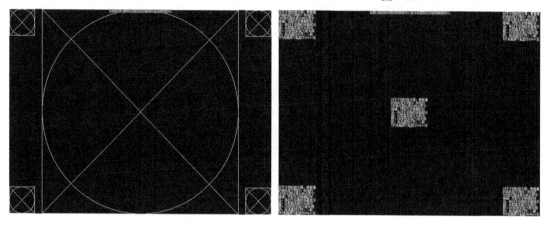

图 7-28　　　　　　　　　　　　　图 7-29

第 9 步　进入纯色检测，主要检测 LCD 坏点，共有黑、红、绿、蓝等多种纯色显示，很方便查出坏点，如图 7-30 所示。

第 10 步　进入交错检测，用于查看显示器效果的干扰，如图 7-31 所示。

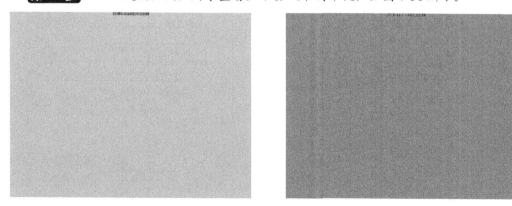

图 7-30　　　　　　　　　　　　　图 7-31

第 11 步　进入锐利检测，即最后一项检测，好的显示器可以分清边缘的每一条线，如图 7-32 所示。

图 7-32

7.5.3 使用 ReadyBoost 内存加速

Windows 7 操作系统提供了 ReadyBoost 特性，它是一种通过使用 USB 闪存上的存储空间来提高计算机速度的技术。只要插入符合 ReadyBoost 标准的 USB 闪存，就可以当作系统缓存，以弥补物理内存的不足。下面以使用 U 盘开起闪存功能加速系统操作为例，详细介绍使用 ReadyBoost 内存加速的操作方法。

第1步 将符合 ReadyBoost 标准的 U 盘插入计算机的 USB 接口，打开【计算机】窗口，**1.** 选择【可移动磁盘(H:)】并单击鼠标右键；**2.** 在弹出的快捷菜单中选择【属性】菜单项，如图 7-33 所示。

第2步 弹出【可移动磁盘(H:)属性】对话框，**1.** 切换到 ReadyBoost 选项卡，**2.** 选中【使用这个设备】单选按钮，**3.** 拖动滑块设置用于加速系统速度的保留空间，**4.** 单击【确定】按钮，如图 7-34 所示。

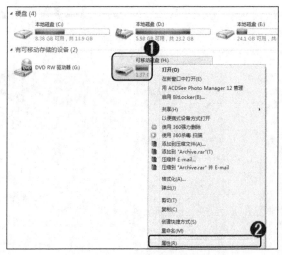

图 7-33

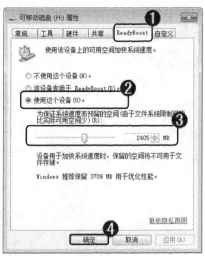

图 7-34

第3步 这时系统会在 USB 闪存中创建一个指定大小的缓存文件，文件名为 ReadyBoost.sfcache，如图 7-35 所示。

图 7-35

7.5.4　自定义 Windows 开机加载程序

　　某些应用程序安装后，会随系统启动而自动启动，从而会延长登录桌面的时间，使系统的运行速度下降。用户可以根据需要禁止某些应用程序的自动运行功能，提高系统运行效率，下面将介绍自定义 Windows 开机加载程序的操作方法。

　　第1步　在 Windows 7 系统桌面左下角，**1.** 单击【开始】按钮，**2.** 在【搜索程序和文件】框内输入 msconfig，按 Enter 键确定，如图 7-36 所示。

　　第2步　弹出【系统配置】对话框，**1.** 切换到【启动】选项卡，**2.** 在【启动项目】区域下方，取消选中加载项前的复选框，**3.** 单击【确定】按钮，即可完成自定义 Windows 开机加载程序的操作，如图 7-37 所示。

图 7-36

图 7-37

7.6 思考与练习

一、填空题

1. 鲁大师的性能测试功能可以用来全面测试电脑的性能，包括_____性能、显卡性能、_____性能和磁盘性能。

2. MemTest 是一款_____软件，可以通过长时间运行彻底检测内存的稳定性，同时测试内存的储存与_____的能力，让用户明确自己内存的可靠性。

3. HD Tune 是一款小巧易用的_____软件，其主要功能有硬盘传输速率检测，健康状态检测，温度检测及磁盘表面扫描存取时间、CPU 占用率检测。另外，还能检测出硬盘的固件版本、序列号、容量、缓存大小以及当前的 Ultra DMA 模式等。

二、判断题

1. 游戏测试的内容一般包括游戏程序的安装速度、游戏运行速度、游戏画质、游戏流畅程度和游戏音质等。用户可以更改显示器设置、显卡设置、特效设置、系统设置和游戏设置来感受不同设置下的电脑表现效果。 （   ）

2. CPU-Z 是一款 CPU 检测软件，是检测内存使用情况很好的一款软件。另外，它具有主板、内存和内存双通道检测功能。 （   ）

3. 3DMark Vantage 是 Futuremark 公司推出的新一代 3D 基准测试软件，是业界第一套专门基于微软 DX10 API 打造的综合性基准测试工具，并能全面发挥多路显卡、多核心处理器的优势，能在当前和未来一段时间内满足 PC 系统游戏性能测试需求。 （   ）

4. 电脑的性能主要包括内存运算系统性能、内存子系统性能、磁盘子系统性能、图形系统性能等，只有这些方面都搭配得当，才不会出现影响系统性能的瓶颈。 （   ）

三、思考题

1. 如何使用鲁大师进行电脑硬件信息的检测？

2. 如何进行内存检测？

第 8 章

系统安全措施与防范

本章要点

- 认识电脑病毒与木马
- 预防病毒
- 360 杀毒
- 360 安全卫士
- 使用 Windows 7 防火墙

本章主要内容

本章主要介绍电脑病毒与木马、预防病毒、使用 360 杀毒和 360 安全卫士方面的知识与技巧，以及使用 Windows 7 防火墙的相关操作方法。通过本章的学习，读者可以掌握系统安全措施与防范方面的知识，为深入学习计算机组装、维护与故障排除知识奠定基础。

8.1 认识电脑病毒与木马

虽然操作系统本身具有一定的安全防范能力，但还是会受到电脑病毒的威胁，本节将详细介绍电脑病毒与木马的相关知识。

8.1.1 电脑病毒与木马的介绍

在计算机程序中插入的破坏计算机功能或者破坏数据，影响计算机使用并且能够自我复制的一组计算机指令或者程序代码被称为计算机病毒，其具有破坏性、复制性和传染性。

病毒的传播途径包括可移动存储设备、网络和硬盘，下面将详细进行介绍。

> 可移动存储设备：可移动存储设备具有携带方便和容量大等特点，在其中存储了大量的可执行文件，病毒也有可能隐藏在光盘中，因为只读式光盘，不能进行写操作，因而光盘上的病毒也不能够清除。

> 网络：在网上下载文件和资料时，很容易下载到带病毒的文件。

> 硬盘：如果硬盘感染了病毒，将其移动到其他文档进行使用或维修时，有可能将病毒传染并到扩散到电脑中。

木马(Trojan)，也称木马病毒，通过木马程序可以控制另一台计算机。木马通常有两个可执行程序：一个是控制端，另一个是被控制端。

"木马"程序与一般的病毒不同，它不会自我繁殖，也不"刻意"地去感染其他文件，而是通过伪装自身来吸引用户下载执行，以向施种木马者打开被种主机的门户，使施种者可以任意毁坏、窃取被种者的文件，甚至远程操控被种主机。木马病毒的产生严重危害着现代网络的安全运行。

8.1.2 木马的感染原理

一个完整的特洛伊木马套装程序含两个部分：服务端(服务器部分)和客户端(控制器部分)。植入对方电脑的是服务端，而黑客则利用客户端进入运行服务端的电脑。运行木马程序的服务端以后，会产生一个容易迷惑用户的进程，暗中打开端口，向指定地点发送数据(如网络游戏的密码、即时通信软件密码和用户上网密码等)，黑客甚至可以利用这些打开的端口进入电脑系统。

特洛伊木马不会自动运行，它暗含在某些用户感兴趣的文档中，当用户运行文档程序时，特洛伊木马才会运行，信息或文档才会被破坏和遗失。特洛伊木马和后门不一样，后门指隐藏在程序中的秘密功能，通常是程序设计者为了能在日后随意进入系统而设置的。

特洛伊木马有两种，universal 的和 transitive，universal 是可以控制的，而 transitive 是不能控制的。

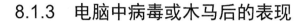

8.1.3　电脑中病毒或木马后的表现

计算机病毒的种类很多，计算机感染病毒后所表现出来的症状也各不相同。下面将详细介绍计算机感染病毒后的常见症状及原因。

1. 操作系统运行速度减慢或经常死机

操作系统运行缓慢通常是因为计算机的资源被大量消耗。有些病毒可以通过运行自己，强行占用大量的内存资源，导致正常的系统程序无资源可用，进而使得操作系统运行速度减慢或经常死机。

2. 系统无法启动

系统无法启动的具体症状表现为：开机有启动文件丢失错误信息提示或直接黑屏。主要原因是病毒修改了硬盘的引导信息或删除了某些启动文件。

3. 文件打不开或被更改图标

很多病毒可以直接感染文件，修改文件格式或文件链接位置，让文件无法正常使用。例如"熊猫烧香"病毒就属于这一类，它可以让所有程序的文件图标变成一只烧香的熊猫图标。

4. 提示硬盘空间不足

在硬盘空间充足的情况下，如果还会弹出提示硬盘空间不足的信息，并且打开硬盘查看并没有多少数据，这一般是病毒在磁盘中复制了大量的病毒文件，而且很多病毒可以将这些复制的病毒文件隐藏。

5. 数据丢失

有时查看刚保存的文件时，会突然发现文件找不到了，这一般是被病毒强行删除或隐藏了。这类病毒中，最常见的是"U 盘文件中病毒"。感染这种病毒后，U 盘中的所有文件夹会被隐藏，并会创建一个新的同名文件夹，此文件夹的名字后有一个".exe"后缀。双击新出现的病毒文件夹时，用户的数据会被删除，所以在没有还原用户的文件前，不要单击病毒文件夹。

6. 计算机屏幕上出现异常显示

计算机屏幕会出现的异常显示有很多，包括悬浮广告、异常图片等。

8.1.4　常用的杀毒软件

杀毒软件，也称反病毒软件或防毒软件，是用于消除电脑病毒、特洛伊木马和恶意软件等计算机威胁的一类软件。下面将详细介绍一些常用的杀毒软件。

1. 360 杀毒

360 杀毒是真正的永久免费杀毒软件，开了杀毒软件免费杀毒的先河。功能比肩收费杀软、快速轻巧不占资源；免费杀毒不中招、查杀木马防盗号。

2. 金山毒霸(新毒霸)

金山毒霸的最新毒霸悟空拥有各类强大的功能，是其他杀毒软件无法比拟的。悟空首创了全平台，电脑、手机双平台杀毒，这一创新遥遥领先于同类产品。而且它还有全引擎的最新 KVM、六引擎全方位杀毒和悟空的火眼金睛系统，智能的立体式杀毒模式可以帮助用户全面彻底地清理病毒，让病毒无处遁形。

3. 百度杀毒软件

百度杀毒是百度公司全新出品的专业杀毒软件，集合了百度强大的云端计算、海量数据学习能力与百度自主研发的反病毒引擎专业能力，一改杀毒软件卡机臃肿的形象，竭力为用户提供轻巧不卡机的产品体验。百度杀毒郑重承诺：永久免费、不骚扰用户、不胁迫用户、不偷窥用户隐私。

4. 腾讯电脑管家

腾讯电脑管家是国内首款集成"杀毒+管理"二合一功能的免费网络安全软件。腾讯电脑管家官网宣称它包含杀毒、实时防护、漏洞修复、系统清理、电脑加速、软件管理等功能。腾讯电脑管家已荣获 AVC、AV-Test、VB100、西海岸等国际知名权威机构专业认可；不断加持技术，强化功能服务，力争成为一款让用户最为信赖的专业免费安全软件。

5. 卡巴斯基反病毒软件

卡巴斯基杀毒软件是一款来自俄罗斯的杀毒软件。该软件能够保护家庭用户、工作站、邮件系统和文件服务器以及网关。除此之外，它还提供集中管理工具、反垃圾邮件系统、个人防火墙和移动设备的保护。

8.2 预 防 病 毒

电脑已经成为我们工作、学习、生活中必不可少的工具。电脑感染病毒会给我们带来很多麻烦，甚至会造成很大的损失。本节将详细介绍预防病毒的相关知识。

8.2.1 修补系统漏洞

电脑中总会存在着一些系统和软件的漏洞，为了保障电脑的安全，就需要经常进行系统漏洞的修补。下面以使用 360 安全卫士修补系统漏洞为例，详细介绍修补系统漏洞的操作方法。

第1步 启动并运行【360 安全卫士】程序，单击左下角的【查杀修复】按钮，如图 8-1 所示。

第2步 进入下一界面，单击右下角的【漏洞修复】按钮，如图 8-2 所示。

图 8-1　　　　　　　　　　　　　　　　　　图 8-2

第3步　进入下一界面，提示"正在扫描系统漏洞，请稍候"信息，等待一段时间，如图 8-3 所示。

第4步　扫描结束后，系统会显示出一些系统漏洞，选择准备进行修复的系统漏洞，单击【立即修复】按钮，如图 8-4 所示。

图 8-3　　　　　　　　　　　　　　　　　　图 8-4

8.2.2　设置定期杀毒

绝大多数杀毒软件都有定期杀毒功能，下面以使用 360 杀毒为例，详细介绍设置定期杀毒的操作方法。

第1步　启动并运行【360 杀毒】软件，单击右上角的【设置】选项，如图 8-5 所示。

第2步　弹出【360 杀毒-设置】对话框，**1.** 切换到【病毒扫描设置】选项卡，**2.** 在【定时查毒】区域下方，选中【启用定时查毒】复选框，**3.** 设置查毒的日期时间，**4.** 单击【确定】按钮，即可完成设置定期杀毒的操作，如图 8-6 所示。

智慧锦囊

在设置定时杀毒的过程中，用户还可以根据个人需要，在【定时查毒】区域下方，单击【扫描类型】右侧的下拉按钮，设置扫描的类型。

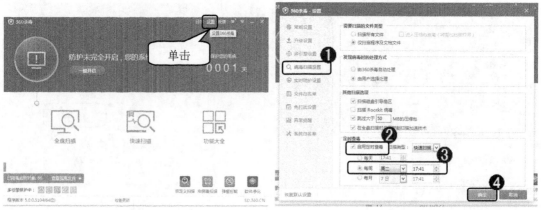

图 8-5   图 8-6

8.3 360 杀毒

　　360 杀毒是 360 安全中心出品的一款免费的云安全杀毒软件,具有查杀率高、资源占用少、升级迅速等优点,零广告、零打扰、零胁迫,可以一键扫描,快速、全面地诊断系统安全状况和健康程度,并进行精准修复。本节将详细介绍使用 360 杀毒的相关知识及操作。

8.3.1 全盘扫描

　　全盘扫描是指对电脑的全部磁盘文件系统进行完整扫描,彻底清除非法侵入并驻留在系统中的全部病毒文件。下面将详细介绍全盘扫描的操作方法。

第1步　启动并运行【360 杀毒】软件,单击【全盘扫描】按钮,如图 8-7 所示。

第2步　进入【360 杀毒-全盘扫描】界面,系统会自动进行全盘扫描,用户需要等待一段时间,用户还可以根据需要选中【速度最快】或者【性能最佳】单选按钮,进行扫描设置,如图 8-8 所示。

图 8-7   图 8-8

第3步　扫描结束后，系统会显示扫描结果，如果有系统异常项，可以选择准备进行处理的选项，然后单击【立即处理】按钮，即可完成全盘扫描的操作，如图 8-9 所示。

图 8-9

8.3.2　快速扫描

快速扫描模式只对电脑中的系统文件夹等敏感区域进行独立扫描，一般病毒入侵系统后均会在此区域进行一些非法的恶意修改。由于扫描范围较小，扫描速度会较快，通常只需若干分钟。下面将详细介绍快速扫描的操作方法。

第1步　启动并运行【360 杀毒】软件，单击【快速扫描】按钮，如图 8-10 所示。

第2步　进入【360 杀毒-快速扫描】界面，系统会自动进行快速扫描，用户需要等待一段时间，此时可以进行暂停或停止等操作，如图 8-11 所示。

图 8-10　　　　　　　　　　　　　　　　　图 8-11

第3步　扫描结束后，系统会显示扫描结果。如果有系统异常项，可以选择准备进行处理的选项，然后单击【立即处理】按钮，即可完成快速扫描的操作，如图 8-12 所示。

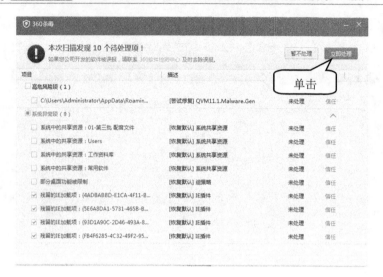

图 8-12

知识精讲

根据不同用户的需要，360 杀毒软件提供了多种常用的病毒查杀模式，分别是全盘扫描、快速扫描、自定义扫描和宏病毒扫描等。

8.3.3 自定义扫描

使用自定义扫描功能，可以通过扫描指定的目录和文件，来查杀病毒文件。下面将详细介绍自定义扫描的操作方法。

第1步 启动并运行 360 杀毒软件，单击右下角的【自定义扫描】按钮，如图 8-13 所示。

第2步 弹出【选择扫描目录】对话框，*1.* 选择准备要扫描的目录或文件，*2.* 单击【扫描】按钮，如图 8-14 所示。

图 8-13   图 8-14

第3步 进入【360 杀毒-自定义扫描】界面，系统会自动进行扫描，用户需要等待一段时间，此时可以进行暂停或停止等操作，这样即可完成自定义扫描的操作，如图 8-15 所示。

图 8-15

8.3.4　宏病毒扫描

对办公族和学生电脑用户来说，最头疼的莫过于 Office 文档感染宏病毒，轻则辛苦编辑的文档全部报废，重则私密文档被病毒窃取。360 杀毒的宏病毒扫描可以全面查杀寄生在 Excel、Word 等文档中的 Office 宏病毒。下面将详细介绍宏病毒扫描的操作方法。

第1步 启动并运行【360 杀毒】软件，单击右下角的【宏病毒扫描】按钮，如图 8-16 所示。

第2步 弹出【360 杀毒】对话框，系统提示"扫描前请保存并关闭已打开的 Office 文档"，单击【确定】按钮，如图 8-17 所示。

图 8-16　　　　　　　　　　　　　　图 8-17

第3步 进入【360 杀毒-宏病毒扫描】界面，系统会自动进行扫描，用户需要等待

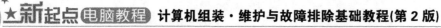

一段时间，此时可以进行暂停或停止等操作，这样即可完成宏病毒扫描的操作，如图 8-18 所示。

图 8-18

8.3.5 弹窗拦截

使用电脑经常会用到不少软件，但是每当打开这些软件的时候就会弹出一个或者多个窗口，让人非常反感。下面将详细介绍使用 360 杀毒软件进行弹窗拦截的操作方法。

第1步 启动并运行【360 杀毒】软件，单击右下角的【弹窗拦截】按钮，如图 8-19 所示。

第2步 弹出【360 弹窗拦截器】对话框，**1.** 设置进行拦截的类型，**2.** 单击【手动添加】按钮，如图 8-20 所示。

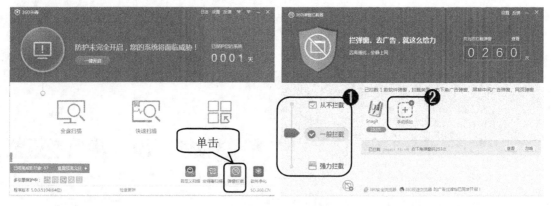

图 8-19   图 8-20

第3步 弹出手动添加对话框，**1.** 选择准备进行拦截的项目，**2.** 单击【确认开启】按钮，如图 8-21 所示。

第4步 返回到【360 弹窗拦截器】对话框，可以看到选择的项目已被添加到拦截器里，这样即可完成弹窗拦截的操作，如图 8-22 所示。

图 8-21　　　　　　　　　　　　　　　　　　　　图 8-22

智慧锦囊

如果需要撤销拦截，可以进入 360 弹窗拦截器的首页，选择想撤销拦截的软件，单击右侧的【忽略】按钮就可以撤销了。

8.3.6　软件净化

有些电脑软件经常绑定一些其他软件，从而使电脑多安装出比较多的无用软件，这样会让电脑变得越来越慢。下面将详细介绍使用 360 杀毒软件进行软件净化的操作方法。

第1步　启动并运行【360 杀毒】软件，单击右下角的【软件净化】按钮，如图 8-23所示。

第2步　弹出【360 杀毒-捆绑软件净化】界面，**1.** 单击右侧的【自动拦截】按钮，即可开启自动拦截捆绑软件，**2.** 单击【查看已安装软件】按钮，如图 8-24 所示。

图 8-23　　　　　　　　　　　　　　　　　　　　图 8-24

第3步　进入下一界面，显示用户电脑中已安装的软件。如果用户想对电脑中的软件进行更深层次的净化，可以单击【卸载】选项，这样即可完成软件净化的操作，如图 8-25所示。

图 8-25

 知识精讲

　　如果用户知道一些软件捆绑安装软件了，还可以单击【捆绑举报】按钮，安装流程举报。

8.4　360 安全卫士

　　360 安全卫士是一款由奇虎网推出的功能强、效果好、受用户欢迎的上网安全软件。360 安全卫士拥有查杀木马、清理插件、修复漏洞、电脑体检、保护隐私等多种功能，可以智能地拦截各类木马，保护用户的账号等重要信息。本节将介绍 360 安全卫士的相关操作方法。

8.4.1　电脑体检

　　使用 360 安全卫士进行电脑体检可以全面地查出电脑中的不安全和速度慢等问题，并且能一键进行修复。下面将详细介绍电脑体检的操作方法。

第1步 启动并运行【360 安全卫士】程序，单击【立即体检】按钮，如图 8-26 所示。

第2步 等待一段时间后，系统会显示电脑体检分数及电脑状态，单击【一键修复】按钮，如图 8-27 所示。

图 8-26　　　　　　　　　　　　　　　　　　图 8-27

第3步 系统会自动修复电脑遇到的一些问题，这样即可完成电脑体检的操作，如图 8-28 所示。

图 8-28

8.4.2　查杀修复

360 安全卫士中的查杀修复功能通过扫描木马、易感染区、系统设置、系统启动项、浏览器组件、系统登录和服务、文件和系统内存、常用软件、系统综合和系统修复项等彻底地查杀修复电脑中的问题。下面将详细介绍查杀修复的操作方法。

第1步 启动并运行【360 安全卫士】程序，单击左下角的【查杀修复】按钮，如图 8-29 所示。

第2步 进入下一界面，单击【立即扫描】按钮，如图 8-30 所示。

第3步 进入下一界面，系统会对电脑自动进行扫描，用户需要等待一段时间，如图 8-31 所示。

第4步 扫描完成后，会提示用户需要处理的危险项，**1.** 选择准备进行处理的项目，**2.** 单击【一键处理】按钮，如图 8-32 所示。

第5步 弹出【360 木马查杀】对话框，提示用户处理成功，单击【好的，立即重启】按钮，待电脑重启之后即可完成查杀修复的操作，如图 8-33 所示。

图 8-29　　　　　　　　　　　　　　　　图 8-30

图 8-31　　　　　　　　　　　　　　　　图 8-32

图 8-33

8.4.3　电脑清理

360 安全卫士中的电脑清理功能，可以清理一些没用的垃圾文件，让用户的电脑保持最轻松的状态。下面将详细介绍电脑清理的操作方法。

第1步 启动并运行【360 安全卫士】程序，单击左下角的【电脑清理】按钮，如图 8-34 所示。

第2步 进入下一界面，*1.* 选择准备进行清理的类型，*2.* 单击【一键扫描】按钮，如图 8-35 所示。

第3步 进入下一界面，系统会对电脑自动进行扫描，如图 8-36 所示。

第4步 扫描完成后，会显示扫描出来的垃圾文件，*1.* 选择准备进行处理的项目，*2.* 单击【一键清理】按钮，如图 8-37 所示。

图 8-34　　　　　　　　　　　　　　　　　图 8-35

图 8-36　　　　　　　　　　　　　　　　　图 8-37

第5步　进入下一界面，提示用户清理完成，以及本次垃圾清理排行分布，这样即可完电脑清理的操作，如图 8-38 所示。

图 8-38

8.4.4　优化加速

360 安全卫士中的优化加速功能可以全面提升用户电脑的开机速度、系统速度、上网速度和硬盘速度等。下面将详细介绍优化加速的操作方法。

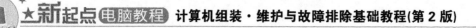

第1步 启动并运行【360 安全卫士】程序，单击左下角的【优化加速】按钮，如图 8-39 所示。

第2步 进入下一界面，*1.* 选择准备进行优化的项目，*2.* 单击【开始扫描】按钮，如图 8-40 所示。

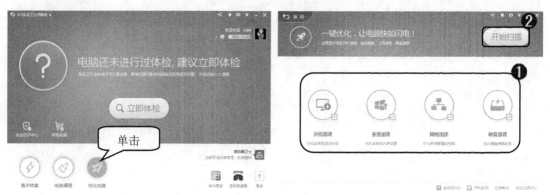

图 8-39   图 8-40

第3步 进入下一界面，系统会对电脑自动进行扫描，用户需要等待一段时间，如图 8-41 所示。

第4步 扫描完成后，会显示需要优化的项目，*1.* 选择准备进行优化的项目，*2.* 单击【立即优化】按钮，即可完成优化加速的操作，如图 8-42 所示。

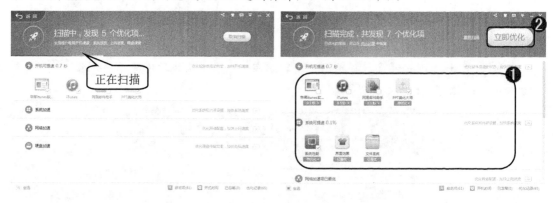

图 8-41   图 8-42

8.5　使用 Windows 7 防火墙

Windows 7 操作系统提供了内置防火墙，用户可以对防火墙进行相关设置，以防止病毒的侵入。本节将详细介绍使用 Windows 7 防火墙的相关操作方法。

8.5.1　启用 Windows 防火墙

如果防火墙处于关闭状态，可以将其打开，使系统处于保护状态。下面将详细介绍启动 Windows 7 系统防火墙的操作方法。

第1步 在 Windows 7 操作系统桌面上，**1.** 单击左下角的【开始】按钮，**2.** 选择【控制面板】菜单项，如图 8-43 所示。

第2步 打开【控制面板】窗口，**1.** 以【小图标】的方式查看窗口中的内容，**2.** 单击【Windows 防火墙】选项，如图 8-44 所示。

图 8-43　　　　　　　　　　　　　　　图 8-44

第3步 打开【Windows 防火墙】窗口，在【控制面板主页】区域下方，单击【打开或关闭 Windows 防火墙】选项，如图 8-45 所示。

第4步 打开【自定义设置】窗口，**1.** 选中【启用 Windows 防火墙】单选按钮，**2.** 单击【确定】按钮即可启动 Windows 7 系统防火墙，如图 8-46 所示。

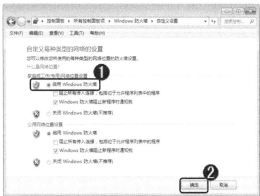

图 8-45　　　　　　　　　　　　　　　图 8-46

8.5.2　设置 Windows 防火墙

对于信任的程序和网络访问，可以通过设置为允许防火墙的程序或功能，取消对这些程序或功能的阻止。下面将详细介绍设置允许通过防火墙的程序或功能的操作方法。

第1步 打开【Windows 防火墙】窗口，在【控制面板主页】区域下方，单击【允许

程序或功能通过 Windows 防火墙】选项，如图 8-47 所示。

第2步 打开【允许的程序】窗口，单击【允许运行另一程序】按钮，如图 8-48 所示。

图 8-47

图 8-48

第3步 弹出【添加程序】对话框，*1.* 选择准备添加的程序，*2.* 单击【添加】按钮，如图 8-49 所示。

第4步 返回到【允许的程序】窗口，此时所选的程序已被添加到 Windows 防火墙的程序和功能列表中，单击【确定】按钮，即可完成设置，如图 8-50 所示。

图 8-49

图 8-50

 知识精讲

防火墙主要由服务访问规则、验证工具、包过滤和应用网关四个部分组成，防火墙就是一个位于计算机和它所连接的网络之间的软件或硬件。该计算机流入流出的所有网络通信和数据包均要经过此防火墙。

8.6　实践案例与上机指导

通过本章的学习，读者基本可以掌握系统安全措施与防范的基本知识以及一些常见的操作方法。下面通过练习操作，以达到巩固学习、拓展提高的目的。

8.6.1　在高级模式下配置 Windows 7 防火墙

Windows 7 防火墙的高级设置模式可以协助专业人员提高本地计算机的安全性，从而使 Windows 7 防火墙更加有效地防御来自网络的攻击和威胁。下面将以阻止"阿里旺旺 2011"程序为例，详细介绍在高级模式下配置 Windows 7 防火墙的操作方法。

第1步 打开【Windows 防火墙】窗口，在【控制面板主页】区域下方，单击【高级设置】选项，如图 8-51 所示。

第2步 打开【高级安全 Windows 防火墙】窗口，**1.** 单击左侧的【入站规则】选项，**2.** 在【操作】区域中单击【新建规则】选项，如图 8-52 所示。

图 8-51　　　　　　　　　　　　　　图 8-52

第3步 弹出【新建入站规则向导】对话框，**1.** 选中【程序】单选按钮，**2.** 单击【下一步】按钮，如图 8-53 所示。

第4步 进入【程序】界面，单击【浏览】按钮选择应用程序，如图 8-54 所示。

第5步 弹出【打开】对话框，**1.** 选择"阿里旺旺"执行文件，**2.** 单击【打开】按钮，如图 8-55 所示。

第6步 返回【程序】界面，单击【下一步】按钮，如图 8-56 所示。

第7步 进入【操作】界面，**1.** 选中【阻止连接】单选按钮，**2.** 单击【下一步】按钮，如图 8-57 所示。

第8步 进入【配置文件】界面，**1.** 指定规则的使用条件，**2.** 单击【下一步】按钮，如图 8-58 所示。

第9步 进入【名称】界面，**1.** 输入规则的名称，**2.** 输入规则的描述，**3.** 单击【完成】按钮即可完成在高级模式下配置 Windows 7 防火墙的操作，如图 8-59 所示。

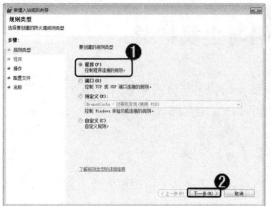

图 8-53

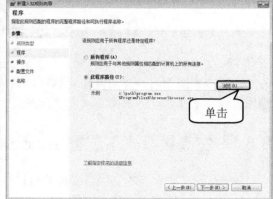

图 8-54

图 8-55

图 8-56

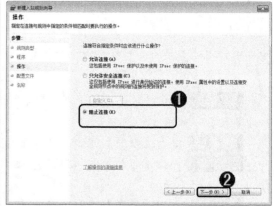

图 8-57

 智慧锦囊

　　新建的规则会出现在【高级安全 Windows 防火墙】窗口中的【入站规则】列表框中。

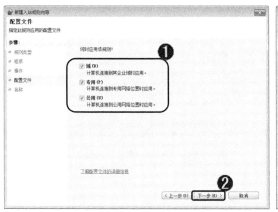

图 8-58

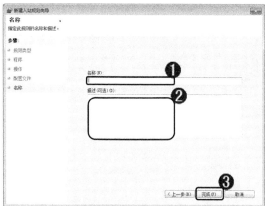

图 8-59

8.6.2　查看 360 杀毒中的隔离文件

被 360 杀毒软件处理的文件其实都做了安全备份，用户可以找到这些文件将其彻底删除或恢复到处理前的状态。下面将详细介绍如何查看 360 杀毒软件中的隔离文件。

第1步　启动并运行 360 杀毒软件，单击左下角的【查看隔离文件】选项，如图 8-60 所示。

第2步　弹出【360 恢复区】对话框，提示正在读取数据，用户需要等待一段时间，如图 8-61 所示。

图 8-60　　　　　　　　　　　　　　　　图 8-61

第3步　在【360 恢复区】对话框中，*1.* 选择准备删除的项目，*2.* 单击右侧的【删除】按钮，如图 8-62 所示。

第4步　弹出【360 恢复区】提示对话框，提示是否确定要删除该项目，单击【确定】按钮即可删除该项目，如图 8-63 所示。

第5步　在图 8-62 所示对话框中，*1.* 选择准备恢复的项目，*2.* 单击右侧的【恢复】按钮，如图 8-64 所示。

图 8-62 图 8-63

第6步 弹出如图 8-65 所示对话框，提示是否确定要恢复该项目，单击【恢复】按钮即可恢复该项目。

图 8-64

图 8-65

8.6.3 使用 360 软件管家卸载软件

360 软件管家是 360 安全卫士中提供的一个集软件下载、更新、卸载、优化于一体的工具，包括软件宝库、软件升级和软件卸载三个模块。

使用 360 软件管家可以轻松卸载当前电脑上的软件，清除软件残留的垃圾。一般大型软件不能完全卸载，剩余文件会占用大量的磁盘空间，使用 360 软件管家则可以将这类垃圾文件删除。下面以卸载迅雷为例，来详细介绍使用 360 软件管家卸载软件的操作方法。

第1步 启动并运行 360 安全卫士程序，单击右下角的【软件管家】按钮，如图 8-66 所示。

第2步 打开【360 软件管家】主界面，*1.* 切换到【软件卸载】选项卡，*2.* 选择准备卸载的软件，如"迅雷 7"，单击其右侧的【一键卸载】按钮，如图 8-67 所示。

图 8-66　　　　　　　　　　　　　　　　　　　　图 8-67

第3步　可以看到系统正在卸载过程中，用户需要等待一段时间，如图 8-68 所示。

第4步　通过以上步骤即可完成使用 360 软件管家卸载软件的操作，如图 8-69 所示。

图 8-68　　　　　　　　　　　　　　　　　　　图 8-69

8.6.4　使用 360 安全卫士测试宽带速度

现在办理宽带时，运营商都会说网速是多少兆的宽带，但是往往可能并没有运营商说的那么快。下面将详细介绍使用 360 安全卫士测试宽带速度的方法。

第1步　启动 360 安全卫士，进入主界面，单击右下角的【更多】按钮，如图 8-70 所示。

第2步　进入工具界面，**1.** 切换到【我的工具】选项卡，**2.** 单击【宽带测速器】按钮，如图 8-71 所示。

第3步　弹出【360 宽带测速器】对话框，显示"正在进行宽带测速，整个过程大概需要 15 秒"信息，如图 8-72 所示。

第4步　测速完成后，会显示最大的接入速度和相当于几兆的宽带，如图 8-73 所示。

图 8-70

图 8-71

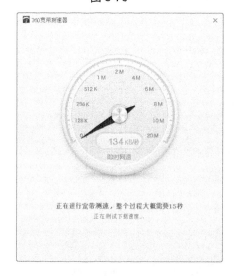

图 8-72

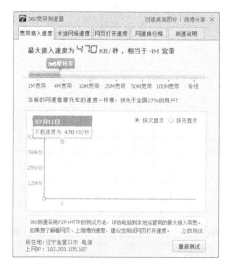

图 8-73

 智慧锦囊

测速完成后,在【长途网络速度】、【网页打开速度】选项卡中可以看到宽带连接到国内各主干网的情况,以及网页接入速度和情况。

8.6.5　添加 360 安全卫士主界面快捷入口图标

在 360 安全卫士主界面的快速入口的位置设置一些自己比较常用的启动图标,这样每次使用时就不用在工具中打开了。下面详细介绍其操作方法。

第1步 启动 360 安全卫士,进入主界面,单击右下角的【更多】按钮,如图 8-74 所示。

第2步 进入工具界面,选择准备添加到快捷入口的图标,如选择【360 问答】图标,然后按住鼠标左键,将其拖动到右下角的【拖拽到此】按钮处,如图 8-75 所示。

图 8-74　　　　　　　　　　　　　　　　　　图 8-75

第3步　返回到 360 安全卫士主界面，在右下角的快捷入口处，可以看到已经添加了一个图标，这样即可完成添加主界面快捷入口图标的操作，如图 8-76 所示。

图 8-76

8.7　思考与练习

一、填空题

1. 在计算机程序中插入的可以破坏计算机的功能或者其中的数据，影响计算机使用并且能够自我复制的一组计算机指令或者程序代码被称为_____，其具有_____、复制性和传染性。

2. _____模式是对用户的电脑系统中的全部文件逐一进行过滤扫描，彻底清除非法侵入并驻留系统中的全部病毒文件。

二、判断题

1. 快速扫描模式只对电脑中的系统文件夹等敏感区域进行独立扫描，一般病毒入侵系统后均会在此区域进行一些非法的恶意修改。同时由于扫描范围较小，扫描速度会较快，通常只需若干分钟。　　　　　　　　　　　　　　　　　　　　　　　　　　（　　）

2. 使用自定义扫描功能,可以通过扫描全部的目录和文件,来查杀病毒文件。(   )

三、思考题

1. 如何使用 360 杀毒进行弹窗拦截?

2. 如何启用 Windows 防火墙?

第 9 章

电脑的日常维修与保养

本章要点

- 正确使用电脑
- 维护电脑的硬件
- 优化操作系统
- 维护操作系统
- 安全模式

本章主要内容

本章主要介绍正确使用电脑、维护电脑的硬件、优化操作系统和维护操作系统方面的知识与技巧，以及安全模式的相关知识及操作方法。通过本章的学习，读者可以掌握电脑的日常维修与保养方面的知识，为深入学习计算机组装、维护与故障排除知识奠定基础。

9.1 正确使用电脑

正确地使用和维护电脑,使电脑工作在一个好的环境下,会大大延长其使用寿命。本节将详细介绍正确使用电脑的相关知识。

9.1.1 电脑的工作环境

在一个合适的环境中使用电脑,会使电脑正常而健康地运行,使其寿命得到有效的保障,电脑工作环境主要指洁净度条件、湿度条件、温度条件、防止强光照射、防止电磁场干扰、电网环境和接地系统等几个方面。下面将分别予以详细介绍。

1. 洁净度条件

由于计算机的机箱和显示器等部件都不是完全密封的,灰尘会进入其中,过多的灰尘附着在电路板上,会影响集成电路板的散热,甚至引起线路短路等。在维修计算机的过程中,一台有故障的计算机经过清洁除尘后就有可能恢复正常工作,可见小小的灰尘也会成为引起故障的罪魁祸首。对软驱和光驱来说,灰尘进入也会影响其正常读写功能。

2. 湿度条件

计算机工作时,其适宜的湿度条件为45%~60%。过于潮湿的空气容易造成电器件、线路板生锈、腐蚀而导致接触不良或短路,磁盘也会发霉而使保存在上面的数据无法使用;如果空气过于干燥,则可能引起静电积累,从而损坏集成电路、清掉内存或缓存区的信息、影响程序运行及数据存储,还很容易吸附灰尘,影响散热,引发硬件故障。

3. 温度条件

一般来说,15~30℃范围内的温度对工作较为适宜,超出这个范围的温度会影响电子元器件工作的可靠性,存放个人计算机的温度也应控制在5~40℃之间。由于集成电路的集成度高,工作时将产生大量的热量,如机箱内热量不及时散发,轻则会导致工作不稳定、数据处理出错,重则会烧毁一些元器件。反之,如温度过低,电子器件也不能正常工作,也会增加出错率。

4. 防止强光照射

光线条件对计算机本身影响并不大,但还是应该适当注意,一是电脑中很多部件使用塑料材质,长时间的强光照射会导致其变色、变硬,破坏原有光泽度,影响美观,如果太阳强光直射显示器屏幕,会降低显示器的使用寿命;二是光线条件不好,对使用者来说,容易引起眼睛疲劳。

5. 防止电磁场干扰

电脑中有许多存储设备用磁信号作为载体记录数据,所以磁场对存储设备的影响较大,它可能会导致磁盘驱动器的动作失灵，引起内存信息丢失、数据处理和显示混乱，甚至会毁掉磁盘上存储的数据。另外，较强的磁场也会使显示器被磁化，引起显示器颜色显示不正常。

6. 电网环境

我国的家用及一般办公用的交流电源标准电压是 220V，为了使计算机系统可靠、稳定地运行，对交流电源供电质量有一定的要求，按规定电网电压的波动度应在标准值的±5%以内，若电网电压的波动在标准值的-20%～+10%，即 180～240V 之间，个人计算机系统也可以正常运行。如果波动范围过大，电压太低，计算机无法启动；电压过高，会造成计算机系统的硬件损坏。

7. 接地系统

良好的接地系统能够减少电网供电及计算机本身产生的杂波和干扰，避免计算机系统数据出错。另外，在闪电和瞬间高压时可以为故障电流提供回路，保护计算机。

9.1.2　正确使用电脑的方法

养成良好的使用电脑的习惯可以减少电脑的使用消耗程度，并能减少维护电脑的工作量和延长其使用寿命。下面将详细介绍正确使用电脑的方法。

1. 正确摆放电脑

潮湿、灰尘、电磁场、强光都是显示器的杀手，因此，在摆放显示器的时候，要考虑到这些问题；电脑主机的摆放应当平稳，尽可能地避开热源，远离高温潮湿、高磁场区，最好放在通风的地方；外设有很多，需要根据使用习惯和设备的操作特性确定其摆放的位置。如音箱的摆放，主要目的就是通过音箱的摆位，产生最好的音效，在摆位的时候，需要一边听，一边进行调整，由此得到一个最佳的听音位置和音箱摆放位置。

2. 防止震动噪声

电脑的震动和噪声主要包括电源风扇噪声、CPU 风扇噪声、硬盘噪声和机箱震动噪声等。下面详细介绍其解决办法。

1)　消除电源风扇噪声

电源风扇噪声通常分为转动噪声和震动噪声。转动噪声一般是由于风扇轴承缺乏润滑油造成的，解决办法是在风扇轴承上滴数滴缝纫机油即可。而震动噪声一般是由于风扇叶不平衡，叶片在轴上松动以及轴承间隙过大造成的。如果是个别叶片积累污物，及时清除即可；若是风扇叶片缺损、不对称，或是轴承间隙过大，最好更换一个新的电源风扇。

2)　消除 CPU 风扇噪声

CPU 风扇的轴承和扇叶是最容易产生噪声的地方，长久使用后风扇的轴承可能会由于缺油而摩擦过大，导致发出较大的噪声，可给风扇轴加点缝纫机油。方法是把风扇转轴上的标签小心揭开，加入油后再盖上。如果风扇扇叶的质量不是很好，经过一段时间的转动，扇叶有可能由于发热而变形，触及内壁，发出噪声。解决办法是拿刀片在划痕处轻轻地刮几下，增加扇叶与内壁之间的距离，避免两者摩擦。

3) 消除硬盘噪声

硬盘的噪声可能来自自身的震动，这个时候就不仅仅是发出烦人的噪声这么简单了，而是涉及硬盘的安全问题。因为安装不当引起的震动有可能损坏硬盘，所以水平安装的硬盘必须与机箱平行，垂直安装的硬盘必须与机箱底面垂直，不能歪斜。最重要的是，硬盘必须保持稳固的状态(建议固定硬盘时要用三颗以上的螺丝)，但同时要注意硬盘的固定螺丝不能太长或拧得太紧，以防损伤电路板和盘片。

4) 消除机箱震动噪声

用户可以在选购电脑时，应注意机箱的硬度以及机箱与箱体的连接方式，材料太薄和用料太节约的机箱不坚固，用手轻轻挤压或扭转箱体就可以检查其硬度是否合格。箱盖与箱体采用螺丝固定的机箱比较稳定，而那种免螺丝的机箱则容易发生震动。另外，可以在安装和使用过程中采取一些适当的减震措施，如在箱盖内与箱体直接接触的部位贴上 3～4 毫米厚的塑料泡沫条，再拧紧箱盖。

3. 电源

电脑电源的使用要求电压稳定，避免因为电压的突然变化而导致读写数据出错，电脑电源最好与冰柜、空调和微波炉等大功率电器设备分离，采用单独的线路。如果供电不稳定或者电脑中有重要的数据和资料，最好不要突然断电，可以配备不间断供电电源。

4. 开机和关机

电脑的开机和关机也有着一定的顺序。一般情况下，电脑开机时，要先打开外部设备的供电电源，然后再按下电脑主机上的电源开关。电脑关机时，最好使用操作系统上的关机功能，当出现故障需要重启时，则可以使用复位键，当电脑关机后，至少要等待一分钟以上才可再次开机。

5. 保护键盘

键盘是电脑的重要输入设备之一，保护键盘一是要使用适当的力量敲击键盘、在常用的键上贴上一层保护膜；另一个需要注意的事项是，在键盘上吃零食也会缩短键盘的使用寿命，因食物残渣掉入键盘里面，会卡住按键，导致键盘按键失灵。

6. 其他注意事项

对于显示器，不要用手触摸屏幕，无论是 CRT 显示器还是液晶显示器，显示器在使用过程中会产生大量的静电电荷，用手触摸会导致静电释放，从而会损伤显示器的荧光粉或液晶。另外，用手触摸屏幕还会留下指纹和污渍，对于液晶显示器，则还有可能划伤保护层、损害液晶分子，从而影响显示效果。

不要让电脑在打开机箱盖的情况下运行，否则会带来电磁辐射、噪声、灰尘等危害，同时也会增加其他异物进入机箱的可能性。

最后，要养成良好的操作习惯，在系统运行时，不要进行非正常重启操作，要定期扫描和清理磁盘，不要下载或安装太多相同功能的软件，卸载程序时，应使用程序的卸载功能而不是直接删除文件夹等，以免卸载不完全，而造成系统垃圾，影响系统性能。

9.2　维护电脑的硬件

电脑使用一段时间后，必须对其进行维护，机箱里面的硬件很容易堆积灰尘，需要及时清理，以免影响电脑的性能。本节将详细介绍维护电脑硬件的相关知识。

9.2.1　主板的清洁与维护

电脑在使用过程中，主板的表面很容易吸附灰尘，用户需及时对其进行清理和维护。如果主板灰尘不是很多可以不拆主板，打开机箱盖找到主板后，用吹风机吹走灰尘，然后再用软毛刷清理残留的灰尘；如果主板上的灰尘非常多，就需要把主板拆下来进行清理，注意动作一定要轻柔，不能把灰尘擦到插槽或接口中，如图 9-1 所示。

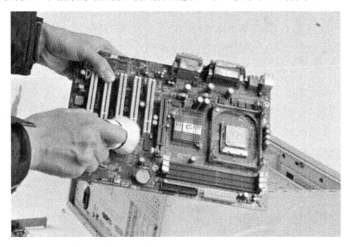

图 9-1

9.2.2　CPU 的保养与维护

CPU 是电脑的核心部件，在日常使用电脑的过程中，一定要对其进行细心的维护。

1. 减压

安装散热风扇时，扣具的压力要适中，散热风扇扣具的压力太大很容易压毁 CPU 的内核。

2. 报警

在安装 CPU 时注意将测温探头贴紧 CPU 底部，以确保监测 CPU 温度变化的准确性。只要 CPU 超过了预设的温度范围(一般设为 70℃)，主板会立即报警、重启或关机。

3. 散热

使用一段时间的电脑后，CPU 的风扇和散热片上会堆积大量的灰尘，影响 CPU 的散热效果。将散热片轻轻卸下，用刷子沿着缝隙清扫；将 CPU 风扇轻轻卸下，使用刷子轻轻地清扫风扇上的灰尘。

4. 取放

在安装 CPU 时，安装方向一定要正确，并平稳地放入主板上，避免将 CPU 针脚弄弯或弄坏。在取出 CPU 时，要先将插槽旁的拉杆拉起，然后再取下 CPU，最好将 CPU 放到专用的防静电盒里保存。

5. 正确对待超频

尽量不要对 CPU 进行超频，使用 CPU 应更多地考虑其使用寿命，如果一定要进行超频，可以降电压超频，或不要超频太高。

9.2.3　内存的清洁与维护

内存是电脑中最容易出现故障的配件产品之一，如果在按下机箱电源后机箱喇叭反复报警或是电脑不能通过自检，大部分情况下故障源于内存。下面具体介绍维护内存的方法。

第1步　用刷子掸去内存条上的浮土，如果有刷子解决不了的问题，可以再用软布或机皮擦拭，如图 9-2 所示。

第2步　内存条上的金手指，由于长时间地使用难免会产生一些污物，用橡皮擦拭掉上面的污迹即可，擦的时候可千万不要太过用力，如图 9-3 所示。

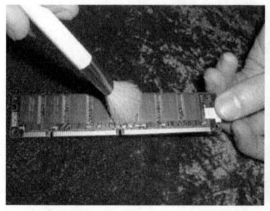　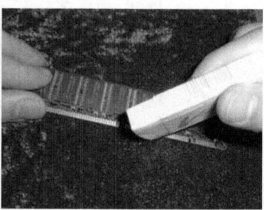

图 9-2　　　　　　　　　　　　　　　　　图 9-3

第3步　主板上的内存插槽细小，刷子往往无能为力，因此可以将硬纸片卷成棍状探入插槽内进行清理，如图 9-4 所示。

第4步　最后可以将内存条重新插回内存插槽内。先将两旁的拉杆拉起，然后在最终插入的时候用手向下按紧，确认听到"咔"的一声脆响后，维护工作即可完成，如图 9-5 所示。

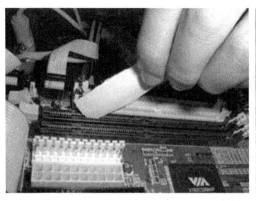

图 9-4　　　　　　　　　　　　　　　　　　　图 9-5

9.2.4　硬盘的维护

硬盘是电脑中使用频率最高的部件之一，也是电脑中重要的部件之一，一旦硬盘损坏或发生故障，将会影响整个计算机正常工作，甚至会导致硬盘中的数据丢失或无法恢复。维护硬盘应做以下几个方面的工作。

1. 散热

随着硬盘转速的提升和容量的增大，电脑在运行的过程中，硬盘的发热量也会越来越大，如果不能及时散热可能会损坏硬盘，因此安装硬盘时一定要注意其散热情况。

2. 防震

在开机的状态下，千万不要移动硬盘或机箱，最好等待关机十几秒硬盘完全停转后再移动主机或重新启动电源，以避免电源瞬间突波对硬盘造成伤害。在硬盘的安装、拆卸过程中应多加小心，硬盘移动、运输时严禁磕碰，最好用泡沫或海绵包装保护，尽量减少震动。需要注意的是，硬盘厂商所谓的"抗撞能力"或"防震系统"等，是指在硬盘在未启动状态下的防震、抗撞能力，而非开机状态。

3. 注意防高温、防潮、防电磁干扰

硬盘的工作状况与使用寿命与温度有很大的关系，硬盘使用中温度以 20～25℃为宜，温度过高或过低都会使晶体振荡器的时钟主频发生改变，还会造成硬盘电路元件失灵，磁介质也会因热胀效应而造成记录错误；温度过低，空气中的水分会被凝结在集成电路元件上，造成短路。另外，尽量不要使硬盘靠近强磁场，如音箱、喇叭等，以免硬盘所记录的数据因磁化而损坏。

4. 定期整理硬盘

定期整理硬盘可以提高速度，如果碎片积累过多，不但访问效率会下降，还可能损坏磁道；但不要经常整理硬盘，这样也会有损硬盘寿命。

9.2.5 光驱的维护

光驱是电脑中使用频繁的一个设备,因此一定要注意光驱的使用方法,从而避免光驱的使用寿命缩短。下面将详细介绍使用光驱的注意事项。

➢ 不要使用市售的清洗光盘清洁光驱,高速旋转的清洁光盘上的毛刷会划伤光驱透镜表面。

➢ 光驱弹出光盘后应该及时收回光驱托盘,以免灰尘进入。

➢ 如果机器上安有两个光驱,那么两个光驱不要紧邻安装在一起,一定要在它们之间留有空间散热,特别是安装刻录光驱更应该注意。

9.2.6 显示器的清洁与维护

显示器是电脑重要的输出设备,显示器性能的好坏直接影响显示效果。下面将详细介绍显示器的清洁与维护的方法和技巧。

1. 正确擦拭显示器屏幕

由于显示器长时间暴露在外面,使用一段时间后,其表面会有灰尘。擦拭显示器屏幕应该用擦眼睛或者相机镜头类的干布,不要用纸张或硬布和湿布擦拭。擦拭时,要注意从屏幕中间向外成螺旋状擦拭,不要用力挤压显示器的屏幕,以免对其造成伤害,如图 9-6所示。

图 9-6

2. 避免震动

显示器尤其是液晶显示器十分脆弱,在搬运过程中,一定要避免强烈的冲击和震动,更不要对液晶显示器的液晶屏幕施加压力,以免划伤保护层,损坏液晶分子。

3. 正确使用显示器

如果长时间不用显示器,应及时关闭以延长其使用寿命。另外需要注意的是,尽管显示器的工作电压适应范围比较大,但也可能由于受到瞬时高压冲击而造成元件损坏,所以

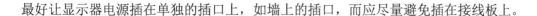

最好让显示器电源插在单独的插口上，如墙上的插口，而应尽量避免插在接线板上。

9.2.7　键盘和鼠标的清洁

键盘和鼠标是电脑上最常用的输入设备，用户应不定时地对其进行清洁与维护。下面将详细介绍键盘和鼠标的清洁方法。

1. 键盘的清洁

键盘是与人手接触最为密切的电脑硬件之一，应经常进行清洁，以免影响键盘的灵敏度和降低使用寿命。将键盘与主机的接口拔下，用手轻轻将键盘倒置，并轻轻敲打键盘，倾倒键盘中的灰尘，倾倒灰尘后，将键盘翻转过来，用刷子清扫键盘按键空隙中的灰尘，并用软布清洁键盘按键表面。

2. 鼠标的清洁

鼠标是经常使用的输入设备之一，经常与人手接触，应保持鼠标的清洁，以免影响其灵敏度。将鼠标与主机的接口拔下，用软布清洁鼠标表面，现在使用的鼠标多为光电鼠标，用刷子清洁鼠标底部光源处的污物，清洁鼠标后应使用刷子清洁鼠标垫上的灰尘，如果灰尘太多，可以用水清洗并晾干。

9.2.8　音箱的维护

正确地使用音箱，其使用寿命会很长，如果用户注意保养，其使用寿命会更长。下面将详细介绍音箱的日常维护需要注意的事项。

(1) 对音箱外壳进行清洁时，应该用软布及干燥的棉布擦拭。

(2) 音箱要放在坚固、结实的地板上，以免低音衰弱，不能过于靠近墙壁。应尽量避免将音箱放置于阳光直接暴晒的场所，不要靠近辐射器具，也不要放置于潮湿的地方。不要将音箱放置得过于靠近电脑主机和显示器，以免因电磁辐射而使音箱产生噪声。

(3) 与功放进行连接的音频线应稳妥，在受到拉拽时不能掉下，正负极性不能接错。连接扬声器的音频线要足够粗、不宜过长，以免造成音频信号损失，以偏离频率响应最大值 0.5dB。

(4) 应该注意扬声器的阻抗是否适合放大器的推荐值，并且不得超出额定功率使用，否则音质会变坏，甚至扬声器也会受到影响。

(5) 部分音箱的电源开关控制的并不是交流输入部分，只要电源插头插到插座里，即使关闭电源开关，音箱变压器也一直在工作，因此音箱长时间不用时，最好拔下电源插头。

9.2.9　摄像头的维护

摄像头是电脑上重要的输入设备，日常使用摄像头应该即时对其进行维护，以延长其使用寿命。下面将详细介绍使用摄像头时应该注意的事项。

(1) 不要将摄像头直接面对阳光，以免损害摄像头的图像感应器件。

(2) 避免摄像头和油、蒸汽等物质接触，避免直接与水接触。

(3) 不要使用刺激性的清洁剂或有机溶剂擦拭摄像头。

(4) 不要拉扯或扭转连接线，类似动作可能会对摄像头造成损伤。

(5) 应将摄像头存放在干净、干燥的地方。

(6) 必要时对镜头进行清洗。清洗时，用软刷和吹气球清除尘埃，然后再用镜头纸擦拭镜头，不能用硬纸、纸巾。

(7) 非必要情况下，不要随意打开摄像头，更不要碰触其内部零件，这样容易对摄像头造成损伤。

(8) 不要长时间使用摄像头，或者在不适用的情况下继续对其进行通电，这样将会加速摄像头元件的老化。

9.2.10 打印机的维护

打印机是常用的输出设备，使用频率也是相对较高的，日常使用时需要注意维护，以延长其使用寿命。下面介绍使用打印机的相关注意事项。

1．水平放置

打印机必须水平放置，倾斜不但会影响打印质量，还会损坏打印机的内部结构。打印机一定不要放在地上，尤其是地毯一类的地面，容易有异物或者灰尘进入打印机内部，降低使用寿命。

2．不要使用多种墨水

打印机的墨水尽量选择一个品牌，各厂家的墨水化学成分是不一样的，不能频繁更换。频繁更换墨水会损坏打印头和墨盒，另外墨盒的使用寿命也是有限的，尽量在使用十次以内更换。

3．打印纸的质量

不要选择太差的打印纸，质量不好的打印纸容易出现卡纸问题，影响打印机的使用寿命。如有卡纸，应尽量轻轻拉出纸张，避免生拉硬拽。

4．墨水的使用

墨水每次使用后都会有残留，长时间不使用会有残留凝固在喷嘴上，造成喷嘴堵塞。即使不用墨水，机器也会定时自动清洗喷嘴，反而造成更大的浪费。如果墨水使用完，需要及时更换新墨盒。

9.3　优化操作系统

优化操作系统可以提高系统的运行速度和稳定性，可以对其进行磁盘清理、减少启动项、整理磁盘碎片、设置最佳性能和优化网络等优化操作。本节将详细介绍优化操作系统的相关知识及操作方法。

9.3.1　磁盘清理

系统运行一段时间后，由于各种应用程序的安装与卸载以及软件运行，会产生大量的垃圾文件，不仅会占用磁盘空间，而且会降低系统运行速度。下面将详细介绍磁盘清理的操作方法。

第1步 在 Windows 系统桌面上，*1.* 单击【开始】按钮，*2.* 在弹出的开始菜单中选择【所有程序】菜单项，如图 9-7 所示。

第2步 弹出下一菜单，单击【附件】文件夹选项，如图 9-8 所示。

图 9-7

图 9-8

第3步 弹出下一菜单，单击【系统工具】文件夹选项，如图 9-9 所示。

第4步 展开文件夹选项，选择【磁盘清理】选项，如图 9-10 所示。

图 9-9

图 9-10

第5步 弹出【磁盘清理：驱动器选择】对话框，*1.* 在【驱动器】下拉列表框中选择准备清理的磁盘，*2.* 单击【确定】按钮，如图 9-11 所示。

第6步 弹出【磁盘清理】对话框，显示计算释放空间的进度，如图 9-12 所示。

图 9-11

图 9-12

第7步 弹出【(D:)的磁盘清理】对话框，*1.* 切换到【磁盘清理】选项卡，*2.* 在【要删除的文件】区域中选中准备删除文件的复选框，*3.* 单击【确定】按钮，如图 9-13 所示。

第8步 弹出【磁盘清理】对话框，提示是否永久删除这些文件，单击【删除文件】按钮，如图 9-14 所示。

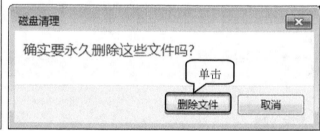

图 9-13

图 9-14

第9步 开始进行磁盘清理，并显示进度，之后即可完成磁盘清理，如图 9-15 所示。

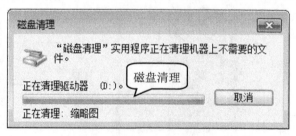

图 9-15

9.3.2 减少启动项

如果启动项的数量过多将影响开机速度，同时也会占用大量的系统资源，影响机器的性能，为了加快电脑的开机速度，提高电脑的整体性能，可以减少启动项目。下面将详细介绍减少启动项的操作方法。

第1步　按 Win+R 组合键，弹出运行对话框。**1.** 在【打开】下拉列表框中输入运行的命令"msconfig"，**2.** 单击【确定】按钮，如图 9-16 所示。

第2步　弹出【系统配置】对话框，**1.** 切换到【启动】选项卡，**2.** 取消选中不准备启动的项目复选框，**3.** 单击【确定】按钮，如图 9-17 所示。

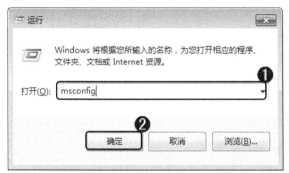

图 9-16

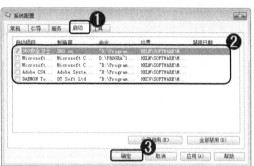

图 9-17

第3步　弹出【系统配置】对话框，单击【重新启动】按钮，重新启动电脑后，用户就可发现系统运行速度有所提高，如图 9-18 所示。

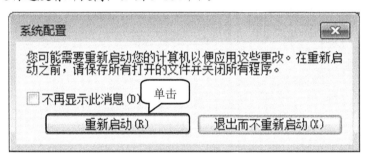

图 9-18

9.3.3　整理磁盘碎片

电脑使用一段时间后，由于频繁地存储和删除文件，将会在磁盘中产生许多磁盘碎片，占用系统资源，影响运行速度，因此可以对磁盘的碎片进行整理，下面详细介绍其操作方法。

第1步　在系统桌面上，双击【计算机】图标，如图 9-19 所示。

第2步　打开【计算机】窗口，**1.** 右键单击准备整理碎片的磁盘，如本地磁盘(D:)，**2.** 在弹出的快捷菜单中选择【属性】菜单项，如图 9-20 所示。

第3步　弹出【本地磁盘(D:)属性】对话框，**1.** 切换到【工具】选项卡，**2.** 单击【碎片整理】区域中的【立即进行碎片整理】按钮，如图 9-21 所示。

第4步　弹出【磁盘碎片整理程序】对话框，**1.** 在【当前状态】列表项中，选择准备进行碎片整理的磁盘，**2.** 单击【磁盘碎片整理】按钮，即可对该分区进行整理，如图 9-22

所示。

图 9-19　　　　　　　　　　　　　　图 9-20

图 9-21　　　　　　　　　　　　　　图 9-22

9.3.4　设置最佳性能

如果用户的电脑配置较差，可以通过更改系统性能来提高电脑的反应速度，下面具体介绍设置最佳性能的操作方法。

第1步　在系统桌面上，**1.** 右键单击【计算机】图标，**2.** 在弹出的快捷菜单中选择【属性】菜单项，如图 9-23 所示。

第2步　弹出【系统】窗口，单击【高级系统设置】选项，如图 9-24 所示。

第3步　弹出【系统属性】对话框，**1.** 切换到【高级】选项卡，**2.** 单击【性能】区域中的【设置】按钮，如图 9-25 所示。

第4步　弹出【性能选项】对话框，**1.** 切换到【视觉效果】选项卡，**2.** 选中【调整为最佳性能】单选按钮，**3.** 单击【确定】按钮，这样即可设置最佳性能，如图 9-26 所示。

图 9-23

图 9-24

图 9-25

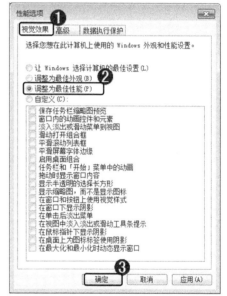

图 9-26

知识精讲

　　将系统设置为最佳性能，电脑的运行速度能够相应地提高一些，不过提高有限，如果电脑配置太低，不管如何设置，也不可能跑得过高配置电脑。

9.3.5　优化网络

　　Windows 7 操作系统中内置了 IE 浏览器，用户可以对其进行优化，从而更加流畅地进行网上冲浪。可以通过清除临时文件和禁用加载项来优化网络，下面予以详细介绍其相关操作方法。

1. 清除临时文件

　　IE 浏览器默认会保存浏览过的历史记录和临时文件，并会随着使用时间的延长而逐渐增多，并且其他人也可能通过脱机浏览获取用户的浏览内容，这样会暴露个人的资料信息，所以最好将其清除。下面将详细介绍清除临时文件的操作方法。

　　第1步 打开 IE 浏览器窗口，**1.** 单击工具栏中的【工具】菜单，**2.** 选择【Internet 选项】菜单项，如图 9-27 所示。

　　第2步 弹出【Internet 选项】对话框，**1.** 切换到【常规】选项卡，**2.** 单击【浏览历史记录】区域中的【删除】按钮，如图 9-28 所示。

图 9-27

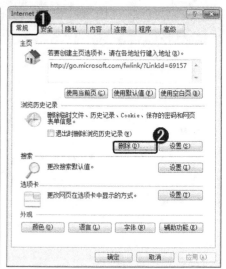

图 9-28

　　第3步 弹出【删除浏览的历史记录】对话框，**1.** 选中准备删除项目记录的复选框，**2.** 单击【删除】按钮，如图 9-29 所示。

　　第4步 系统开始删除历史浏览记录，如图 9-30 所示。

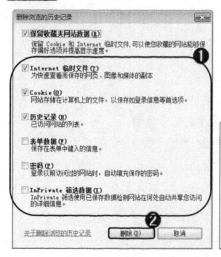

图 9-29

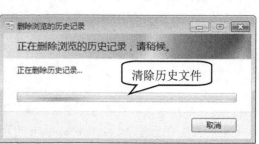

图 9-30

2. 禁用加载项

IE 浏览器在启动时会自动运行加载项，如果浏览器在启动时需要运行的加载项过多，或某个加载项出现了问题，就会影响浏览器的速度，因此可以通过减少和禁用加载项，来提高浏览器的速度。下面具体介绍禁用加载项的操作方法。

第 1 步　打开 IE8 浏览器窗口，**1.** 单击工具栏中的【工具】菜单，**2.** 选择【管理加载项】菜单项，如图 9-31 所示。

第 2 步　弹出【管理加载项】对话框，**1.** 在【显示】区域中，选择【当前已加载的加载项】选项，**2.** 选择列表中准备禁用的加载项，**3.** 单击【禁用】按钮，这样即可禁用加载项，如图 9-32 所示。

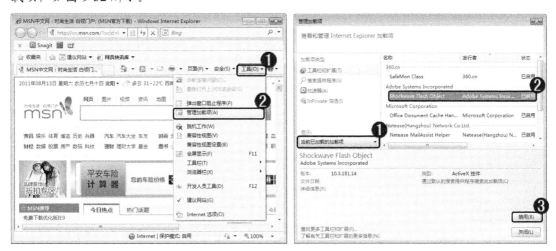

图 9-31　　　　　　　　　　　　　图 9-32

9.4　维护操作系统

操作系统是所有软件的基础，稳定的操作系统能够提高其他软件的使用效率，同时可以避免很多故障的发生。本节将详细介绍维护操作系统的相关知识及操作方法。

9.4.1　任务管理器

Windows 任务管理器是用户使用最多的系统工具，它可以显示当前电脑中正在运行的程序、进程和服务。【Windows 任务管理器】窗口中包括【应用程序】、【进程】、【服务】、【性能】、【联网】和【用户】等 6 个选项卡，下面将分别予以详细介绍。

1. 【应用程序】选项卡

按 Ctrl+Shift+Esc 组合键即可弹出【Windows 任务管理器】，在【应用程序】选项卡中可以看到用户打开的所有应用程序，在此可以结束当前使用的某个应用程序，下面具体介绍其操作方法。

第1步 打开【Windows 任务管理器】，*1.* 切换到【应用程序】选项卡，*2.* 在【任务】列表项中，选择准备结束的应用程序，*3.* 单击【结束任务】按钮，如图 9-33 所示。

第2步 选择的应用程序已被关闭，这样即可结束应用程序任务，如图 9-34 所示。

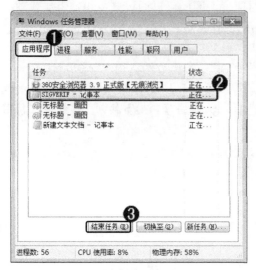

图 9-33

图 9-34

2. 【进程】选项卡

【应用程序】选项卡中显示的主要是用户运行的应用程序，并不显示系统运行时必要的程序，这些系统程序的进程只能在【进程】选项卡中查看。用户可以在【进程】选项卡中对某个进程设置其优先级，下面以设置 360se.exe 进程为例，来详细介绍设置进程优先级的操作方法。

第1步 打开【Windows 任务管理器】，*1.* 切换到【进程】选项卡，*2.* 右键单击准备更改优先级的进程，如 360se.exe，*3.* 在弹出的菜单中选择【设置优先级】菜单项，*4.* 选择【高】子菜单项，如图 9-35 所示。

第2步 弹出【Windows 任务管理器】对话框，提示"是否要更改'360se.exe'的优先级"信息，单击【更改优先级】按钮，即可完成设置优先级的操作，如图 9-36 所示。

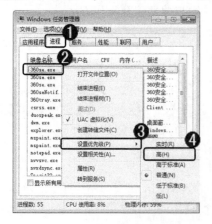

图 9-35

图 9-36

3.【服务】选项卡

切换到【服务】选项卡后，单击【服务】按钮，即可弹出【服务】窗口，从中可以查看、启用或禁用相应的服务，还可以对相应的服务属性进行设置，如图 9-37 所示。

图 9-37

4.【性能】选项卡

【性能】选项卡以直观及详细信息的形式动态地显示了电脑中 CPU 资源和物理资源的使用情况，如图 9-38 所示。单击【资源监视器】按钮，即可弹出【资源监视器】窗口，从中可以看到更多的资源信息，如图 9-39 所示。

图 9-38

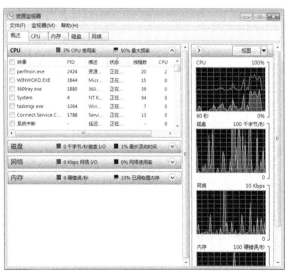

图 9-39

5.【联网】选项卡

在【联网】选项卡中会以动态直观图的形式显示电脑中的网络应用情况，如图 9-40

所示。

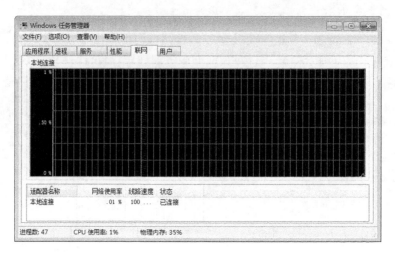

图 9-40

6. 【用户】选项卡

在【用户】选项卡中显示当前已登录系统的用户，包括活动中的用户和已断开的用户，如图 9-41 所示。

图 9-41

9.4.2 事件查看器

微软在以 Windows NT 为内核的操作系统中都集成有事件查看器，利用事件查看器可以查看关于硬件、软件和系统问题的信息，也可以监视 Windows 操作系统中的安全事件。在日常操作计算机时若遇到系统错误，利用事件查看器，再加上适当的网络资源，可以很好地解决大部分的系统问题。下面介绍如何打开事件查看器。

第1步 **1.** 打开【开始】菜单，**2.** 在【搜索程序和文件】文本框中输入"eventvwr"，**3.** 选择 eventvwr.exe 程序，如图 9-42 所示。

第2步　弹出【事件查看器】窗口，如图 9-43 所示。

图 9-42　　　　　　　　　　　　　　　　　　　图 9-43

9.4.3　性能监视器

性能监视器用于分析系统性能，包括性能日志和警报、服务器性能审查程序和系统监视器等组件，在 Windows 7 操作系统中的性能监视器程序中有两个系统收集器集，即 System Diagnostics(系统诊断)和 System Performance(系统性能)，分别用于搜集系统诊断信息和系统性能信息。下面具体介绍 System Performance(系统性能)数据收集器集的使用方法。

第1步　在 Windows 操作系统桌面上，*1.* 单击【开始】按钮，*2.* 在【搜索程序和文件】文本框中输入"性能监视器"，*3.* 单击【程序】区域中的【性能监视器】选项，如图 9-44 所示。

第2步　打开【性能监视器】窗口，*1.* 单击【数据搜集器集】选项，*2.* 双击【系统】选项，如图 9-45 所示。

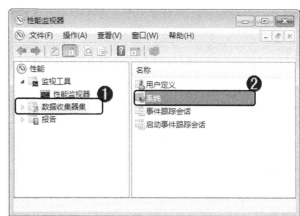

图 9-44　　　　　　　　　　　　　　　　　　　图 9-45

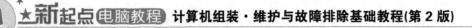

第3步 打开两个系统搜集器选项，*1.* 右键单击 System Performance 选项，*2.* 在弹出的快捷菜单中选择【开始】菜单项，如图 9-46 所示。

第4步 启动系统性能后，*1.* 单击【报告】选项，*2.* 双击【系统】选项，如图 9-47所示。

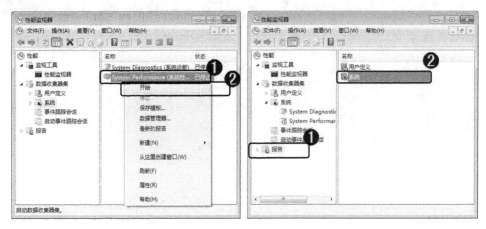

图 9-46   图 9-47

第5步 双击 System Performance 选项，如图 9-48 所示。

第6步 出现一个使用当前用户和事件命名的选项，双击该选项，如图 9-49 所示。

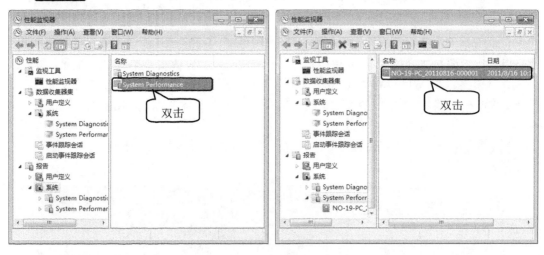

图 9-48   图 9-49

第7步 系统搜集数据后，会生成系统诊断报告，在这份报告中详细地描述了性能、软硬件配置、CPU、进程、服务、磁盘、网络和内存等信息，用户可以根据报告分析问题产生的原因，并制订解决方案，如图 9-50 所示。

第8步 如果用户准备以图表的形式查看，*1.* 右键单击报告单，*2.* 在弹出来的快捷菜单中选择【查看】菜单项，*3.* 选择【性能监视器】子菜单项，如图 9-51 所示。

第9步 弹出【性能监视器控制】对话框，提示相关信息，单击【确定】按钮，如图 9-52 所示。

图 9-50

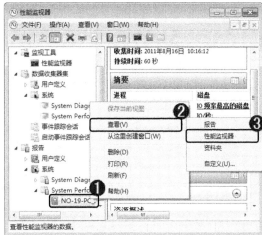

图 9-51

第10步　在主窗格中会用图表的形式显示数据，如图 9-53 所示。

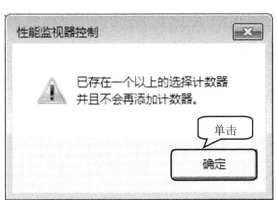

图 9-52

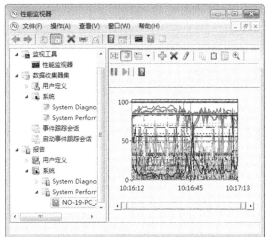

图 9-53

智慧锦囊

　　主窗格中显示出所有的计数器曲线后，当鼠标指针在曲线上移动时，会弹出相应的提示信息，用户可以撤选相应计数器的复选框来显示那些变化幅度较大的曲线。

9.4.4　关闭远程连接

　　如果不希望他人通过远程控制连接自己的电脑，以保护系统的资料和信息安全，可以关闭远程连接，下面具体介绍关闭远程连接的操作方法。

　　第1步　在系统桌面上，*1.* 右键单击【计算机】图标，*2.* 在弹出的快捷菜单中选择【属性】菜单项，如图 9-54 所示。

第2步 弹出【系统】窗口，单击【远程设置】选项，如图9-55所示。

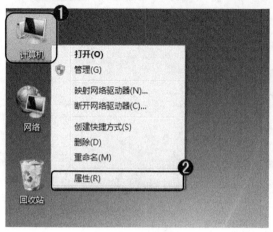

图 9-54

图 9-55

第3步 弹出【系统属性】对话框，**1.** 切换到【远程】选项卡，**2.** 在【远程桌面】区域中选中【不允许连接到这台计算机】单选按钮，**3.** 单击【确定】按钮，这样即可关闭远程连接，如图9-56所示。

图 9-56

9.5 安 全 模 式

安全模式的工作原理是在不加载第三方设备驱动程序的情况下启动电脑，使电脑运行在系统的最小模式，这样可以方便检测与修复计算机系统的错误。本节将详细介绍安全模式的相关知识及操作方法。

9.5.1　如何进入安全模式

一般在 Windows 系统开始运行时，按 F8 键，会弹出模拟 DOS 选项，可以使用键盘上的方向键选择进入安全模式。

在启动电脑时按住 Ctrl 键，在系统显示多项选择菜单的时候选择 SafeMode 项，也可以进入安全模式。

9.5.2　安全模式的作用

安全模式会将所有非系统启动项自动禁止，释放了对 Windows 这些文件的本地控制权，可以轻松地修复系统的一些错误。

1. 删除顽固文件

在 Windows 正常模式下删除一些文件或者清除回收站时，系统可能会提示"文件正在被使用，无法删除"，这时可以进入安全模式下将其删除。因为在安全模式下，Windows 会自动释放对这些文件的控制权。

2. 安全模式下的系统还原

如果电脑不能启动，只能进入安全模式，那么可以在安全模式下恢复系统。进入安全模式之后依次选择【开始】→【所有程序】→【附件】→【系统工具】→【系统还原】，打开系统还原向导，然后选择【恢复我的计算机到一个较早的时间】选项，单击【下一步】按钮，在日历上单击黑体字显示的日期选择系统还原点，单击【下一步】按钮即可进行系统还原。

3. 安全模式下的病毒查杀

在 Windows 下杀毒时有很多病毒清除不了，而在 DOS 下杀毒软件无法运行，这时候就可以启动安全模式，使 Windows 系统只加载必要的驱动程序，这样就可以把病毒彻底清除了。

4. 修复系统故障

如果 Windows 运行起来不太稳定或者无法正常启动时，不要忙着重装系统，试着重新启动计算机并进入安全模式，之后再重新启动计算机。如果是由于注册表有问题而引起的系统故障，此方法非常有效，因为 Windows 在安全模式下启动时可以自动修复注册表问题，在安全模式下启动 Windows 成功后，一般就可以在正常模式下启动了。

5. 恢复系统设置

如果在安装新的软件或者更改某些设置后，导致系统无法正常启动，也需要进入安全模式来解决。如果是安装新软件引起的，可以在安全模式下卸载该软件；如果是更改了某些设置，比如显示分辨率设置超出显示器的显示范围而导致黑屏，那么进入安全模式后可以改回来。

6. 查出恶意的自启动程序或服务

如果电脑出现一些莫名其妙的错误，比如上不了网，按常规思路又查不出问题，则可进入带有网络连接的安全模式下查看，如果可以联网，则说明是某些自启动程序或服务影响了网络的正常连接。

9.6 实践案例与上机指导

通过本章的学习，读者基本可以掌握电脑的日常维修与保养的基本知识以及一些常见的操作方法。下面通过练习操作，以达到巩固学习、拓展提高的目的。

9.6.1 禁用多余的系统服务

如果准备提高系统的启动速度，还可以禁用多余的系统服务，下面详细介绍禁用多余系统服务的操作方法。

第1步 打开【运行】对话框，**1.** 输入准备运行的命令 "services.msc"，**2.** 单击【确定】按钮，如图 9-57 所示。

第2步 弹出【服务】窗口，**1.** 右键单击准备禁用的系统服务，**2.** 在弹出的快捷菜单中选择【属性】菜单项，如图 9-58 所示。

图 9-57

图 9-58

第3步 弹出【属性】对话框，**1.** 切换到【常规】选项卡，**2.** 单击【服务状态】区域中的【停止】按钮，如图 9-59 所示。

第4步 弹出【服务控制】对话框，显示停止当前服务的进度，稍后即可完成禁用多余的系统服务的操作，如图 9-60 所示。

图 9-59　　　　　　　　　　　　　　　　图 9-60

9.6.2　设置虚拟内存

如果电脑中没有运行程序或操作需要的内存，可以通过虚拟内存弥补，虚拟内存的大小可以自行调节。下面将详细介绍设置虚拟内存的操作方法。

第1步　在系统桌面上，**1.** 右键单击【计算机】图标，**2.** 在弹出的快捷菜单中选择【属性】菜单项，如图 9-61 所示。

第2步　弹出【系统】窗口，单击【高级系统设置】选项，如图 9-62 所示。

图 9-61　　　　　　　　　　　　　　　　图 9-62

第3步　弹出【系统属性】对话框，**1.** 切换到【高级】选项卡，**2.** 单击【性能】区域中的【设置】按钮，如图 9-63 所示。

第4步　弹出【性能选项】对话框，**1.** 切换到【高级】选项卡，**2.** 单击【虚拟内存】区域中的【更改】按钮，如图 9-64 所示。

图 9-63

图 9-64

知识精讲

　　虚拟内存的设置并不是越大越好。虚拟内存过大，既浪费磁盘空间，又会增加磁头定位的时间，降低系统执行效率，没有任何好处。正确设置可节省 256MB~4GB 的空间(视内存大小而定)。

9.6.3　文件签名验证工具

　　文件签名验证工具用于查看系统文件的数字签名是否经过微软认证，当系统出现不稳定故障时，可以将系统文件的签名与原始签名进行对比，从而判断系统文件是否被更改，然后采取相关措施来修复系统文件。下面具体介绍文件签名验证工具的使用方法。

　第1步　按 WIN+R 组合键，弹出【运行】对话框，*1.* 在【打开】下拉列表框中输入运行的命令 "sigverif"，*2.* 单击【确定】按钮，如图 9-65 所示。

　第2步　弹出【文件签名验证】对话框，单击【开始】按钮，如图 9-66 所示。

图 9-65

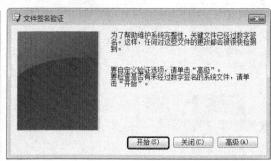

图 9-66

　第3步　开始进行数字签名的检测，并显示其进度，如图 9-67 所示。

　第4步　检测完成后会弹出【签名验证结果】对话框，在列表框中将显示未经过数字签名验证的文件，如图 9-68 所示。

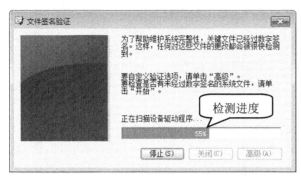

图 9-67　　　　　　　　　　　　　　图 9-68

第5步　单击【文件签名验证】对话框中的【高级】按钮，即可弹出【高级文件签名验证设置】对话框，单击【查看日志】按钮，如图 9-69 所示。

第6步　弹出【SIGVERIF-记事本】窗口，即可查看详细的签名验证相关日志信息，如图 9-70 所示。

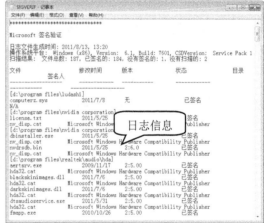

图 9-69　　　　　　　　　　　　　　图 9-70

9.6.4　系统文件扫描工具

系统文件扫描工具会自动检测并替换不正确的系统文件，还可以修复部分系统故障，只能由系统默认的 Administrator 账户执行。下面具体介绍系统文件扫描工具的使用方法。

第1步　在 Windows 操作系统桌面上，**1.** 单击【开始】按钮，**2.** 在【搜索程序和文件】文本框中输入 "CMD" 命令，如图 9-71 所示。

第2步　在【程序】列表中显示出 CMD 选项。**1.** 右键单击 CMD 选项，**2.** 在弹出的菜单中选择【以管理员身份运行】菜单项，如图 9-72 所示。

第3步　打开以管理员身份运行的 CMD 程序窗口，在命令提示符后面输入 "sfc" 命令，然后按 Enter 键，如图 9-73 所示。

第4步　程序窗口中会显示 sfc 程序的帮助信息，如图 9-74 所示。

图 9-71   图 9-72

图 9-73

图 9-74

第5步 如果用户准备扫描受保护的系统文件并进行修复，可以在命令提示符后面输入 "sfc/scannow" 命令，然后按 Enter 键，如图 9-75 所示。

第6步 系统文件扫描工具开始进行扫描并验证，完成后会显示验证信息，如图 9-76 所示。

知识精讲

在一般情况下，在显示 sfc 程序的帮助信息窗口中，还可以在提示符后面输入其他命令，如输入 "sfc/verifyonly" 命令，将扫描所有受保护的系统文件的完整性，而不执行修复操作；输入 "sfc/scanfile" 命令，将扫描参考文件的完整性，如果找到问题，则修复文件；输入 "sfc/offbootdir" 命令，用于脱机修复指定脱机启动目录的位置；输入 "sfc/offwindir" 命令，用于脱机修复指定脱机 Windows 目录的位置。

图 9-75　　　　　　　　　　　　　　　　图 9-76

9.6.5　释放 20% 的带宽

在默认情况下，Windows 系统会保留 20% 的带宽，以保证网络事件。下面详细介绍如何释放 20% 的带宽。

第1步　按 Win+R 组合键，打开【运行】对话框，*1.* 输入 "gpedit.msc" 命令，*2.* 单击【确定】按钮，如图 9-77 所示。

第2步　在弹出的【本地组策略编辑器】窗口中，依次展开 *1.*【计算机配置】→ *2.*【管理模板】→ *3.*【网络】→ *4.*【QoS 数据包计划程序】文件夹，如图 9-78 所示。

图 9-77

图 9-78

第3步　进入【QoS 数据包计划程序】界面，*1.* 右键单击【限制可保留带宽】，*2.* 在弹出的快捷菜单中选择【编辑】菜单项，如图 9-79 所示。

第4步　在弹出的【限制可保留带宽】对话框中，*1.* 选中【已启用】单选按钮，*2.* 将带宽限制调整为 "0"，*3.* 单击【确定】按钮，如图 9-80 所示。

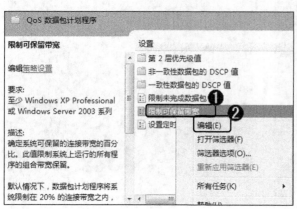

图 9-79

图 9-80

9.6.6 磁盘查错

磁盘查错是指扫描硬盘驱动器上的文件系统错误和坏簇,从而保证系统的安全性。下面将介绍在 Windows 7 操作系统中进行磁盘查错的操作方法。

第1步 打开【计算机】窗口,**1.** 选择准备进行磁盘查错的分区选项,**2.** 单击【属性】按钮,如图 9-81 所示。

第2步 弹出【本地磁盘(E:)属性】对话框,**1.** 切换到【工具】选项卡,**2.** 在【查错】区域中单击【开始检查】按钮,如图 9-82 所示。

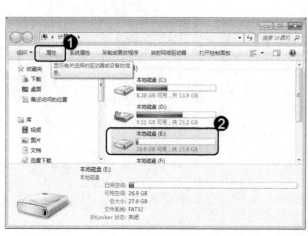

图 9-81

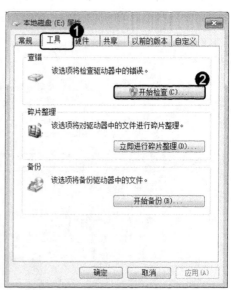

图 9-82

第3步 弹出【检查磁盘 本地磁盘(E:)】对话框,**1.** 选中【自动修复文件系统错误】复选框,**2.** 选中【扫描并尝试恢复坏扇区】复选框,**3.** 单击【开始】按钮即可开始检查磁盘,如图 9-83 所示。

第4步 弹出【正在检查磁盘 本地磁盘(E:)】对话框，显示检查磁盘结果的相关信息，单击【关闭】按钮即可完成磁盘查错操作，如图 9-84 所示。

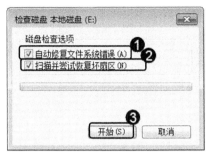

图 9-83　　　　　　　　　　　　　　　　　　图 9-84

9.7　思考与练习

一、填空题

1.　在一个合适的环境中使用电脑，会使其寿命得到有效的保障，电脑工作环境主要指_____、湿度条件、_____、防止强光照射、防止电磁场干扰、_____和接地系统等几个方面。

2.　内存是电脑中最容易出现故障的配件产品之一，如果在按下机箱电源后机箱喇叭反复报警或是电脑不能_____，大部分情况下故障源于_____。

3.　Windows 任务管理器是用户使用最多的系统工具，它可以显示当前电脑中正在运行的程序、进程和服务，【Windows 任务管理器】窗口中包括_____、【进程】、【服务】、【性能】、_____和【用户】等 6 个选项卡。

4.　如果不希望他人通过远程控制连接自己的电脑，以保护系统的资料和信息安全，可以进行_____设置。

二、判断题

1.　如果主板灰尘不是很多，可以不拆下主板，打开机箱盖找到主板后，先用吹风机吹走灰尘，然后再用软毛刷清理残留的灰尘；如果主板上的灰尘非常多，就需要把主板拆下来进行清理，注意动作一定要轻柔，不能把灰尘擦到插槽或接口中。（　　）

2.　定期整理硬盘可以提高电脑运行速度，如果碎片积累过多不但会使访问效率下降，还可能损坏磁道，所以要经常整理硬盘，这样有益于提高硬盘寿命。（　　）

3.　IE 浏览器在启动时会自动运行加载项，如果浏览器在启动时需要运行的加载项过多，或某个加载项出现了问题，就会影响浏览器的速度，因此可以通过减少和禁用加载项，来提高浏览器的浏览速度。（　　）

4.　利用事件查看器可以查看关于硬件、软件和系统问题的信息，也可以监视 Windows 操作系统中的安全事件。（　　）

5.　性能监视器用于分析系统性能，包括性能日志和警报、服务器性能审查程序和系统监视器等组件，在 Windows 7 操作系统中的性能监视器程序中有三个系统收集器集。

( )

三、思考题

1. 如何减少启动项？
2. 如何设置最佳性能？

新起点
电脑教程

第10章

电脑故障排除基础知识

本章要点

- 电脑故障的分类与产生原因
- 电脑故障诊断与排除原则

本章主要内容

本章主要介绍电脑故障排除的基础知识,包括电脑故障的分类与产生原因和电脑故障诊断与排除原则等方面的知识与技巧。通过本章的学习,读者可以掌握电脑故障排除的方法及相关知识,为深入学习计算机组装、维护与故障排除知识奠定基础。

10.1 电脑故障的分类与产生原因

在使用电脑的过程中总会遇到各种各样的故障，电脑的故障大致可以分为硬件故障和软件故障两大类。本节将详细介绍电脑故障的分类与产生原因的相关知识。

10.1.1 硬件故障及产生原因

电脑硬件故障是指电脑中的内部硬件及外部设备等因接触不良、使用性能下降、电路或者元器件损坏而引起的故障。一般硬件故障可以分为三个级别。

➢ 一级故障：一级故障通常是板卡类故障，常出现的是板卡接口不良、数据线接口不良和电源接口不良等问题。

➢ 二级故障：二级故障是指硬件内部电子元件的损坏或者老化造成的故障，通常需要借助一些检测设备来完成检测。

➢ 三级故障：三级故障是指线路的故障，是依照硬件电路原理对硬件各主要功能电路进行检测而发现的故障。

下面将详细介绍一些常见的硬件故障及原因。

1. 通电启动时主板报警

此类故障很可能是由不同的电脑硬件所引起的，需要根据不同的警报声进行分析，进而得出原因。

2. 电脑频繁死机

此类故障通常是因某些硬件不兼容或散热不良而造成的。另外，电脑主板、电源以及CPU 等处的灰尘如果积得太多也会导致电脑产生的热量无法及时散出，从而影响电脑的正常运行。

3. 显示器出现花屏

一般情况下，此类故障多是因显卡故障或显卡损坏导致的，例如显卡与显示器的连线松动、显卡主控芯片散热不良、显卡过度超频和在电脑中没有安装显卡相应的驱动程序等。

4. 电脑无故重启

此类故障大多是由于电源工作不稳定或电压不稳而造成的。一般家用计算机电源的工作电压范围是 170～240V，当市电电压低于 170V 时，计算机就会自动重启或关机。另外，插排或电源插座质量差、接触不良，计算机电源的功率不足或性能差，主机开关电源市电插头松动以及主板的电源插座虚焊、接触不良等也是导致该故障发生的原因。

10.1.2 软件故障及产生原因

电脑的软件故障是指操作系统或应用软件在使用过程中出现的各种故障，例如无法进入系统、系统和软件运行缓慢、蓝屏死机和自动重启等。

1. 无法进入系统

此类故障大多是由于与系统启动相关的文件被破坏所致，如用户的错误操作或木马病毒等恶意程序破坏了硬盘的引导信息，或删除了某些启动文件。另外，硬盘故障、内存接触不良或者 CPU 损坏、散热不良等也会导致无法进入系统。

2. 系统和软件运行缓慢

系统和软件运行缓慢也是很常见的一种软件故障。软件的安装、设置和使用不当会造成某个程序运行不正常。系统长期运行产生大量的垃圾文件，会造成系统运行速度缓慢。另外，系统运行缓慢的原因还有可能是硬件的设置不正确或硬件因散热不良而工作在低功耗状态。

3. 蓝屏死机

电脑蓝屏是指微软 Windows 操作系统在出现无法自动恢复系统的错误时，所显示的屏幕图像，即以蓝色背景显示故障代码和解决方案。此类故障大多是因为驱动程序不完善、不兼容，或者驱动程序和其他软件冲突，如与杀毒软件这样的底层软件冲突等。

4. 自动重启

此类故障大多数是系统、病毒和硬件等方面的问题，如因系统感染病毒或用户的错误操作删除了系统文件、系统和软件存在漏洞、驱动程序不正确等。

10.2　电脑故障诊断与排除原则

在检测电脑故障时，要按照一定的流程和顺序进行，以避免因为一些错误的操作而引起更多的故障。本节将详细介绍电脑故障诊断与排除原则的相关知识与技巧。

10.2.1　电脑故障诊断与排除的原则

下面将详细介绍电脑故障诊断与排除的原则。

1. 先分析后动手

在进行电脑故障排除之前，应先了解电脑的配置信息，分析故障可能出现的部位，然后再动手进行操作。

2. 先软后硬

电脑出了故障，应先从操作系统和软件方面来分析故障原因，如分区表丢失、CMOS设置不当、病毒破坏了主引导扇区、注册表文件出错等。在排除了软件方面的原因后，再来检查硬件的故障。

3. 先外后内

当故障现象涉及正在使用的外部设备时，应先检查外部设备是否正常，然后再检查电脑的相应软件和主机内与之相关的硬件是否正常。

4. 先电源后部件

电源是电脑能否正常工作的关键，首先要检查电源部分，然后再检查各个部件。

5. 先一般后特殊

考虑最可能引起故障的原因，比如若硬盘不能正常工作，应先检查电源线、数据线是否松动，把它们重新插接，有时问题就能解决；然后再从一些不太常见、发生概率较小的故障情况入手。

6. 先简单后复杂

在检查电脑故障的过程中，应先排除简单而易修的故障，然后再去排除困难和不易解决的故障。

10.2.2 电脑故障诊断与排除的注意事项

在对电脑进行故障诊断和排除时，还应该注意一些事项，以免损坏电脑内部的电子元件，对其造成二次伤害，同时要保证自身的安全。下面具体介绍其相关注意事项。

1. 保持头脑清晰

电脑出现故障后，不要慌张，要准确地记录出现的故障现象、电脑报告的信息和电脑所处的环境等，并且清楚自己在电脑发生故障后所进行的操作，这些都是分析电脑故障所必要的基础条件和依据。

2. 不可带电插拔硬件

电脑的硬件接口都有很多触点，带电插拔的瞬间容易使触点打火，导致线路上的电压、电流成倍放大以致烧毁硬件。像串口设备、VGA 接口的显示器、PS/2 接口的键盘和鼠标以及并口的打印机等，在通电状态下都不能进行插拔，否则会出现很强的电流，烧毁接口芯片；USB 接口设备虽然支持热插拔，但最好也要在拔下之后再进行操作。

3. 注意备份

在进行电脑故障检查和排除时，如果硬盘中有重要的资料和数据，应先对其进行备份，以免造成不必要的数据资料丢失；如果条件不允许，可以使用 U 盘或光盘 PE 系统，尽可能地少用硬盘，在不使用时，应拔掉硬盘的电源线和数据线。

4. 彻底排除故障

在进行电脑故障排除的过程中，一定要彻底排除故障，避免在以后的使用中再次出现故障，造成更大的损失。

10.2.3　常见的故障检测方法

检测计算机故障的方法有很多种，下面介绍比较常用的几种方法。

1．直接观察法

直接观察法是指通过看、听、闻和摸来查找故障的原因，下面具体介绍。

（1）看，打开机箱观察系统板卡的插头和插座是否歪斜；电阻和电容引脚是否相碰，表面是否有烧焦的痕迹；芯片表面是否开裂；主板上的铜箔是否烧断；是否有异物掉进主板的元器件之间和印刷电路板上的铜箔是否断裂等。

（2）听，仔细听电源风扇、硬盘电机和显示器变压器等设备的工作声音是否正常，系统在发生短路故障时一般会伴随着异常声响，听可以及时发现事故隐患并采取措施。

（3）闻，闻主机和板卡中是否有烧焦的气味，如果有，说明有硬件被烧坏，也可以明确发生故障的位置。

（4）摸，用手按压管座的活动芯片，查看芯片是否松动或接触不良，在系统运行时用手触摸或靠近 CPU、显示器和硬盘等设备的外壳，根据其温度可以判断设备运行是否正常；用手触摸一些芯片的表面，如果发烫则芯片损坏。

2．插拔替换法

初步确定发生故障的位置后，可将被怀疑的部件或线缆重新插拔，以排除松动或接触不良的原因。例如，将板卡拆下后用橡皮擦擦拭金手指，然后重新插好；将各种线缆重新插拔等。如果经过插拔后不能排除故障，可使用相同功能型号的板卡替换有故障的板卡，以确定板卡本身是否已经损坏或是主板的插槽存在问题，然后根据情况更换板卡。

3．最小系统法

最严重的故障是机器开机后无任何显示和报警信息，应用上述方法已无法判断故障产生的原因，这时可以采用最小系统法进行诊断，即只安装 CPU、内存、显卡、主板。如果不能正常工作，则在这四个关键部件中采用替换法查找存在故障的部件。如果能正常工作，再接硬盘等部件，以此类推，直到找出引发故障的部件。

4．清洁法

如果电脑的使用环境较差，或是使用较长时间的旧电脑，应经常进行清洁。内部硬件设备如果出现震动或灰尘等原因，会引起引脚氧化和接触不良等故障，可以使用橡皮擦擦表面的氧化层。

10.3　思考与练习

一、填空题

1．在使用电脑的过程中总会遇到各种各样的故障，电脑的故障大致可以分为_____故障和_____故障两大类。

2. 电脑的软件故障是指_____或_____在使用过程中出现的各种故障。

3. 电脑蓝屏是指微软 Windows 操作系统在出现无法_____系统的错误时,所显示的屏幕图像,即以_____显示故障代码和解决方案。

4. 直接观察法是指通过看、_____、闻和_____查找故障的原因。

二、判断题

1. 电脑硬件故障是指电脑中的内部硬件及外部设备因接触不良、使用性能下降、电路或者元器件损坏而引起的故障。 (　　)

2. 一般家用计算机电源的工作电压范围是 170～240V,当市电电压高于 170V 时,计算机就会自动重启或关机。 (　　)

3. 软件的安装、设置和使用不当会造成某个程序运行不正常。系统长期运行产生大量的垃圾文件,会造成系统运行速度缓慢。 (　　)

4. 当故障现象涉及正在使用的外部设备时,应先检查外部设备是否正常,然后再检查电脑的相应软件和主机内与之相关的硬件是否正常。 (　　)

5. 在检查电脑故障的过程中,应先排除困难和不好解决的故障,然后再去排除简单而易修的故障。 (　　)

6. 初步确定发生故障的位置后,可将被怀疑的部件或线缆重新插拔,以排除松动或接触不良的原因。 (　　)

第11章

新起点
电脑教程

常见软件故障及排除方法

本章要点

- Windows 7 系统故障排除
- Office 办公软件故障排除
- 影音播放软件故障排除
- 常见工具软件故障排除
- Internet 上网故障排除

本章主要内容

本章主要介绍 Windows 7 系统故障排除、Office 办公软件故障排除、影音播放软件故障排除和常见工具软件故障排除方面的知识与技巧，以及 Internet 上网故障排除的方法。通过本章的学习，读者可以掌握常见软件故障及排除方面的知识，为深入学习计算机组装、维护与故障排除知识奠定基础。

11.1 Windows 7 系统故障排除

在使用 Windows 7 操作系统过程中，会遇到各种各样的故障问题，让人烦恼不已。本节将详细介绍 Windows 7 系统的一些故障以及排除方法。

11.1.1 Windows 7 出现"假死"现象

在 Windows 7 系统中，打开一个含有电影或资料较多的文件夹时，资源管理器不动，也不能操作其他文件夹窗口，发现整个系统卡住了，下面详细介绍解决这种情况的方法。

第1步 打开 Windows 资源管理器窗口，*1.* 选择菜单栏中的【组织】菜单，*2.* 选择【文件夹和搜索选项】菜单项，如图 11-1 所示。

第2步 弹出【文件夹选项】对话框，*1.* 切换到【查看】选项卡，*2.* 在【高级设置】区域中选中【在单独的进程中打开文件夹窗口】复选框，*3.* 单击【确定】按钮，这样即可消除 Windows 7 出现的这种"假死"现象，如图 11-2 所示。

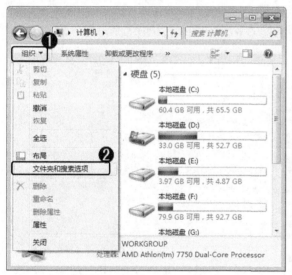

图 11-1

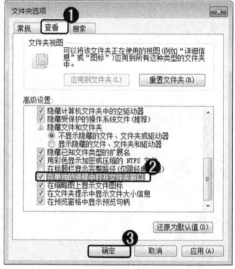

图 11-2

11.1.2 桌面图标变成白色

在 Windows 7 的使用中，有时桌面的快捷方式图标会变成白色块，这是因为更改分辨率或者误操作造成的，出现这种情况可以采用还原默认的方法来解决。下面将详细介绍解决这种问题的操作方法。

第1步 在 Windows 7 系统桌面空白处，*1.* 单击鼠标右键，*2.* 在弹出的快捷菜单中选择【个性化】菜单项，如图 11-3 所示。

第2步 弹出【个性化】窗口，单击【更改桌面图标】选项，如图 11-4 所示。

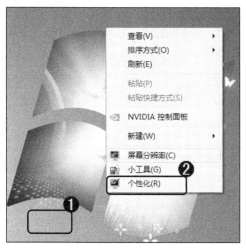

图 11-3　　　　　　　　　　　　　　　　图 11-4

第 3 步　在弹出的【桌面图标设置】对话框中，**1.** 单击【还原默认值】按钮，**2.** 单击【确定】按钮，这样即可将桌面图标还原，如图 11-5 所示。

图 11-5

11.1.3　管理员账户被停用

如果在进入系统后提示账户被停用，可以使用【Administrator 属性】对话框进行更改，解决管理员账户被停用的问题，下面具体介绍其操作方法。

第 1 步　在 Windows 7 系统桌面上，**1.** 使用鼠标右键单击【计算机】图标，**2.** 在弹出的快捷菜单中选择【管理】菜单项，如图 11-6 所示。

第 2 步　打开【计算机管理】窗口，**1.** 选择【本地用户和组】选项，**2.** 双击【名称】区域下方的【用户】文件夹，如图 11-7 所示。

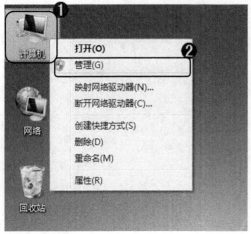

图 11-6　　　　　　　　　　　　　　　　　　图 11-7

第3步　打开文件夹，*1.* 右键单击 Administrator，*2.* 在弹出的快捷菜单中选择【属性】菜单项，如图 11-8 所示。

第4步　弹出【Administrator 属性】对话框，*1.* 切换到【常规】选项卡，*2.* 取消选择【账户已禁用】复选框，*3.* 单击【确定】按钮，这样即可取消管理员账户停用状态，如图 11-9 所示。

图 11-8　　　　　　　　　　　　　　　　　　图 11-9

知识精讲

　　在【计算机管理】窗口中，依次展开【本地用户和组】→【用户】目录，双击 Administrator 选项也可以弹出【Administrator 属性】对话框。

11.1.4　无法使用 IE 浏览器下载文件

　　使用 IE 浏览器可以浏览网上信息并下载资料，如果在下载资料时提示不可以下载，可以通过【Internet 选项】对话框来解决，下面详细介绍其操作方法。

第1步 打开【Internet 选项】对话框，*1.* 切换到【安全】选项卡。*2.* 在【该区域的安全级别】区域中单击【自定义级别】按钮，如图 11-10 所示。

第2步 弹出【安全设置-Internet 区域】对话框，*1.* 在【下载】区域中选中【启用】单选按钮，*2.* 单击【确定】按钮，这样即可继续使用 IE 浏览器下载文件了，如图 11-11 所示。

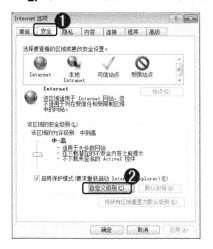
图 11-10

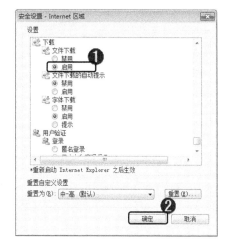
图 11-11

11.1.5　按 Win+E 组合键打不开资源管理器

Windows 操作系统的快捷组合键 Win+E 可以快速打开资源管理器，如果打不开资源管理器是因为优化软件修改了 Windows 7 注册表中一些重要的项目，导致调用该项目时数据异常而出错。下面详细介绍解决这一问题的操作方法。

第1步 在 Windows 7 操作系统桌面上，*1.* 单击【开始】按钮，*2.* 在弹出的开始菜单中选择【运行】菜单项，如图 11-12 所示。

第2步 弹出【运行】对话框，*1.* 输入命令"regedit"，*2.* 单击【确定】按钮，如图 11-13 所示。

图 11-12

图 11-13

第3步 打开【注册表编辑器】窗口，*1.* 定位到 HKEY_CLASSES_ROOT→Folder→

shell→explore→command，*2.* 双击窗口右边的 DelegateExecute 选项(如果没有该项就新建一个，类型为字符串值)，如图 11-14 所示。

第4步 弹出【编辑字符串】对话框，*1.* 输入{11dbb47c-a525-400b-9e80-a54615a090c0}作为该项数值，*2.* 单击【确定】按钮，重新启动后故障即可排除，如图 11-15 所示。

图 11-14

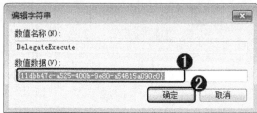
图 11-15

11.1.6 Windows 7 没有休眠功能

有时在装好 Windows 7 操作系统后，发现里面没有休眠功能，下面详细介绍解决此问题的操作方法。

第1步 在 Windows 7 操作系统桌面上，*1.* 单击【开始】按钮，*2.* 在弹出的菜单中选择【控制面板】菜单项，如图 11-16 所示。

第2步 打开【控制面板】窗口，*1.* 在【查看方式】下拉列表中选择【大图标】选项，*2.* 选择【电源选项】选项，如图 11-17 所示。

图 11-16

图 11-17

第3步 打开【电源选项】窗口，单击【隐藏附加计划】区域中的【更改计划设置】

选项，如图 11-18 所示。

第4步　打开【编辑计划设置】窗口，单击【更改高级电源设置】选项，如图 11-19 所示。

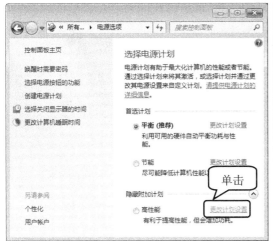

图 11-18　　　　　　　　　　　　　　　　　　　图 11-19

第5步　弹出【电源选项】对话框，*1.* 展开【睡眠】选项，*2.* 展开【允许混合睡眠】选项，*3.* 设置其为【关闭】选项，这样即可解决没有休眠功能的问题，如图 11-20 所示。

图 11-20

11.1.7　缩略图显示异常

浏览图片文件夹的时候，出现缩略图显示异常，这是因为缓存文件异常造成的，下面详细介绍如何解决缩略图显示异常的问题。

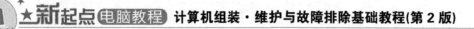

第1步 按 Win+R 组合键，**1.** 弹出【运行】对话框，在【打开】下拉列表框中输入"cleanmgr"，**2.** 单击【确定】按钮，如图 11-21 所示。

第2步 弹出【磁盘清理:驱动器选择】对话框，**1.** 选择系统盘符，**2.** 单击【确定】按钮，如图 11-22 所示。

图 11-21

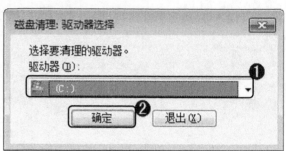

图 11-22

第3步 弹出【磁盘清理】对话框，显示清理进度，如图 11-23 所示。

第4步 弹出【(C:)的磁盘清理】对话框，**1.** 选中【缩略图】复选框，**2.** 单击【确定】按钮，这样即解决了缩略图显示异常的问题，如图 11-24 所示。

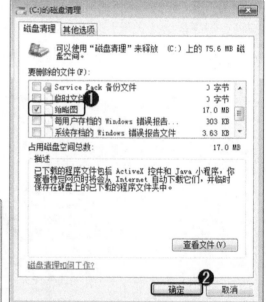

图 11-23

图 11-24

11.1.8 访问网页时不停打开窗口

启动 IE 浏览器打开网页时，会不停地打开多个窗口，使用杀毒软件进行检查也没有查杀出病毒，下面介绍解决该问题的方法。

第1步 打开【Internet 选项】对话框，**1.** 切换到【安全】选项卡，**2.** 在【该区域的安全级别】区域中单击【自定义级别】按钮，如图 11-25 所示。

第2步　弹出【安全设置-Internet 区域】对话框，*1.* 在【Java 小程序脚本】区域中选中【禁用】单选按钮，*2.* 在【活动脚本】区域中选中【禁用】单选按钮，*3.* 单击【确定】按钮，如图 11-26 所示。

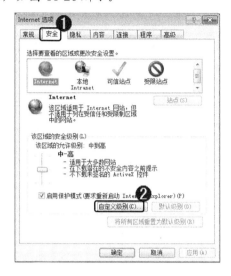

图 11-25

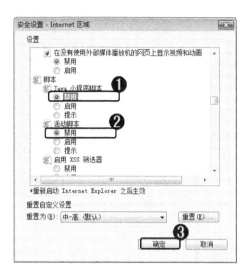

图 11-26

第3步　返回到【Internet 选项】对话框。*1.* 切换到【高级】选项卡，*2.* 选中【禁用脚本调试(Internet Explorer)】复选框，*3.* 单击【确定】按钮，这样即可关闭自动打开的网页，如图 11-27 所示。

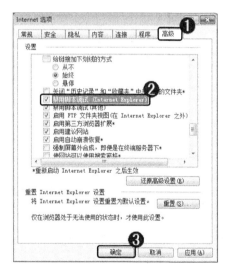

图 11-27

11.1.9　找回丢失的"计算机"图标

使用 Windows 7 系统，有时候会因为误操作或者使用某些软件，导致系统桌面上"计算机"图标丢失，下面详细介绍找回"计算机"图标的操作方法。

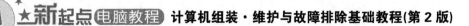

第1步 在 Windows 7 系统桌面空白处，*1.* 单击鼠标右键，*2.* 弹出快捷菜单，选择 【个性化】菜单项，如图 11-28 所示。

第2步 弹出【个性化】窗口，选择【更改桌面图标】选项，如图 11-29 所示。

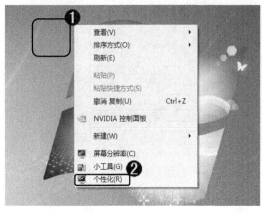

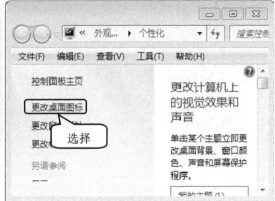

图 11-28

图 11-29

第3步 弹出【桌面图标设置】对话框，*1.* 选中【计算机】复选框，*2.* 单击【确定】 按钮，这样即可完成找回"计算机"图标的操作，如图 11-30 所示。

第4步 使用同样的方法也可以将【回收站】和【网络】图标找回，这里不再赘述。

图 11-30

11.1.10 无法安装软件

当用户在 Windows 7 下安装软件(例如安装扩展名为.msi 软件)时，经常会出现软件无法 安装的情况，即使重启电脑也无法安装，下面将详细介绍解决此问题的方法。

第1步　在 Windows 7 操作系统桌面上，**1.** 单击【开始】按钮，**2.** 在开始菜单中的文本框中输入"cmd"，如图 11-31 所示。

第2步　系统会自动找到 cmd.exe 程序，**1.** 在该程序上单击鼠标右键，**2.** 在弹出的快捷菜单中选择【以管理员身份运行】菜单项，如图 11-32 所示。

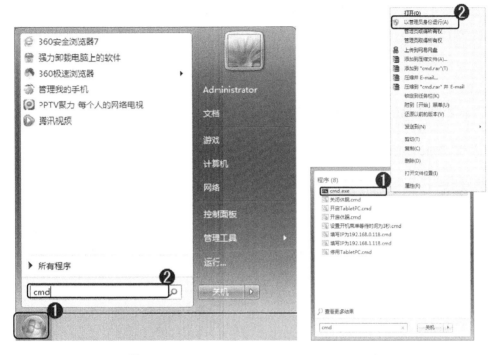

图 11-31　　　　　　　　　　　　如 11-32

第3步　打开命令提示符窗口，输入以下命令：reg delete HKLMSOFTWAREMicrosoft SQMClientWindowsDisabledSessions /va /f，该命令是给 Windows 7 系统当前登录账号添加 Trusted Installer 权限，账号没有 Trusted Installer 权限，就会导致无法安装软件故障，因此添加这个权限后重启动电脑即可安装软件了，如图 11-33 所示。

图 11-33

11.2 Office 办公软件故障排除

Office 办公软件主要包括 Word 文档编辑、Excel 表格制作和 PowerPoint 幻灯片设计等，这些应用软件在使用过程中往往会发生一些故障，掌握一些常见的 Office 办公软件故障排除方法对日常使用是很有帮助的。本节将详细介绍 Office 办公软件故障排除的相关知识及操作方法。

11.2.1 使用 Word 保存文档时出现"重名"错误

在使用 Word 2010 软件保存文档时，有时会出现"重名"错误，下面将详细介绍该故障的解决方法。

第1步 启动 Word 2010 软件，*1.* 选择【文件】菜单，*2.* 选择【选项】菜单项，如图 11-34 所示。

第2步 弹出【Word 选项】对话框，*1.* 切换到【高级】选项卡，*2.* 在【保存】区域中取消选中【允许后台保存】复选框，*3.* 单击【确定】按钮，这样即可解决保存文档时出现"重名"错误的故障，如图 11-35 所示。

图 11-34

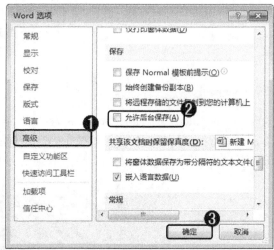

图 11-35

11.2.2 使用 Word 复制粘贴后的文本前后不一致

在使用 Word 的时候难免会遇到复制粘贴的情况，有时复制过来的文本与前文的字体不一样，这样的问题可以通过格式跟踪选项来解决。下面详细介绍解决这一问题的操作方法。

第1步 打开 Word 2010 程序，*1.* 选择【文件】菜单，*2.* 选择【选项】菜单项，如图 11-36 所示。

第2步 弹出【Word 选项】对话框，*1.* 切换到【高级】选项卡，*2.* 选中【保持格式跟踪】复选框，**3.** 单击【确定】按钮，即可解决复制粘贴后文本前后不一样的问题，如图 11-37 所示。

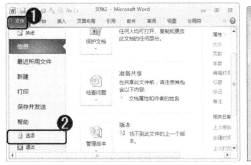

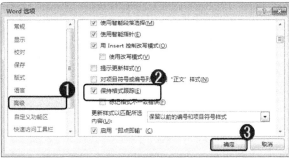

图 11-36　　　　　　　　　　　　　　　　图 11-37

11.2.3　Word 文件损坏无法打开

如果由于错误的操作或者其他原因使 Word 文件损坏，不能打开，可以尝试用以下途径解决此故障。

第 1 步　启动 Word 2010 软件，**1.** 选择【文件】菜单，**2.** 选择【打开】菜单项，如图 11-38 所示。

第 2 步　弹出【打开】对话框，**1.** 选择损坏的 Word 文件，**2.** 单击【打开】下拉按钮，**3.** 在弹出的菜单中选择【打开并修复】菜单项，这样即可打开并修复损坏的 Word 文档，如图 11-39 所示。

图 11-38　　　　　　　　　　　　　　　　图 11-39

11.2.4　恢复未保存的 Word 文档

在使用 Word 的时候，若由于断电或者误操作而导致文档未保存，可以尝试使用信息工具，恢复未保存的文档文件。下面详细介绍其操作方法。

第 1 步　打开 Word 2010 程序，**1.** 选择【文件】菜单，**2.** 选择【信息】菜单项，如

图 11-40 所示。

第2步 在【信息】选项卡中，**1.** 单击【管理版本】下拉按钮，**2.** 在弹出的下拉菜单中选择【恢复未保存的文档】菜单项，这样即可恢复未保存的文档，如图 11-41 所示。

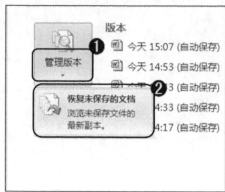

图 11-40　　　　　　　　　　　　　　　　图 11-41

11.2.5　使用 Excel 计算四舍五入后不准确

使用 Excel 做统计表时常常会将数据四舍五入后，再进行汇总计算，但有时会发现四舍五入后的数值不准确，下面具体介绍解决该问题的操作方法。

第1步 启动 Excel 2010 软件，**1.** 选择【文件】菜单，**2.** 选择【选项】菜单项，如图 11-42 所示。

第2步 弹出【Excel 选项】对话框，**1.** 切换到【高级】选项卡，**2.** 在【计算此工作簿时】区域中选中【将精度设为所显示的精度】复选框，同时弹出 Microsoft Excel 对话框，**3.** 单击 Microsoft Excel 对话框中的【确定】按钮，**4.** 单击【Excel 选项】对话框中的【确定】按钮，这样即可解决使用 Excel 计算时数据四舍五入后不准确的问题，如图 11-43 所示。

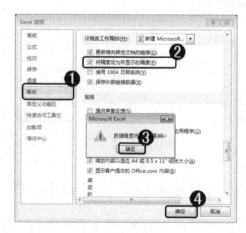

图 11-42　　　　　　　　　　　　　　　　图 11-43

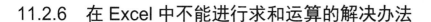

11.2.6　在 Excel 中不能进行求和运算的解决办法

用户在使用 Excel 统计数据时，有时候会发现不能进行求和运算了，这是因为在操作中更改了字段的数值后，求和字段的所有单元格中的数值没有随之变化，就会造成不能正常运算，下面具体介绍解决该问题的操作方法。

第1步　启动 Word 2010 软件，**1.** 选择【文件】菜单，**2.** 选择【选项】菜单项，如图 11-44 所示。

第2步　弹出【Excel 选项】对话框，**1.** 切换到【公式】选项卡，**2.** 选中【自动重算】单选按钮，**3.** 单击【确定】按钮，即可解决该问题，如图 11-45 所示。

图 11-44

图 11-45

知识精讲

通过选择【Excel 选项】对话框中的选项，可以指定各种 Microsoft Excel 功能的设置，其中一些选项的可用性取决于安装和为编辑操作启用的语言。

11.2.7　Excel 启动慢且自动打开多个文件

有时候在使用 Excel 时，发现启动速度特别慢，而且会自动打开多个文件，下面具体介绍解决该故障的操作方法。

第1步　启动 Word 2010 软件，**1.** 选择【文件】菜单，**2.** 选择【选项】菜单项，如图 11-46 所示。

第2步　弹出【Excel 选项】对话框，**1.** 切换到【高级】选项卡，**2.** 在【常规】区域中，删除【启动时打开此目录中的所有文件】文本框中的内容，**3.** 单击【确定】按钮，这样即可解决 Excel 启动慢且自动打开多个文件的故障，如图 11-47 所示。

图 11-46

图 11-47

11.2.8　Excel 中出现"#VALUE!"错误信息

在 Excel 中使用公式计算数据时,有时会出现"#VALUE!"错误的情况,此故障可能是由以下 4 个方面的原因导致的,对其逐一进行排查即可解决问题。

(1)　参数使用不正确。

(2)　运算符使用不正确。

(3)　执行"自动更正"命令时不能更正错误。

(4)　当在需要输入数字或逻辑值时输入了文本,由于 Excel 不能将文本转换为正确的数据类型,也会出现该提示。

11.2.9　在 PowerPoint 中不断出现关于宏的警告

在使用 PowerPoint 播放幻灯片时,总是持续出现关于宏的警告,在 PowerPoint 的使用中是常见的故障,能够导致此故障的原因有很多,归纳起来主要有以下三种。

1. 演示文稿含有宏病毒

在使用的演示文稿文件中可能含有宏病毒。如果是此原因,可以使用杀毒软件对系统进行杀毒操作。

2. 宏来源不可靠

第二种情况是要运行的宏来源不可靠。在 PowerPoint 中,可以手动设置系统的安全级别,如果安全级别设置为"中"或"高",并且打开的演示文稿或装入的加载宏中含有并非来自可靠来源,且具有数字签名的宏时,PowerPoint 就会提示宏警告,对于此情况,如果确实信任该宏的开发者,可以将宏的开发者添加到可靠来源列表中,这样就不会再次出现宏警告了。

3. PowerPoint 不能识别宏

演示文稿中包含的宏是合法宏，但是 PowerPoint 不能区分安全或不安全的宏，所以它会不断地发出警告。此时，如果确信宏是合法且安全的，可以对宏进行数字签名，然后将签名者的姓名添加到 PowerPoint 的可靠来源列表中。

11.2.10　找回演示稿原来的字体

使用 PowerPoint 的过程中，如果将演示稿复制到另一台电脑播放，经常会出现字体不同而影响演示效果的问题。出现此问题可以通过嵌入字体的方法来解决，下面详细介绍解决此问题的操作方法。

第 1 步 打开 PowerPoint 程序，*1.* 选择【文件】菜单，*2.* 选择【选项】菜单项，如图 11-48 所示。

第 2 步 弹出【PowerPoint 选项】对话框，*1.* 切换到【保存】选项卡，*2.* 在【共享此演示文稿时保持保真度】区域中选中【将字体嵌入文件】复选框，*3.* 选中【仅嵌入演示文稿中使用的字符(适于减小文件大小)】单选按钮，*4.* 单击【确定】按钮，这样即可解决该问题，如图 11-49 所示。

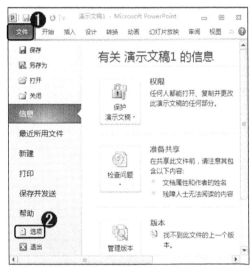

图 11-48

图 11-49

11.3　影音播放软件故障排除

听歌、看电影是电脑重要的娱乐功能之一，在播放影音文件时会用到各种类型的播放软件，掌握这些影音播放软件常见故障的排除方法，会有助于平时的使用。本节将详细介绍影音播放软件故障的排除方法。

11.3.1　无法使用 Windows Media Player 在线听歌

使用 Windows Media Player 可以在线收听很多听歌网站的歌曲，但有时候会出现准备就绪字样，这是由于设置不当造成的。下面详细介绍解决此问题的操作方法。

第1步　打开 Windows Media Player 程序，*1.* 单击【组织】下拉按钮，*2.* 在弹出的下拉菜单中选择【选项】菜单项，如图 11-50 所示。

第2步　弹出【选项】对话框，*1.* 切换到【播放机】选项卡，*2.* 选中【连接到Internet(忽略其他命令)】复选框，*3.* 单击【确定】按钮，这样即可解决此项问题，如图 11-51所示。

图 11-50

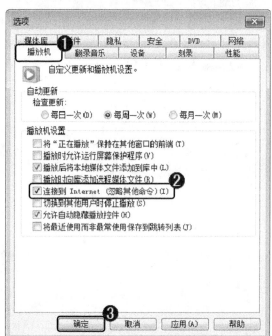

图 11-51

11.3.2　Windows Media Player 经常没有响应或意外关闭

Windows Media Player 可以与许多系统组件(包括硬件驱动程序、音频和视频编解码器及 DirectShow 筛选器)进行交互。Windows Media Player 遇到的问题很可能是由于 Microsoft以外的软件提供商所提供的组件出现故障或不兼容所致，建议在安装编解码器(如 Internet上提供的一些声称包括众多公司或组织的编解码器的免费编解码器包)时要小心。

这些编解码器包中的某些组件存在不兼容问题，这会导致 Windows Media Player 和其他多媒体程序出现严重的播放问题，导致系统损坏，而且 Microsoft 技术支持很难诊断并解决播放问题。建议不要擅自安装这些类型的编解码器包，如果已安装这些编解码器包并在使用播放机时遇到问题，建议将其删除，并安装来自受信任的授权来源(如官方供应商网站)的编解码器、筛选器或插件。另外，在安装任何数字媒体组件之前，应设置系统还原点，这样一来就可以在必要时恢复为原始系统配置。

11.3.3　酷我音乐盒曲库不显示、打不开

酷我音乐盒是一款非常优秀的音乐播放软件，但是有时候打开酷我音乐盒后，发现曲库不显示了，如图 11-52 所示。

图 11-52

解决该问题首先需要检查用户的网速情况，最好是用 360 安全卫士的宽带测速器检查一下，宽带测速器的使用在本书第 8 章有介绍。

如果网速没有问题，那应该就是酷我音乐盒软件本身的问题，检查一下是否有更新，一般官方的最新版本都会对旧版本的各种 BUG 进行修复。

11.3.4　暴风影音视频和音频不同步

在使用暴风影音播放软件时，由于某些原因，例如机器的性能或解码器的 BUG，当然绝大多数都是多媒体文件本身存在问题，会导致播放多媒体文件时声音和画面不同步，这时只需按数字键盘上的+键或-键即可将音频播放滞后或提前(每按一次的递变是 10 毫秒)，不过如果是 Real 媒体需要设置渲染模式为 DirectShow。还有一种情况就是该种媒体使用了 ffdshow 作为解码器(或后处理程序)，同时用户的软硬件环境对 YV12 输出的支持不好，而暴风影音中的 ffdshow 模式即是采用高效的 YV12 输出，这种情况只需关闭 ffdshow 的 YV12 输出选项即可，该操作可通过暴风影音综合设置程序中的"MPEG-4 解码选项"功能来完成。

11.3.5　腾讯视频缓冲不了

若使用腾讯视频软件出现提示遇到问题需要关闭，或者下载视频不成功的问题，很可

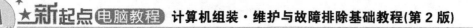

能是由于网络不稳定引起的，首先需要使用测网速的软件测试网络环境，然后再尝试下面的方法。

第1步 启动腾讯视频软件，**1.**单击【主菜单】按钮，**2.**选择【设置】菜单项，如图 11-53 所示。

第2步 弹出【设置】对话框，**1.**切换到【下载设置】选项卡，**2.**在【缓存管理】区域下方单击【更改目录】按钮修改缓存目录，下次启动时原缓存数据将被清空，或者直接将目录文件中的缓存文件删除，加大缓存，如图 11-54 所示。

图 11-53

图 11-54

11.3.6 无法使用 RealPlayer 在线看电影

RealPlayer 在线播放时为了使效果更加平滑，采用了缓冲技术，即先下载一部分内容后才开始播放，而播放的同时，后台会继续下载，如果网络速度跟不上，就会出现播放一段内容后，由于下面的内容还没有传送过来，使得必须重新开始缓冲过程，所以播放就会暂停。出现这种情况的主要原因就是网速慢，可以先将准备播放的电影下载后再使用 RealPlayer 进行播放。

11.3.7 暴风影音无法升级到最新版本

准备将暴风影音播放软件升级到最新版本，但发现无法正常升级，下面介绍解决暴风影音无法升级到最新版本问题的操作方法。

第1步 启动暴风影音软件，**1.**单击主菜单按钮，**2.**在弹出的菜单中选择【高级选项】菜单项，如图 11-55 所示。

第2步 弹出【高级选项】对话框，**1.**切换到【更新】选项卡，**2.**在【选择升级方式】区域中选中【自动下载和升级最新版本】复选框，**3.**单击【确定】按钮，这样即可解决暴风影音无法升级到最新版本的问题，如图 11-56 所示。

图 11-55　　　　　　　　　　　　　　　　图 11-56

11.3.8　暴风影音不能播放 AVI 文件

使用暴风影音的时候，会遇到可以播放 RM/RMVB 格式的视频文件，却不能播放 AVI 格式的视频文件问题，这是因为"quartz.dll"文件尚未注册的缘故，下面详细介绍解决此问题的操作方法。

第1步　按 Win+R 组合键，弹出【运行】对话框，**1.** 在【打开】下拉列表框中输入"regsvr32 quartz.dll"，**2.** 单击【确定】按钮，如图 11-57 所示。

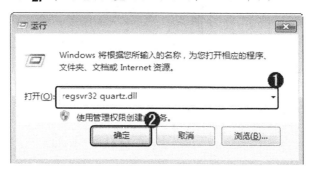

图 11-57

第2步　弹出 RegSvr 32 对话框，显示"DllRegisterServer 在 quartz.dll 已成功"信息，这样即可解决暴风影音不能播放 AVI 文件的问题，如图 11-58 所示。

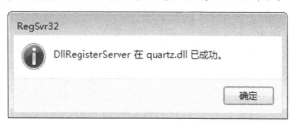

图 11-58

11.3.9 使用 KMPlayer 软件播放 MKV 视频时花屏

在使用 KMPlayer 软件播放 MKV 格式的高清视频时，在切换声道后画面就花屏了，这是因为在 KMPlayer 软件中未正确选择 Matroska 分离器导致的，下面详细介绍解决方法。

第1步 打开 KMPlayer 程序，*1.* 在 KMPlayer 主界面的任意位置单击鼠标右键，*2.* 弹出快捷菜单，选择【选项】菜单项，*3.* 弹出子菜单，选择【参数设置】子菜单项，如图 11-59 所示。

第2步 弹出【参数设置】对话框，*1.* 选择【滤镜控制】选项，*2.* 选择【分离器】子选项，*3.* 切换到【常规】选项卡，*4.* 在 Matroska 下拉列表框中选择【KMP Matroska 分离器】选项，*5.* 单击【关闭】按钮，这样即可解决使用 KMPlayer 软件播放 MKV 视频时花屏的故障问题，如图 11-60 所示。

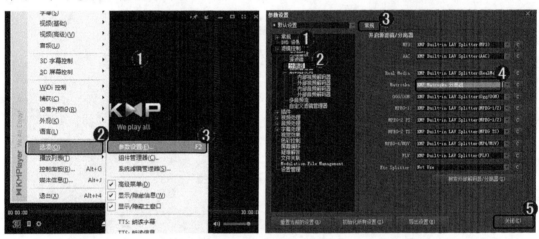

图 11-59   图 11-60

11.3.10 双击打开影音文件时 KMPlayer 不即时播放

安装 KMPlayer 软件后，在电脑中双击 AVI、MKV 等文件时，可以自动启动播放文件，但有时候，双击后其并没有进行即时播放，下面详细介绍解决该问题的操作方法。

第1步 打开 KMPlayer 程序，*1.* 在 KMPlayer 主界面的任意位置单击鼠标右键，*2.* 弹出快捷菜单，选择【选项】菜单项，*3.* 弹出子菜单，选择【参数设置】子菜单项，如图 11-61 所示。

第2步 弹出【参数设置】对话框，*1.* 选择界面左侧的【文件关联】选项，*2.* 切换到【关联】选项卡，*3.* 在【关联】区域中选中准备播放的多媒体文件的扩展名复选框，*4.* 单击【关闭】按钮，这样即可解决双击打开影音文件时，KMPlayer 不即时播放的故障问题，如图 11-62 所示。

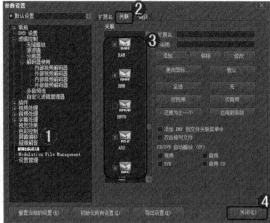

图 11-61　　　　　　　　　　　　　　　　　图 11-62

11.4　常见工具软件故障排除

随着网络的发展，电脑中常用的工具软件日益增多，同时工具软件也会伴随着各种各样的故障问题，本节将详细介绍常见工具软件故障排除的相关知识及操作方法。

11.4.1　打不开自解压文件

在打开 WinZip 自解压文件时系统提示"WinZip Self-Extractor header corrupt.possible cause: bad disk or file transfer error"信息，并且文件不能被执行。

出现这种情况，一般是因为自解压文件的扩展名不正确，只需将它的扩展名由.exe 改为.zip 即可。

11.4.2　使用 WinRAR 提示"CRC 校验失败，文件被破坏"

使用 WinRAR 解压缩文件时，提示"CRC 校验失败，文件被破坏"，这是因为 WinRAR 的临时保存文件出了问题。打开操作系统所在分区下的 Documents and Settings\用户名\Local Settings\temp 文件夹，删除里面的"RAR$100.*"之类的文件夹，然后重新启动电脑即可解决问题。

11.4.3　迅雷下载速度慢

在使用迅雷的过程中，经常出现热门资源下载速度很慢的问题，这是由于网络中的资源太少造成的，可以通过设置原始线程数量解决这一问题，下面详细介绍其操作方法。

第1步　打开【迅雷】程序，**1.** 右键单击标题栏，**2.** 弹出快捷菜单，选择【配置中心】菜单项，如图 11-63 所示。

第2步 进入【配置中心】界面,在【配置中心】区域中,*1.* 切换到【我的下载】选项卡,*2.* 选择【任务默认属性】子选项,*3.* 在【其他设置】区域中,在【原始地址线程数】下拉列表框中输入"10",*4.* 单击【应用】按钮,这样即可解决此问题,如图 11-64 所示。

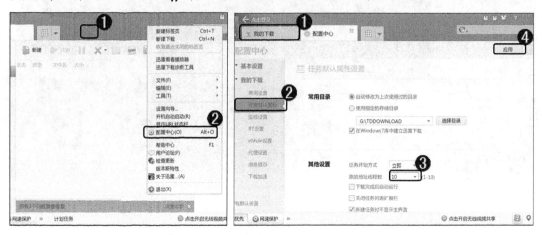

图 11-63   图 11-64

11.4.4　360 杀毒软件打不开

由于浏览一些垃圾网站从而导致电脑系统被破坏,导致电脑中的 360 杀毒软件打不开,如果是 360 杀毒软件被破坏的话,那毫无疑问只能重装 360 了,然后再启动 360 杀毒软件来进行全盘查杀病毒即可。如果查杀不干净,可以尝试用金山杀毒或者卡巴斯基杀毒软件来查杀病毒。

但是如果电脑中的是不可查杀的病毒或者是内存病毒,则需要通过以下两种方法来排除故障。

1. GHOST 计算机

GHOST 计算机,即重装系统。如果用户的电脑中有重要文件,就将其拷贝到 D 盘或者 E 盘,然后直接重装系统所在的 C 盘,将 C 盘格式化即可。

2. 清除不可查杀病毒文件

(1) 将隐藏的文件显示出来。打开【开始】菜单,在【运行】框中输入"cmd",弹出命令提示符窗口,在盘符下输入命令"attrib",此时便可看到一个名为 SH autorun.inf 的文件,查找完成后接着输入命令"attrib -s -h autorun.inf"即可将其属性更改为非隐藏,然后将其删除即可。

(2) 删除病毒。查看各分区,若盘的根目录下有 autorun.inf 和 tel.xls.exe 两个文件,则将其删除。然后运行"regedit"调出注册表,在注册表的窗口上依次单击找到 HKEY_LOCAL_MACHINE→SOFTWARE→Microsoft→Windows→CurrentVersion→Run,把类似 C:WINDOWSsystem32SVOHOST.exe 键值项删除即可。

(3) 清除病毒的遗留文件。打开系统盘 C,在 WINDOWSSystem32 目录下删除 SVOHOST.exe、session.exe、sacaka.exe、SocksA.exe 以及所有 Excel 类似图标的文件。这些

文件一般是一些隐藏病毒，上面已经把隐藏文件夹全部显示出来，现在只需清除残留病毒即可。

11.4.5 Windows 7 系统刻录光盘时光驱不读盘

在 Windows 7 系统中，很多光盘都无法识别和打开。这个问题是由 Windows 中的一个功能导致的，启用将可能导致无法浏览打开光盘目录，只能加载自动运行程序或自动播放媒体文件，如果没有则无法使用，禁用此功能即可解决问题。此问题对于自己刻录的光盘尤其严重。或表现为光驱不读盘，双击盘符提示："请将一张光盘插入驱动器。"下面将详细介绍解决该故障的操作方法。

第 1 步 按 Win+R 组合键，打开【运行】对话框，**1.** 输入命令 "Services.msc"，**2.** 单击【确定】按钮，如图 11-65 所示。

图 11-65

第 2 步 打开【服务】窗口，找到 Shell Hardware Detection (为自动播放硬件事件提供通知)服务，并双击该服务选项，如图 11-66 所示。

图 11-66

第 3 步 弹出【Shell Hardware Detection 的属性(本地计算机)】对话框，**1.** 切换到【常规】选项卡，**2.** 在【启动类型】下拉列表框中选择【禁用】选项，**3.** 在【服务状态】区域中单击【停止】按钮，*4.* 单击【确定】按钮，然后重启电脑后即可生效，如图 11-67 所示。

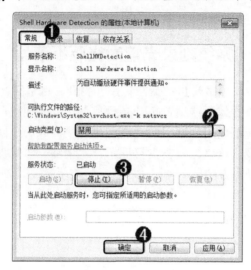

图 11-67

11.4.6　Photoshop 打不出字

下面详细介绍解决 Photoshop 软件无法输入文字问题的操作方法。

第1步 启动 Photoshop 软件程序，选择 *1.* 【编辑】→*2.* 【首选项】→*3.* 【文字】菜单项，如图 11-68 所示。

第2步 弹出【首选项】对话框，*1.* 在【文字选项】区域下方，取消选中【字体预览大小】复选框，*2.* 单击【确定】按钮，即可解决该问题，如图 11-69 所示。如果还是不行，那么可以关闭软件再重新打开试试。

图 11-68　　　　　　　　　　　　　　　　图 11-69

11.4.7　输入法图标不见了

输入法是电脑中最常见的程序之一，经常会因为误操作导致输入法图标不见了，通过执行一个简单的命令，可以找回输入法图标。按 Win+R 组合键，弹出【运行】对话框，在文本框处输入"ctfmon"，按 Enter 键，即可解决输入法图标不见了的问题，如图 11-70 所示。

图 11-70

11.4.8　修复 360 极速浏览器的各种异常问题

360 极速浏览器是个非常好用的浏览器，但用久了也必然会出现许多问题。下面详细介绍修复 360 极速浏览器的各种异常问题。

第1步　打开 360 极速浏览器，*1.* 单击浏览器左上角的头像图标，*2.* 在弹出来的下拉菜单中选择【浏览器医生】菜单项，如图 11-71 所示。

第2步　进入【360 浏览器医生】界面，单击【一键修复】按钮，如图 11-72 所示。

图 11-71　　　　　　　　　　　　　　　　图 11-72

第3步　进入【修复】界面，*1.* 选择准备修复的问题，*2.* 单击【立即修复】按钮，如图 11-73 所示。

第4步　弹出【360 浏览器医生】对话框，单击【关闭浏览器并继续】按钮，如图 11-74 所示。

第5步　进入【修复中】界面，需要等待一段时间，如图 11-75 所示。

第6步　修复完成后，单击【启动浏览器】按钮，即可打开浏览器，完成 360 极速浏览器的修复工作，如图 11-76 所示。

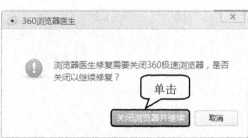

图 11-73　　　　　　　　　　　　　　　　　图 11-74

图 11-75　　　　　　　　　　　　　　　　　图 11-76

11.4.9　下载文件时不主动弹出迅雷软件

安装迅雷软件以后，下载文件的时候迅雷不主动弹出，这是因为浏览器关联失效的缘故，可以通过修复浏览器关联来解决问题。下面详细介绍该问题的解决方法。

第1步 打开迅雷程序，**1.** 用鼠标右键单击标题栏，**2.** 在弹出的快捷菜单中选择【配置中心】菜单项，如图 11-77 所示。

图 11-77

第2步 进入【配置中心】界面，*1.* 切换到【我的下载】选项卡，*2.* 选择【监视设置】选项，*3.* 在【监视对象】区域中，单击【修复浏览器关联】按钮，*4.* 单击【应用】按钮，这样即可解决此问题，如图 11-78 所示。

图 11-78

11.4.10　无法调用其他程序打开 RAR 压缩包里的文件

双击压缩包里的文件时，应该由系统调用相关的程序来打开文件，然而系统却调用 WinRAR 查看器来打开压缩包里的文件，导致压缩包里的文档、图片都不能正常打开，变成乱码，只能先把文件从压缩包里解压出来，然后再双击打开。

这是因为用户错误地设置了使用 WinRAR 查看器来打开压缩包里的文件，下面详细介绍解决该问题的操作方法。

第1步 启动 WinRAR 软件，*1.* 单击【选项】菜单，*2.* 选择【设置】菜单项，如图 11-79 所示。

第2步 弹出【设置】对话框，*1.* 切换到【查看器】选项卡，*2.* 在【查看器类型】区域中选中【关联程序】单选按钮，*3.* 单击【确定】按钮，这样即可解决无法调用其他程序打开 RAR 压缩包里的文件的问题，如图 11-80 所示。

图 11-79

图 11-80

11.5 Internet 上网故障排除

Internet 上网是电脑重要的网络应用之一，然而在网上冲浪的过程中，最容易出现的几类故障问题都与安全相关，掌握一些必要的故障排除方法，将有利于安全上网。本节将详细介绍 Internet 上网故障排除的相关操作知识及操作方法。

11.5.1 邮件接收后无法下载附件

在接收邮件时，无法下载附件，并提示"您的账号闲置太久，请重新登录"信息，但是重新登录后，仍然无法下载，并提示相同内容。

有些邮件服务商规定，附件不支持用下载工具进行下载，而只能选择 Web 页面直接打开或者以目标另存为的方式进行查看；如果仍然无法查看，可以调整浏览器的安全和隐私级别、清除 Cookies 和临时文件、关闭所有浏览器窗口之后再次尝试；如果仍然无法查看，再次打开 IE 浏览器的隐私设置，按以下步骤处理此故障问题。

第1步 打开【Internet 选项】对话框，*1.* 切换到【隐私】选项卡，*2.* 单击【设置】区域中的【高级】按钮，如图 11-81 所示。

第2步 弹出【高级隐私设置】对话框，*1.* 在 Cookie 区域中，选中【替代自动 cookie 处理】复选框，*2.* 单击【确定】按钮，这样即可解决邮件接收后无法下载附件的问题，如图 11-82 所示。

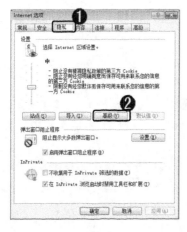

图 11-81

图 11-82

11.5.2 网页中的动画变成静态图片

在浏览网页时，发现网页上原来会动的 GIF 动画图片不会动了，都变成了静态的图片，电脑上安装的 Flash 插件是最新的，并且使用杀毒软件扫描，没有发现病毒，下面介绍解决该问题的操作方法。

第1步 启动 IE 浏览器，*1.* 选择【工具】菜单，*2.* 在弹出来的菜单中选择【Internet 选项】菜单项，如图 11-83 所示。

第2步　弹出【Internet 选项】对话框，***1.*** 切换到【高级】选项卡，***2.*** 在【多媒体】区域中选中【在网页中播放动画】复选框，***3.*** 单击【确定】按钮，这样即可解决网页中的动画变成静态图片的问题，如图 11-84 所示。

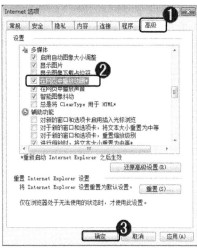

图 11-83　　　　　　　　　　　　　　　　图 11-84

11.5.3　IE 浏览器无法新建选项卡

用户在使用 IE 浏览器浏览网页时，发现无法打开新的空白选项卡，按 Ctrl+T 组合键也不能解决，而且右键快捷菜单里原有的【在新选项卡中打开】命令也突然没有了。出现这种情况，可能是用户不小心禁用了多选项卡式浏览功能，下面介绍解决该问题的操作方法。

第1步　打开【Internet 选项】对话框，***1.*** 切换到【常规】选项卡，***2.*** 单击【选项卡】区域中的【设置】按钮，如图 11-85 所示。

第2步　弹出【选项卡浏览设置】对话框，***1.*** 选中【启用选项卡浏览】复选框，***2.*** 单击【确定】按钮，重新启动 IE 浏览器后，即可解决 IE8 无法新建选项卡的问题，如图 11-86 所示。

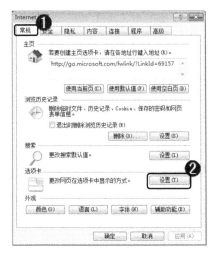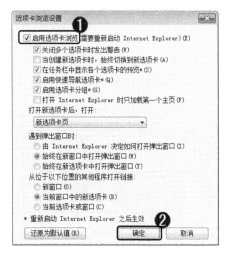

图 11-85　　　　　　　　　　　　　　　　图 11-86

11.5.4 ADSL 联网一段时间之后断开

使用 ADSL 拨号上网，如果出现在一段时间之后自动断网的问题，是因为开启了挂断前空闲时间功能，通过更改宽带连接属性可以解决这一问题。下面详细介绍其操作方法。

第1步 打开【网络和共享中心】窗口，在【查看活动网络】区域中，单击【宽带连接】链接，如图 11-87 所示。

第2步 弹出【宽带连接 状态】对话框，单击【属性】按钮，如图 11-88 所示。

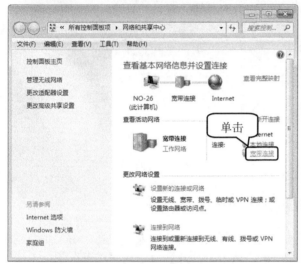

图 11-87

图 11-88

第3步 弹出【宽带连接 属性】对话框，*1.* 切换到【选项】选项卡，*2.* 设置挂断前的空闲时间为"从不"，*3.* 单击【确定】按钮，即可解决此问题，如图 11-89 所示。

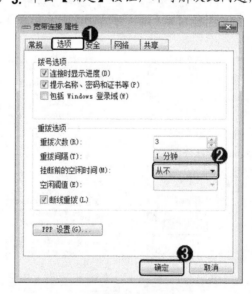

图 11-89

11.5.5　上网显示"691 错误"

在使用 Windows 7 上网的时候，偶尔会出现"691 错误"提示，出现这种情况可通过三种途径来解决。首先，检查用户名和账号是否输入正确；其次，确认服务端是否激活账号，可以咨询运营商客服；最后，确认账户是否欠费。如果排除以上三种可能，可以通过使用路由器和更改 Internet 协议版本属性来解决此问题。下面详细介绍其操作方法。

1. 使用路由器

使用路由器连接电脑可以避免这个问题。使用路由器不需要手动连接宽带，路由器是默认在其内部拨号上网，所以使用路由器可以解决此问题。

2. 更改 Internet 协议版本属性

要更改 Internet 协议版本属性，可通过手动设置"Internet 协议版本 4(TCP/TPv4)"属性来解决。下面详解介绍具体操作步骤。

第1步　在 Windows 7 系统桌面，*1.* 右键单击【网络】图标，*2.* 弹出快捷菜单，选择【属性】菜单项，如图 11-90 所示。

第2步　弹出【网络和共享中心】窗口，单击【更改适配器设置】选项，如图 11-91 所示。

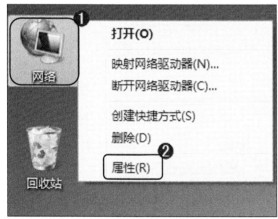

图 11-90

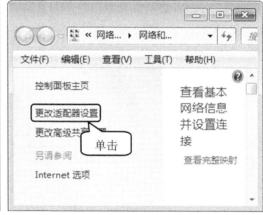

图 11-91

第3步　弹出【网络连接】窗口，*1.* 右键单击【宽带连接】图标，*2.* 弹出快捷菜单，选择【属性】菜单项，如图 11-92 所示。

第4步　弹出【宽带连接 属性】对话框，*1.* 切换到【网络】选项卡，*2.* 在【此连接使用下列项目】区域中选择【Internet 协议版本 4(TCP/IPv4)】选项，*3.* 单击【属性】按钮，如图 11-93 所示。

第5步　弹出【Internet 协议版本 4(TCP/Ipv4)属性】对话框，*1.* 切换到【常规】选项卡，*2.* 选中【自动获得 IP 地址】单选按钮，*3.* 选择【自动获得 DNS 服务器地址】单选按钮，*4.* 单击【确定】按钮，这样即解决了此问题，如图 11-94 所示。

图 11-92

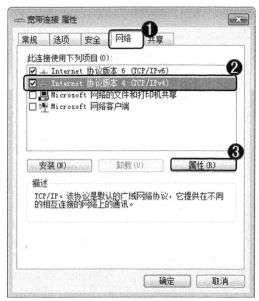

图 11-93

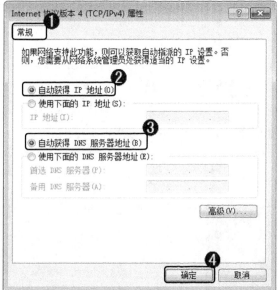

图 11-94

11.5.6 Foxmail 无法发送或接收邮件

用户在使用 Foxmail 时，如果总是无法发送或接收邮件，那么应按照以下几种方法解决该问题。

(1) 网络繁忙或者邮件服务器故障。一般情况下，每天 9 点到 12 点网络比较繁忙，最好避开这个时段。如果总是发不出邮件，也可以换一个 SMTP 服务器试试。

(2) SMTP 服务器地址填写错误。SMTP 服务器地址一般在提供信箱的网站上都可以找到，如 xxx@china.com 为 smtp.china.com，xxx@263.net 为 smtp.263.net，xxx@sina.com 为 sina.com.cn，xxx@163.net 为 163.net 等。

(3) 发件人邮箱和发信服务器地址不一致。有些邮件服务器为了减轻负担，拒绝发送发件人地址非本服务器的邮件。这可以在账户属性设置中改变，将"个人信息"中的邮件地址填写为与发件服务器一致，如要用 smtp.china.com 发信，该邮件地址就应填写一个类似 xxx@china.com 的地址。

(4) 由于发件服务器需要对发送的邮件进行 ESMTP 认证。解决办法是在用户的账户属性设置中，选择【SMTP 服务器需要身份验证】选项。

11.5.7　使用 Outlook Express 发送邮件被退回

用户通过 Outlook Express 发送的邮件被退回，导致此故障可能的原因有很多，归纳起来，主要有以下几种情况。

(1) 所发送邮件的收件人地址填写错误。在发送的电子邮件中，收件人地址是一个不存在的电子邮件地址，因而被邮件服务器退回。对于此情况，只需正确填写收件人的电子邮件地址，重新发送即可。

(2) 收件人的邮箱已满。如果收件人的电子邮箱已经没有多余的空间接收新的电子邮件，那么所有发送给他的邮件就会自动被退回。对于此情况，只能使用其他方式通知收件人清理电子邮箱，然后重新发送邮件。

(3) 发送人的电子邮件地址被收件人设置为拒收。对于此情况，除非收件人将拒收设置取消，否则无法使用这个邮件地址给他发送电子邮件。

11.5.8　IE 浏览器提示"发生内部错误……"

使用 IE 浏览器的时候，如果出现提示"发生内部错误……"，通常是内存资源占用过多、IE 安全级别设置与浏览的网站不符、与其他软件发生冲突或者浏览网站本身含有错误代码等原因，解决这一问题大致有以下三种方法。

(1) 关闭多余的 IE 窗口。IE 窗口过多会占用大量内存，关闭多余窗口可以减少内存资源的占用。

(2) 降低 IE 浏览器的安全级别。打开【Internet 选项】对话框，在【安全】选项卡中单击【默认级别】按钮，如图 11-95 所示。

图 11-95

（3）更新或升级 IE 浏览器。更新 IE 浏览器补丁，以确保安全浏览；或者将 IE 浏览器升级到最新版本。

11.5.9　路由器广域网地址无法获取

出现路由器广域网地址无法获取，即路由器页面上一直显示连接状态，IP 地址无法登录的情况，该如何解决呢？下面详细介绍路由器广域网地址无法获取的解决方法。

（1）检查路由器的 WAN 口指示灯是否已经亮起，如果 WAN 口指示灯没亮则表示网线或者水晶头有问题。这时就需要检查网线的连接状态和水晶头接口。

（2）检查路由器是否已经正确配置并保存重启，否则设置不能生效。

有时候还可能需要将网卡的 MAC 地址复制到路由器的广域网接口，具体设置参考路由器手册。若用户的电脑位于防火墙或路由器之后，阻止直接连接到 Internet，则要求所使用的网络地址转换设备支持 UPnP 技术。关于路由器对该技术的支持情况可查看路由器说明书，并咨询厂商。个别路由器需要在 LAN 设置中将 UPnP 设置为 Enable。

11.5.10　IE 浏览器窗口开启时不是最大化

IE 浏览器打开以后，窗口总是满屏的一半大小，每次都要手动开启全屏，要让 IE 浏览器打开后默认就是最大化，可以进行以下操作。

关闭所有运行的 IE 浏览器窗口，打开【Internet Explorer 属性】对话框，*1.* 切换到【快捷方式】选项卡，*2.* 在【运行方式】下拉列表框中选择【最大化】选项，*3.* 单击【确定】按钮，这样即可解决 IE 浏览器窗口开启时不是最大化的问题，如图 11-96 所示。

图 11-96

11.6　思考与练习

一、填空题

1. 在 Windows 7 的使用中，有时桌面上的快捷方式图标都变成了白色块，这是因为_____或者误操作造成的，出现这种情况可以采用_____的方法来解决。

2. 在使用 Word 的时候难免会遇到复制粘贴的情况，若复制过来的文本与前文的字体不一样，可以通过_____选项来解决。

3. 使用 PowerPoint 的过程中，如果将演示稿复制到另一台电脑播放，经常会出现由于缺少字体而影响演示效果的问题。出现此问题可以通过_____的方法来解决。

二、判断题

1. 在 Windows 操作系统中按 Win+E 组合键可以快速打开资源管理器，如果资源管理器不能打开，则是因为优化软件修改了 Windows 7 注册表中一些重要的项目，导致调用该项目时数据异常而出错。　　　　　　　　　　　　　　　　　　　（　）

2. 用户在使用 IE 浏览器浏览其他网页时，发现无法打开新的空白选项卡，按 Ctrl+T 组合键也不能解决，而且右键菜单里原有的"在新选项卡中打开"命令也突然没有了。出现这种情况，可能是用户不小心禁用了多选项卡式浏览功能。　　　　　　　（　）

三、思考题

1. 如何解决管理员账户被停用的问题？
2. 如何解决 IE 浏览器无法新建选项卡的问题？

第12章

电脑主机硬件故障及排除方法

本章要点

- CPU 及风扇故障排除
- 主板故障排除
- 内存故障排除
- 硬盘故障排除
- 显示卡故障排除
- 声卡故障排除
- 电源故障排除

本章主要内容

本章主要介绍电脑主机硬件故障及排除的相关知识，包括 CPU 及风扇故障排除、主板故障排除、内存故障排除、硬盘故障排除、显示卡故障排除、声卡故障排除和电源故障排除等方面的知识与技巧。通过本章的学习，读者可以掌握电脑主机硬件故障及排除方面的知识，为深入学习计算机组装、维护与故障排除知识奠定基础。

12.1　CPU 及风扇故障排除

CPU 作为电脑系统的核心部件，在电脑系统中占有很重要的地位，是影响电脑系统运行速度的重要因素之一。本节将详细介绍 CPU 及风扇故障排除的相关知识及操作方法。

12.1.1　CPU 产生故障的几种类型

1. CPU 散热故障

主要表现为黑屏、重启或死机等，严重的甚至会烧毁 CPU，此类故障主要是由于 CPU 在工作时会产生大量的热量，从而导致 CPU 自身温度升高，此时如果没有较好的散热设备或散热风扇工作不正常，极有可能导致 CPU 工作不稳定，并容易损坏。

2. CPU 风扇安装故障

CPU 风扇主要有普通风扇和涡轮风扇两种，一些 CPU 风扇设计不合理，在上紧风扇卡扣时需要用很大的力量，如果操作不当很容易压坏 CPU 的内核，从而导致 CPU 损坏，此类 CPU 故障都是无法维修的，只能更换新的 CPU。另外，CPU 与插槽接触不良也会造成电脑无法启动的故障，因此在安装 CPU 风扇时一定要谨慎操作。

3. CPU 设置不当

主要指未正确地设置 CPU 的电压或频率，从而引发的 CPU 故障。这类故障通常表现为 CPU 品牌和型号电压设置不正确，造成 CPU 电压偏高或偏低，从而极大地影响了 CPU 工作的稳定性及使用寿命。

4. CPU 物理损坏故障

CPU 物理损坏故障一般是指因为外界因素，如氧化、击沉、腐蚀和引脚折断等造成的故障。如 CPU 引脚的韧性很大不容易脱落，但如果在安装 CPU 时，没有对准 CPU 插槽上的插孔而强行插入，就容易导致 CPU 引脚弯曲或损坏，在拆卸 CPU 时不小心也会造成引脚脱落，从而损坏 CPU。

12.1.2　CPU 风扇导致的死机

由于现在的普通风扇大多是滚珠风扇，需要用润滑油润滑滚珠和轴承，如果 CPU 风扇的滚珠和轴承之间没有润滑油了，会造成风扇转动阻力增加，转动困难，使其忽快忽慢，CPU 风扇不能持续给 CPU 提供强风进行散热，就会使 CPU 温度上升并最终导致死机，在给 CPU 风扇添加润滑油后 CPU 风扇转动正常，死机现象即可消失。

12.1.3　CPU 风扇噪声过大

要降低 CPU 风扇的噪声，可试着用以下办法解决。

(1) 为风扇注油或更换新的散热风扇。将风扇拆卸下来，用柔软的刷子将风扇上的灰尘清理掉，然后揭开风扇中间的商标，用牙签儿蘸取润滑油涂在轴承中。如果问题仍然存在，则需要更换风扇。

(2) 更换散热器。可使用新的热管技术散热器，热管技术的原理简单说是利用液体的气化吸热和气体的液化散热进行热量传递。

(3) 安装热敏风扇调速器。这是一种带有测温探头的自动风扇调速器，温度升高时，调速器控制风扇提高速度；温度降低时，调速器控制风扇降低速度，这样也相对减小了风扇的噪声。

12.1.4　CPU 的频率显示不固定

在每次启动电脑时，显示的 CPU 频率都不固定，并且时高时低。

出现这种问题，一般是由于主板上的 CMOS 电池已经老化或者无电造成的，只要更换同类型的电池后，再重新设置 BIOS 中的参数，CPU 的频率显示即可恢复正常。取 CMOS 电池时只需按下电池旁边的弹簧片，电池即可自动弹出，如图 12-1 所示。

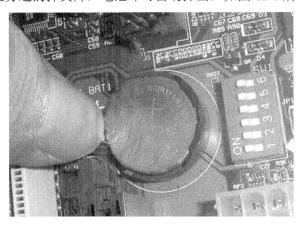

图 12-1

12.1.5　更换 CPU 风扇后电脑无法启动

采用立卧两用机箱的电脑，因为升级 CPU 而更换了更大功率的 CPU 风扇，最初没有发现问题，在使用一段时间后开始出现无法启动的问题，后来发现当横卧放置机箱时故障即可消失，立式放置时即出现故障。

这是一种很明显的接触不良问题，而且因为是在更换 CPU 风扇后出现的，所以可能是 CPU 风扇出了问题。大功率的 CPU 风扇通常会选用铜制的散热片，铜的散热传导性能优异，但密度较大，因此铜制散热风扇的重量也比较大，很容易使插槽产生变形。当主机横卧放置时，整个 CPU 连同散热风扇的重心都在主板上，不会产生其他问题；而如果立式放置，CPU 及 CPU 风扇与主板呈垂直状态，因此 CPU 及散热风扇的重心不在主板上，长时间的重心向下加上铜制散热风扇重量较大，就有可能因接触不好而引发以上故障。

12.1.6 主板不能识别 CPU 风扇

把 CPU 风扇拆下来上油,装回去的时候开机提示"CPU Fan Error",需要按 F1 键才能进入系统,可是 CPU 风扇能正常运行,并没有出现问题。

CPU 风扇的电源线中,有一根是用来检测 CPU 风扇信息的。如果 CPU 风扇没有插好,开机时主板没有检测到正确的 CPU 风扇信息,就会提示"CPU Fan Error"。另外,很多主板的北桥芯片风扇的电源插头与 CPU 风扇电源插头是一样的,如果用户的 CPU 风扇电源插错了地方,也会导致上述问题,对照主板上的说明书,将 CPU 风扇的电源插头插到相应的位置(一般称为 CPU_FAN 或者 C_FAN,在 CPU 插槽附近),即可解决上述问题。

12.1.7 CPU 频率自动下降

正常使用中的电脑,开机后本来 1.6GHz 的 CPU 变成 1GHz,并显示有 Defaults CMOS Setup Loaded 提示信息,在重新进入 CMOS Setup 中设置 CPU 参数后,系统又正常显示为 1.6GHz 主频,但过一段时间后又出现了同样故障。

这种故障常见于设置 CPU 参数的主板上,这是由于主板上的电池电量供应不足,使 CMOS 的设置参数不能长久有效地保存所导致的,一般出现此故障时,将主板上的电池更换即可解决。

另外,温度过高时也会造成 CPU 性能的急剧下降。如果电脑在使用初期表现异常稳定,但后来性能大幅度下降,偶尔伴随死机现象,使用杀毒软件查杀未发现病毒,用 Windows 的磁盘碎片整理程序进行整理也没用,格式化重装系统仍然不行,那么请打开机箱更换新散热器。

配备了热感式监控系统的处理器,会持续检测温度。只要核心温度到达一定水平,该系统就会降低处理器的工作频率,直到核心温度恢复到安全界限以下,这就是系统性能下降的真正原因。同时,这也说明散热器的重要,推荐优先考虑一些品牌散热器,不过它们也有等级之分,在购买时应注意其所能支持的 CPU 最高频率是多少,然后根据自己的 CPU 进行选择。

12.1.8 开机自检后死机

电脑开机后在内存自检通过后便死机,这是典型的因超频引起的故障。由于 CPU 频率设置过高,造成 CPU 无法正常工作,并造成显示器点不亮且无法进入 BIOS 中进行设置。这种情况需要将 CMOS 电池放电,并重新设置后即可正常使用。还有种情况是开机自检正常,但在进入操作系统的时候死机,这种情况只需重新启动电脑,进入 BIOS 将 CPU 改回原来的频率即可。

12.1.9 CPU 主频存在偏差

CPU 是 Core2 Duo E6300,用最新版的 EVEREST 测得 CPU 的主频为 1205.8 MHz、CPU

的倍频为 6×、CPU 的外部总线频率为 201.0 MHz、内存总线频率为 268.0 MHz、DRAM：FSB 比值为 8∶6，运行频率和实际运行频率为什么相差这么多？是不是 CPU 的外部总线频率设置有问题？

之所以 CPU 现有的运行频率和实际运行频率差异较大，是因为用户在 BIOS 中对 CPU 参数的设置不当造成的。依据主板规格的不同，用户可以进入"CPU 电压和频率"相关设置选项，将 FSB 频率调整成 266MHz，将倍频调整到 7，内存频率可以选择自动设置选项，这样设置并保存后，CPU 主频就会变成实际的运行频率 1.86GHz(266MHz×7)。

12.1.10　不能显示 CPU 风扇转速

换了一个散装的 CPU 风扇后查看 BIOS 信息，发现系统检测不到 CPU 风扇的转速，BIOS 的"CPUFANSpeed"这一项显示为"CPUFANSpeed：0rpm"。

盒装 CPU 风扇的电源线是三根线，它除了可以连接电源之外，还可以通过传感器将 CPU 风扇的转速传送给主板，因此主板能显示 CPU 风扇的转速；但现在市面上的一些散装风扇的电源线是两根线的，有的即使是三根线但不具有传感功能，因此主板 BIOS 无法显示风扇转速。

12.2　主板故障排除

主板是电脑的关键部件，用来连接各种电脑设备，在电脑中起着至关重要的作用，如果主板出故障，那么电脑也就不能正常使用了。本节将详细介绍主板故障排除的相关知识。

12.2.1　主板故障的主要原因

主板所集成的组件和电路多而复杂，因此产生故障的原因也会相对较多，常见主板故障可以分为主板运行环境和人为操作导致的故障，下面分别予以介绍。

1. 主板运行环境导致的故障

主板上积聚大量灰尘而导致短路，使其无法正常工作；如果电源损坏，或者电网电压瞬间产生尖峰脉冲，就会使主板供电插头附近的芯片损坏，从而引起主板故障；主板上的 CMOS 电池没电或者 BIOS 被病毒破坏；主板各板卡之间的兼容性导致系统冲突；静电造成主板上芯片被击穿，从而引起故障。

2. 人为操作导致的故障

很多主板故障都是人为操作不当造成的，例如带电插拔板卡造成主板插槽损坏；在插拔板卡时，用力不当或者方向错误，造成主板接口损坏。

12.2.2　CMOS 设置不能保存

CMOS 设置不能保存，大致是因为主板电路故障、CMOS 跳线设置错误和 CMOS 电池电压不足造成的。下面详细介绍这几种故障的排除方法与技巧。

1. 主板电路故障

如果是因为主板电路故障，导致 CMOS 设置不能保存，则需要找专业的维修人员进行故障排除。

2. CMOS 跳线设置错误

将主板上的 CMOS 跳线设置为清除，或者设置成外接电池，使得 CMOS 设置无法保存。

3. CMOS 电池电压不足

CMOS 电池电压不足导致 CMOS 设置不能保存，只需要更换一块 CMOS 电池，并重新设置 CMOS 即可。

12.2.3 每次进入 BIOS 设置都会提示错误并死机

一块 Intel 的主板，每次进入 BIOS 设置界面时总是先显示 "unknown flash type，system halt"，然后就死机。

这种情况一般是 CMOS 芯片局部短路造成的，可以打开机箱，然后找到主板上的 CMOS 芯片，看看正面和背面的管脚上是否灰尘太多，如果有灰尘，可以用毛刷或 "气蛤蟆" 清理。

其次是观察 CMOS 芯片管脚是否与其他金属物体有接触，尤其是这款主板在 CMOS 芯片附近有一颗固定的螺丝，极容易碰到 CMOS 芯片管脚。

最后就是检查主板有没有因受到挤压而导致变形的地方，这一点也是造成设备短路的重要原因之一。

12.2.4 主板不识别键盘和鼠标

主板不识别键盘或鼠标主要是因为接口损坏、接口接触不良以及键盘或鼠标与主板不兼容导致的。

(1) 一般主板的键盘、鼠标都是由外围设备控制芯片 IT8702F-A(ITE)或 W83977EF-AW(Winbond)等控制的，有的主板是直接由北桥控制。主板不认键盘或者鼠标，要首先检查给键盘、鼠标供电的+5V 电源是否正常。如果不正常，再检查供电的保险电阻是否熔断。如果保险电阻呈高阻状态，可用细导线直接连通。有的主板为了节约成本，把保险电阻省去后也直接用导线连接。如果供电正常，并确认外设正常后，一般都是上述两种芯片因为用户的热插拔而损坏后造成不认键盘和鼠标的，解决方法为更换控制芯片。

(2) 还有一种情况是键盘和鼠标接口松动，左右晃晃便能够确认。这是因为键盘和鼠标接口经常插拔松动，接触不良造成的，解决方法为更换键盘和鼠标接口。

(3) 键盘或鼠标与主板不兼容。故障表现为开机找不到键盘和鼠标或开机时提示按 F1 继续，或者是鼠标在桌面上乱跑。解决的办法是更换键盘或鼠标。

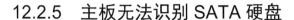

12.2.5　主板无法识别 SATA 硬盘

早期主板芯片组只能支持传输速率为 150Mbit/s 的硬盘,与一些传输速率为 300Mbit/s 的 STAT 硬盘不兼容,从而导致无法识别 STAT 硬盘。根据硬盘背面的说明,通过设置硬盘跳线将硬盘传输速率限定为 150Mbit/s 即可。

12.2.6　在进行 CMOS 设置时出现死机现象

在 CMOS 里发生死机现象,一般为主板或 CPU 有问题,如按下面的方法不能解决故障,就只有更换主板或 CPU 了。

出现此类故障一般是由于主板 Cache 有问题或主板设计散热不良引起的。在死机后触摸 CPU 周围主板元件,若发现非常烫手,则要更换大功率风扇。对于 Cache 有问题的故障,可以进入 CMOS 设置,将 Cache 禁止后即可顺利解决问题,当然,Cache 禁止后速度肯定会受到影响。

12.2.7　电脑主板中常见缓存问题

电脑主板中的常见缓存问题有高速缓存芯片不稳定和二级高速缓存损坏等,下面分别予以详细介绍。

1. 高速缓存芯片不稳定

如果在 COMS 设置中允许板上二级高速缓存(L2 Cache 或 External Cache),运行软件时就容易死机,而禁止二级高速缓存系统就可以正常运行,但速度比同档电脑要慢不少。因此断定二级高速缓存芯片工作不稳定。可以用手逐个感觉主板上的二级高速缓存芯片的温度,如果明显地觉察到有一个芯片比其他的热,则将其更换后系统即可恢复正常。

2. 二级高速缓存损坏

如果电脑的开机自检过程在显示 512K Cache 的地方中断,则必然是该部分或其后的部分有问题。因此,要区分是高速缓存还是硬盘故障。如果硬盘是好的,则问题集中在高速缓存上。如果进入 CMOS 设置,禁止 L2 Cache,电脑就可以正常工作,则确定为二级缓存的问题。一般高速缓存芯片是焊在主板上的,而且管脚比较细,手动更换比较麻烦,因此可以送去维修部门更换或者更换主板。

12.2.8　安装 Windows 或启动 Windows 时鼠标不可用

在安装 Windows 或启动 Windows 时发现鼠标不起作用,并且对鼠标进行检查后,并没有什么问题。

出现此类故障一般是由于 CMOS 设置错误引起的。在 CMOS 设置的电源管理栏有一项 modem use IRQ 项目,其选项分别为 3、4、5、…、NA,一般它的默认选项为 3,将其设置为 3 以外的中断项即可。

12.2.9 开机无显示

出现此类故障一般是因为主板损坏或 BIOS 被 CIH 病毒破坏造成的。一般 BIOS 被病毒破坏后硬盘里的数据将全部丢失，可以通过检测硬盘数据是否完好来判断 BIOS 是否被破坏。此外，还有以下两种原因会造成该现象。

1. 板卡故障导致

由于外界的一些原因，主板扩展槽或扩展卡有问题，导致插上诸如声卡等扩展卡后主板没有响应而无显示。另外，如果新插入一些有问题的板卡，也会出现上述故障。

2. 设置的 CPU 频率不对

对于现在的免跳线主板而言，如若在 CMOS 里设置的 CPU 频率不对，可能会引发不显示故障，对此，只要清除 CMOS 即可解决。清除 CMOS 的跳线一般在主板的锂电池附近，其默认位置一般为 1、2 短路，只要将其改为 2、3 短路即可解决问题，对于以前的老主板如果找不到该跳线，只要将电池取下，待开机显示进入 CMOS 设置后再关机，然后将电池放上去亦可达到给 CMOS 放电的目的，CMOS 跳线如图 12-2 所示。

CMOS 跳线

图 12-2

12.2.10 主板 BIOS 没有 USB-HDD 选项

有一块 500GB 的移动硬盘，想在该移动硬盘上装一个 WinPE 系统，可是主板 BIOS 没有 USB-HDD 选项。

其实，绝大多数主板都是支持 USB-HDD 启动的，关键是要设置正确。不同主板 BIOS 选项迥异，最好能找到详细的主板说明书对照着进行设置。首先要开启 USB 启动设备支持，比如找到类似于 USB Storage Legacy Support 或 USB Storage Function 这样的选项并设置为 Enabled，接下来如果在启动类型中找不到 USBHDD，那可能是 BIOS 将移动硬盘归类为普通硬盘了，这样的话，可以将启动类型设置为 HDD，然后在具体的启动设备列表(如 Hard Disk Boot Priority)中找到移动硬盘，并设置为首选启动设备即可。

12.3　内存故障排除

内存如果出现问题，会造成系统运行不稳定、程序出错或操作系统无法安装等故障，因此用户必须掌握一些引发内存故障的原因和常用的排查方法。本节将详细介绍内存故障排除的相关知识及操作方法。

12.3.1　产生内存故障的原因

由于内存的使用频率高，因此导致内存故障的发生率也较高，常见内存故障产生的原因有以下几种。

1. 内存金手指损坏

一般情况下，内存的损坏多数都是因为用户在电脑故障排除过程中，精神不集中，在反复开机测试过程中，把内存插反或内存没有完全插入插槽，或是带电插拔内存，造成内存的金手指因为局部大电流放电而烧毁。另外，内存在正常使用过程中，因为瞬间电流过大，也会造成内存和主板等同时被烧毁，因此在插拔各类板卡时一定要小心谨慎。

2. 接触不良

这是导致内存故障最常见的一种原因，内存与内存插槽接触不良，通常是因为内存的金手指氧化或内存插槽中有污垢引起的。

3. 内存插槽簧片损坏

内存插槽内的簧片因非正常安装而损坏脱落，以及变形、烧灼等造成内存接触不良，或是有异物掉入内存插槽内，都是导致内存故障的常见原因。另外，内存反插被烧毁的同时，内存插槽相对应部位的金属簧片也会被烧熔或变形，会造成整个内存插槽报废。

4. 内存设置与本身问题

BIOS 的内存参数设置不正确、内存的兼容性差，也是造成内存故障的常见原因，如使用不同品牌或不同规格的内存。另外，内存本身质量有问题或可能存在的物理损伤也是造成内存故障的重要原因。

12.3.2　两根同型号内存条无法同时使用

两根同型号的内存条，同时插入电脑，用 MEMTEST 测试提示错误，会蓝屏，但只插入其中任意一根则正常。

这种情况一般都是正常现象，因为生成厂商不同时期生产的产品采用了不同的 IC 颗粒，而由于 IC 颗粒的不同性，使用户在使用双通道的时候很容易发生这种由于双通道的高速数据传输而引起的问题。解决办法是以其中一条为样品，找经销商换一条 IC 颗粒、容量、频率以及 CL 都一样的内存条,即可解决该问题。

12.3.3 开机时多次执行内存检测

电脑在开机时总是多次执行内存检测,十分浪费时间,下面介绍减少检测次数的方法。

一种方法是在检测时,按下键盘上的 Esc 键,跳过检测步骤;另一种方法是在 BIOS 中将多次检测的参数取消,具体方法:在开机后按 Del 键进入 BIOS 设置,在主界面中选择 BIOS FEATURES SETUP 项,将其中的 Quick Power On Self Test 设为 Enabled,完成后保存设置退出即可。

12.3.4 内存加大后系统资源反而降低

此类现象一般是由于主板与内存不兼容引起的,常见于高频率的内存条用于某些不支持此频率内存条的主板上。当出现这样的故障后,可以试着在 COMS 中将内存的速度设置得低一点试试。

12.3.5 屏幕出现错误信息后死机

电脑无法正常启动,打开电脑主机电源后,机箱报警喇叭出现长时间的短声鸣叫,或是打开主机电源后,电脑可以启动但无法正常进入操作系统,屏幕出现 Error:Unable to ControlA20 Line 的错误信息后死机。

出现上述故障多数是由于内存与主板的插槽接触不良引起的。处理方法是打开机箱后拔出内存,用酒精和干净的纸巾擦拭内存的金手指和内存插槽,并检查内存插槽是否有损坏的迹象,擦拭检查结束后将内存重新插入,一般情况下问题都可以解决,如果还是无法开机则将内存条拔出插入另一条内存插槽中测试,如果问题仍存在,则说明内存条已经损坏,只能更换新的内存条。

12.3.6 内存无法自检

电脑在升级内存条之后,开机时发现内存无法自检。

此类故障一般是内存与主板不兼容造成的,可以升级主板的 BIOS 看看能否解决,否则只有更换内存条来解决该问题。

12.3.7 Windows 经常自动进入安全模式

电脑在使用过程中,Windows 系统经常自动进入安全模式,重装系统后故障依旧。

此类故障一般都是由于主板与内存条不兼容,或内存条质量不佳引起的,将高频率的内存条用于某些不支持此频率内存条的主板上时多会发生这种情况。可以尝试在 CMOS 中降低内存读取速度,看能否解决问题,如若不行,就只能换内存条了。

12.3.8　开机后显示 ON BOARD PARITY ERROR

出现此类现象可能的原因有三种，第一，CMOS 中的奇偶校验被设为有效，而内存条上无奇偶校验位；第二，主板上的奇偶校验电路有故障；第三，内存条有损坏，或接触不良。处理方法，首先检查 CMOS 中的有关项，然后重新插一下内存条试试，如故障仍不能消失，则是主板上的奇偶校验电路有故障，需要更换主板。

12.3.9　PCI 插槽短路引起内存条损坏

在对电脑清洁后再重新开机，发现软驱灯长亮，同时扬声器发出"嘟嘟"的连续短声鸣叫。

怀疑是碰松了板卡，将其取下重插一遍后，故障依旧，再用万用表测量电源的各输出电压，也完全正常，仔细检查主板后发现，主板的一个 PCI 插槽里落入一小块金属片，将其取出后再开机，还是不能启动。用替换法更换内存条后，电脑能正常启动了，后检查该内存条，证明因 PCI 插槽短路已将该内存条烧坏。

12.3.10　随机性死机

此类故障一般是由于采用几种不同芯片的内存条而导致的，由于各内存条的速度不同产生一个时间差从而导致死机，对此可以在 CMOS 设置中降低内存条速度予以解决，否则只能使用同型号内存条。还有一种可能就是内存条与主板不兼容，此类现象一般少见；另外也有可能是内存条与主板接触不良引发的电脑随机性死机，此类现象倒是比较常见。

12.4　硬盘故障排除

硬盘是电脑中重要的存储设备，一旦硬盘出现故障，对用户来说损失会很惨重。本节将详细介绍硬盘故障排除的相关知识及操作方法。

12.4.1　硬盘故障的主要原因

1. 接触不良

这类故障往往是因为硬盘数据线或电源线没有接好、硬盘跳线设置错误或 BIOS 设置错误引起的。

2. 硬盘分区表被破坏

产生这种故障的原因较多，如使用过程中突然断电、带电插拔、工作时强烈撞击、病毒破坏和软件使用不当等。

3. 硬盘坏道

硬盘的坏道有物理坏道和逻辑坏道两种。物理坏道是由盘片损伤造成的，这类坏道一般不能修复，只能通过软件将坏道屏蔽；逻辑坏道是由软件因素(如非法关机等)造成的，因此可以通过软件进行修复。

4. 硬盘质量问题

这种故障是由制造商造成的，因为硬盘是比较精密的电脑硬件，对制造技术要求极高，所以选购时应该选择品牌产品。

12.4.2 系统无法从硬盘启动

电脑在启动自检时出现 HDD Controller Failure 提示，无法正常进入操作系统，重新启动后故障依旧。

这个故障是系统检测不到硬盘，可能是硬盘接口与硬盘连接的电缆线未连接好，这在 SATA 硬盘的连接中经常遇到，因为这类接口由于设计的原因就容易导致接触不良，如果硬盘连接线或接口出现断裂，也会出现这种现象。

如果以上的部件经过检查或更换后问题还是没有好转，就要考虑硬盘的电源了，有可能电源线损坏或接触不良，注意检查硬盘电源与机箱电源的连接情况，如果在自检时还会听到硬盘有周期性的噪声，则表明硬盘的机械控制部分或者传动臂有问题，可能出现了物理故障。

12.4.3 BIOS 检查不到硬盘

电脑启动时，发现 BIOS 无法找到硬盘，通常有下面四种原因。

(1) 硬盘未正确安装。这时候我们首先要做的是检查硬盘的数据线及电源线是否正确连接。一般情况下可能是虽然已插入相应位置，但却未到位所致，这时候当然检测不到硬盘了。

(2) 跳线未正确设置。如果电脑安装了双硬盘，那么需要将其中的一个设置为主硬盘(Master)，另一个设置为从硬盘(Slave)，如果两个都设置为主硬盘或两个都设置为从硬盘，又将两个硬盘用一根数据线连接到主板的 IDE 插槽，这时 BIOS 就无法正确检测到硬盘信息。最好是将两个硬盘用两根数据线分别连接到主板的两个 IDE 插槽中，这样还可以保证即使硬盘接口速率不一致，也可以稳定工作。

(3) 硬盘与光驱驱动器接在同一个 IDE 接口上。一般情况下，只要正确设置，将硬盘和光驱驱动器接在同一个 IDE 接口上也会相安无事，但可能有些新式光驱驱动器会与老式硬盘发生冲突，因此还是分开接比较保险。

(4) 硬盘或 IDE 接口发生物理损坏。如果硬盘已经正确安装，而且跳线正确设置，光驱驱动器也没有与硬盘接到同一个 IDE 接口上，但 BIOS 仍然检测不到硬盘，那么最大的可能是 IDE 接口发生故障，可以换一个 IDE 接口试试，假如仍不行，则可能是硬盘出现问题了，必须接到另一台电脑上试一试，如果能正确识别，那么说明 IDE 接口存在故障，假如仍然识别不到，表示硬盘有问题；也可以用一个新硬盘或能正常工作的硬盘安装到电脑上，如果 BIOS 也识别不到，表示电脑的 IDE 接口有故障，如果可以识别，说明原来的硬盘确实有故障。

12.4.4　开机后屏幕显示 Device error

电脑开机后屏幕显示 Device error 或者 Non－System disk or disk error,Replace strike any key when ready，说明硬盘不能启动，用软盘启动后，在 A:>后键入 C:，屏幕显示 Invalid drive specification，系统不认硬盘。

造成该故障的原因一般是 CMOS 中的硬盘设置参数丢失或硬盘类型设置错误造成的。进入 CMOS，检查硬盘设置参数是否丢失或硬盘类型设置是否错误，如果确有问题，只需将硬盘设置参数恢复或修改过来即可；如果不会修改硬盘参数，也可用备份过的 CMOS 信息进行恢复。如果没有备份的 CMOS 信息，有些高档微机的 CMOS 设置中有 HDD AUTO DETECTION(硬盘自动检测)选项，可自动检测出硬盘类型参数；若无此项，只好打开机箱，查看硬盘表面标签上的硬盘参数，照此修改即可。

12.4.5　屏幕显示 Invalid partition table

开机后，屏幕上显示 Invalid partition table，硬盘不能启动，若从软盘启动则认 C 盘。

造成该故障的原因一般是硬盘主引导记录中的分区表有错误，当指定了多个自举分区(只能有一个自举分区)或病毒占用了分区表时，将有上述提示。

主引导记录(MBR)位于 0 磁头/0 柱面/1 扇区，由 FDISK.EXE 对硬盘分区时生成。MBR包括主引导程序、分区表和结束标志三部分，共占一个扇区。主引导程序中含有检查硬盘分区表的程序代码和出错信息、出错处理等内容。当硬盘启动时，主引导程序将检查分区表中的自举标志。若某个分区为可自举分区，则有分区标志 80H，否则为 00H，系统规定只能有一个分区为自举分区，若分区表中含有多个自举标志时，主引导程序会给出 Invalid partition table 的错误提示。最简单的解决方法是用 NDD 修复，它将检查分区表中的错误，若发现错误，将会询问用户是否愿意修改，只要不断地回答 YES 即可修正错误，或者用备份过的分区表覆盖它也行(KV300、NU8.0 中的 RESCUE 都有备份与恢复分区表的功能)。如果是病毒感染了分区表，格式化是解决不了问题的，可先用杀毒软件杀毒，再用 NDD 进行修复。

12.4.6　屏幕显示 HDD Controller Failure

开机后，WAIT 提示停留很长时间，最后出现 HDD Controller Failure。

造成该故障的原因一般是硬盘线接口接触不良或接线错误。先检查硬盘电源线与硬盘的连接，再检查硬盘数据信号线与微机主板及硬盘的连接，如果连接松动或连线接反都会有上述提示。硬盘数据线的一边会有红色标志，连接硬盘时，该标志靠近电源线。在主板的接口上有箭头标志，或者标号 1 的方向对应数据线的红色标记。

12.4.7　出现 S.M.A.R.T 故障提示

这是硬盘厂家内置在硬盘里的自动检测功能在起作用，出现这种提示说明硬盘有潜在的物理故障，很快就会出现不定期地不能正常运行的情况。这个时候可就要小心了，最好为硬盘做一次全面的检测。检测用的最好软件就是各大硬盘厂家提供的专用检测工具，这里要注意软件的匹配。如使用的西部数据的硬盘,就是用西部数据的检测软件,它会为用户的硬盘做最详细的检查,唯一的缺点是耗时长久。

12.4.8 系统检测不到硬盘

在系统正常运行的情况下,突然黑屏死机,然后重新启动,结果系统检测不到硬盘,经过更换硬盘,以及重新连接数据线、电源线等,还是出现同样的问题。

由于这类情况是在系统正常运行的情况下突然间出现的,因此造成这种情况的原因是机箱内的温度过高,导致主板上的南桥芯片烧坏。南桥芯片一旦出现问题,电脑就会失去磁盘控制器功能,这和没有硬盘的情况一样,如果南桥芯片烧坏了,只能送回原厂修理。

12.4.9 整理磁盘碎片时出错

在整理磁盘碎片时,如果出现提示"因为出错,Windows 无法完成驱动器的整理操作……ID 号 DEFRAG00205"信息,按提示对 D 盘进行磁盘扫描(完全选项)又说磁盘无坏道。这是因为,磁盘碎片整理实际上是调整磁盘文件在磁盘上的物理位置,为了保证磁盘碎片整理完成之后,所有的文件都能够正常工作,必须保证文件存入的新位置中的柱面和扇区没有缺陷。

因此一般在进行磁盘碎片整理之前,最好做一次磁盘扫描,以便剔除或修复有缺陷的磁盘区域。

12.4.10 如何修复逻辑坏道

逻辑坏道是一种软性坏道,通过 Windows 系统自带的检测工具即可修复。下面以Windows 7 系统中修复 D 盘为例,详细介绍修复逻辑坏道的操作方法。

第1步 在 Windows 7 系统桌面,双击【计算机】图标,如图 12-3 所示。

第2步 打开【计算机】窗口,*1.* 用鼠标右键单击【本地磁盘(D:)】,*2.* 在弹出的快捷菜单中选择【属性】菜单项,如图 12-4 所示。

图 12-3

图 12-4

第3步 弹出【本地磁盘(D:)属性】对话框，**1.** 切换到【工具】选项卡，**2.** 单击【开始检查】按钮，如图 12-5 所示。

第4步 弹出【检查磁盘 本地磁盘(D:)】对话框，**1.** 选择【扫描并尝试恢复坏扇区】复选框，**2.** 单击【开始】按钮，如图 12-6 所示。

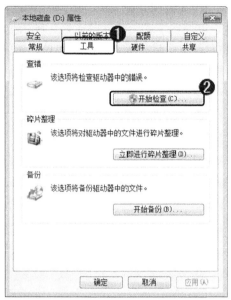

图 12-5

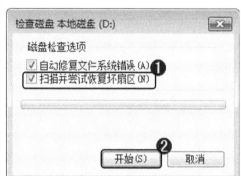

图 12-6

第5步 等待一段时间，即可完成磁盘扫描及修复。

12.5　显示卡故障排除

显卡作为电脑中的专业图像处理和输出设备，一旦出现故障，将直接导致显示器不能显示信息。本节将详细介绍显示卡故障排除的相关知识。

12.5.1　显卡故障的主要原因

显卡分为集成显卡和独立显卡两种，一般显卡的故障主要来源于独立显卡，集成显卡由于集成于主板，所以除非芯片损坏，一般不会有太大问题，引起显卡故障的原因通常有以下几种。

1. 接触不良

独立显卡与主板上的插槽接触不良，就会导致故障发生，如开机不正常但断电后再开机又正常、显示器黑屏等，此类故障也为排查工作的首要排查点。

2. 设置不当

显卡的驱动程序没有安装正确或驱动程序出错，利用超频软件对显卡进行超频而造成显卡无法正常工作。另外，现在的主板提供的高级电源管理功能有很多，如节能、睡眠等，但是有些显卡和主板的某些电源功能有冲突，如果设置不当就会导致进入 Windows 时，出现花屏等故障。

3. 升级显卡 BIOS

显卡厂商都会在网上发布最新的 BIOS 供用户升级更新，以获得新功能和修正 BIOS 和 BUG。但也有人在升级后，发生电脑在运行某些游戏时死机或者自动跳回桌面的情况。

因此显卡 BIOS 的升级操作应按照品牌厂商的官方说明，采用厂商自带的升级工具或其他专业工具来进行，并注意正确下载相应的显卡 BIOS 版本。

12.5.2 显卡驱动程序丢失

显卡驱动程序安装并运行一段时间后丢失，此类故障一般是由于显卡质量不佳或显卡与主板不兼容，使得显卡温度过高，从而导致系统运行不稳定或出现死机，此时只能更换显卡。

此外，还有一类特殊情况，以前能载入显卡驱动程序，但在显卡驱动程序载入后，进入 Windows 时出现死机。解决此问题的办法为在载入其驱动程序后，插入其他型号的或旧显卡予以解决。如若还不能解决此类故障，则说明注册表故障，对注册表进行恢复或重新安装操作系统即可。

12.5.3 显卡风扇转速频繁变化

新安装超频显卡风扇后，显卡风扇转速很不稳定，一直在 3000 rpm 至 6000 rpm 之间频繁变化，但没有听见异常的声音，显卡温度也正常。

市场上有部分显卡风扇，可以根据 GPU 温度或者 GPU 负载的高低实时调节风扇转速，使得风扇可在散热与静音之间取得一个良好的平衡。不过这类风扇通常采用 4Pin 电源接口；分别负责接地、供电、测速、控制风扇转速，而超频显卡风扇采用的是 3Pin 电源接口，其转速为 3200rpm±10%，风扇噪声为 25dB±10%，如果转速真的达到 6000rpm 以上，其产生的噪声也会急剧升高，不可能听不见异常声音。由此判断，很可能是检测结果出现错误，建议更换检测软件后再进行测试。此外，只要不影响显卡的正常使用，也不必太在意。

12.5.4 显卡接上外部电源出现花屏

显卡接上外部电源后，电脑开机后显示器出现花屏(彩色竖线)，如果显卡不接外部电源，电脑能正常使用，但系统运行时一直报告显卡供电不足，并且把显卡插在其他电脑中，接上外部电源又能正常使用。

这可能是主板电压输出不稳造成的，可以在开机后进入 BIOS 中的 Advanced BIOS Features 设置界面进行设置，其中有一个 AGP VDDQ Voltage 选项，是控制主板 AGP 端口电压输出的选项，设置为 1.50V(AGP 8×标准)，若默认值即为 1.50V，可尝试增加电压到 1.60V。

12.5.5　更换显卡后经常死机

在更换新的显卡以后，经常出现黑屏然后死机，重新启动后再次死机的情况。这可能是因为新的显卡与原来的主板不兼容，或者 BISO 设置有误造成的。如果是前者，可以升级驱动程序或者更换兼容的硬件；对于后者，如果新的显卡不支持快速写入或不了解是否支持，建议将 BIOS 里的 Fast Write Supported(快速写入支持)选项设置为 No Support 以求得最大的兼容。

12.5.6　开机之后屏幕连续闪烁

从开机到欢迎画面十几秒的时间里，屏幕闪烁四次，也就是显卡通断四次，并且每次都是这样，拿回配机的店换了一块也是这样。

出现这种情况，主要是显卡驱动版本的问题。一般来说，在安装 ATi 的显卡驱动时，第一次重启后进入 Windows，机器会短时间内失去响应，然后屏幕会黑屏一下然后马上变亮，然后就一切正常了，驱动算是安装成功了。但是如果碰上了有故障的显卡或者某些不太稳定的驱动版本，很容易出现屏幕闪动的问题。所以建议首先更换驱动的版本，如果换了几个版本仍然无效，有可能是显卡和主板存在兼容性问题，只能更换其他型号。另外，由于现在天气较热，也有可能是显卡散热不好所引起的，建议查看机箱内部的散热环境。

12.5.7　显示器出现不规则色块

显示器出现色块，可以通过显示器自带的消磁功能，进行消磁处理。如果消磁处理以后还有色块，则要检查显卡，如果显卡长期处于超频状态，导致显卡工作不稳定，可将显卡频率恢复默认值。如果将显卡恢复到默认频率，显示器仍然有色块，则有可能是显卡芯片损坏，建议找专业人士维修或者更换显卡。

12.5.8　开机后屏幕上显示乱码

开机启动后，屏幕上显示的全是乱码，这种情况通常有以下几方面的原因。

(1) 显示卡的质量不好，特别是显示内存质量不好，这样只有换显示卡了。

(2) 系统超频，特别是超了外频，导致 PCI 总线的工作频率由默认的 33MHz 超频到 44MHz，这样就会使一般的显示卡负担太重，从而造成显示乱码。把频率降下来即可解决问题。

(3) 主板与显卡接触不良。解决办法为重新插好显卡。

(4) 刷新显示卡 BIOS 后造成的。因为刷新错误，或刷新的 BIOS 版本不对，都会造成这个故障。只能找一个正确的显示卡 BIOS 版本，再重新刷新。

12.5.9　电脑运行时出现 VPU 重置错误

电脑在运行大型 3D 游戏时，出现花屏或者黑屏，接着退出游戏，提示"vpu.recovr 已重置了你的图形加速卡"信息。出现这一信息,多数是 ATI 显卡的问题,是显卡与主板兼容性不好,或者早期的主板对显卡供电不足造成的。遇到这个问题可以采用以下两个方法解决。

(1) 对于 VIA 芯片的显卡,可以安装 4in1 驱动包,或者升级驱动程序解决此问题。

(2) 对于 AGP 插槽的显卡,因为比较老旧,可以提高工作电压解决此问题。

12.5.10 显示颜色不正常

显示颜色不正常一般有以下几种原因,用户针对其中的原因进行处理即可。

(1) 显示卡与显示器信号线接触不良。

(2) 显示器原因。

(3) 在某些软件里面颜色显示不正常,一般常见于老式机,则开启 BIOS 中的校验颜色选项即可。

(4) 显卡损坏。

(5) 显示器被磁化,此类现象一般是由于与有磁性的物体过近所致,磁化后还可能会出现显示画面偏转的现象。

12.6 声卡故障排除

声卡是电脑输出声音的重要设备,如果声卡出现故障,电脑将不会发出声音,甚至会影响电脑的正常运行。本节将详细介绍声卡故障排除的相关知识及操作方法。

12.6.1 声卡发出的噪声过大

出现声卡发出的噪声过大故障常见的原因有以下几种。

(1) 插卡不正。由于机箱制造精度不够高、声卡外的挡板制造或安装不良导致声卡不能与主板扩展槽紧密结合,目视可见声卡上的"金手指"与扩展槽簧片有错位。这种现象在 ISA 卡或 PCI 卡上都有,属于常见故障。一般可用钳子校正。

(2) 有源音箱接在声卡的 Speaker 输出端。对于有源音箱,应接在声卡的 Line out 端,它输出的信号没有经过声卡上的功放,噪声要小得多。有的声卡上只有一个输出端,是接在 Line out 还是 Speaker 端要靠卡上的跳线决定,厂家的默认方式常是 Speaker,所以要拔下声卡调整跳线。

(3) Windows 自带的声卡驱动程序不好。在安装声卡驱动程序时,要选择"厂家提供的驱动程序"而不要选"Windows 默认的驱动程序"。如果用"添加新硬件"的方式安装,要选择"从磁盘安装"。

12.6.2 声卡无声

如果安装声卡驱动过程一切正常,那么声卡出现故障的概率很小,可以排查下面几项。

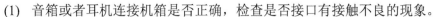

(1) 音箱或者耳机连接机箱是否正确，检查是否接口有接触不良的现象。

(2) 音箱或者耳机的性能是否完好，更换其他可以正常使用的电脑检查。

(3) 是否音频线有损坏，通过更换其他可以使用的音频线检查。

(4) 系统音量控制中是否屏蔽了相关项，打开系统音量控制查看。

如果上述问题都不存在，可以考虑安装最新的声卡补丁，或者升级声卡的驱动程序，来解决此问题。

12.6.3　DirectSound 延迟

有些声卡本身处理能力不是很强大，在非满载运行的时候，播放 DirectSound 音频流可能出现延迟的现象或者一些基本的 DirectSound 音效要交给 CPU 来运算，这样会降低程序的运行效率。解决方法：在运行对话框中输入 "DxDiag"，然后按 Enter 键执行，将 Full acceleration(硬件加速)滑杆拉到最右方，这样可以启用声卡主 DSP 芯片全部的加速能力。

12.6.4　爆音

爆音是最常见的声卡问题，下面详细介绍爆音的原因及解决办法。

1. IDE 设置的问题

若通过光驱播放 DVD，发现声音爆音比较严重，而把文件复制到硬盘上播放，就没有爆音了，那么这时候的光驱可能是处于 PIO 模式，改成 DMA 模式就可以了，光驱的工作模式在控制面板硬件管理器中修改。假如设置好后还无法解决问题，则可能是主板芯片组驱动需要更新。

2. 电源出现故障

声卡是对电源比较敏感的设备，因此好的 PC 电源对音质的改善有帮助。在搭配劣质电源的时候，可能经常出现爆音的现象，尤其是那些带有功率放大电路的声卡，电源的一点点小波动都会造成噪声甚至爆音，这种情况就只有更换电源或者声卡了。

3. PCI 设备争夺带宽

当 CPU 负荷很大或者正在进行大量的数据复制的时候，出现爆音，则是声卡驱动执行级别太低而无法和其他设备争夺带宽造成的，一般情况下声卡厂商这样做是为了求得系统的稳定性。这种情况非常易发生在使用 PCI 显卡的时候，这是因为 PCI 设备争夺带宽造成的。

4. 可能是声卡和芯片组冲突

这种故障通常发生在新声卡配老主板的时候，比如创新发布的 Audigy 芯片声卡和 VIA 主板就不匹配，会出现爆音甚至跳音的问题，这些故障可以通过更新主板 BIOS 或者升级声卡驱动来解决。

12.6.5 播放任何音频文件都产生类似快进的效果

此故障问题可能出在设置和驱动上，如果电脑正在超频使用，首先应该降低频率，然后关闭声卡的加速功能，如果还不能排除故障，应该寻找主板和声卡的补丁以及新的驱动程序。

12.6.6 无法播放 WAV 和 MID 格式的音乐

由于电脑能够正常播放其他音频格式的音乐，因此声卡和播放器应该没有问题，估计是声卡设置不对。可检查音频设备，如果不止一个，则禁用其他的一般就可以解决。不能播放 MID 的问题估计是没有在系统中添加声卡的软波表，造成不能识别 MID 格式的音符，只需要安装相应的软波表就可以了。

12.6.7 驱动程序装入完成后声卡无声

首先，看声卡与音箱的接线是否正确，音箱的信号线应接入声卡的 speaker 或 spk 端口，倘若接线无误再进入控制面板的多媒体选项，查看声卡驱动是否正常装入，若驱动程序未成功安装或存在设备冲突，可按以下方法解决。

(1) 将声卡更换插槽(将声卡、MODEM 等扩展卡插入二、三、四、五槽较好，因为一槽一般均会与显卡造成冲突)。

(2) 进入声卡资源设置选项看其资源能否更改为没有冲突的地址或中断。

(3) 进入保留资源项目，看声卡使用资源能否保留不让其他设备使用。

(4) 看声卡上有无跳线，能否更改中断口。

(5) 关闭不必要的中断资源占用，例如 ACPI 功能、USB 口、红外线等设备。

(6) 升级声卡驱动程序。

(7) 装入主板驱动程序后重试。在上面提到的多媒体选项里如有声音设备，但声卡无声，可进入声卡的音量调节菜单看是否设为静音，还有一种比较特殊的情况，有的声卡必须用驱动程序内的 SETUP 进行安装，使其先在 COUFIG 及 AUTOEXEC、BAT 文件中，建立一些驱动声卡的文件，在 Windows 下才能正常发声(例如 4DWAVE 声卡)。

12.6.8 安装网卡之后声卡无法发声

此问题大多是由于兼容性问题和中断冲突造成的。

驱动兼容性的问题比较好解决，更新各个产品的驱动即可。而中断冲突则比较麻烦。首先要进入设备管理器中，查询各自的 IRQ 中断，然后手动设定 IRQ，以消除冲突。如果在设备管理器中无法消除冲突，最好的方法是回到 BIOS 中，关闭一些不需要的设备，空出多余的 IRQ 中断。也可以将网卡或其他设备换个插槽，这样也可以改变各自的 IRQ 中断，以便消除冲突。换插槽之后应该进入 BIOS 中的 PNP/PCI 项，将 Reset Configutionration Data 改为 ENABLE，清空 PCI 设备表，重新分配 IRQ 中断。

12.6.9　不能正常使用四声道

某些集成声卡能够正常发声，但无法使用四声道模式。很多声卡都是通过软件模拟出四声道，简单地将前置音箱的声音复制到后置音箱上，这样在播放 MP3 或者听 CD 的时候都是四声道，而在玩 3D 游戏或者播放 DVD 的时候则不是，也可以说这些声卡，不是真正的四声道，可以通过更换为四声道的独立声卡来解决此问题。

12.6.10　安装新的 DirectX 之后，声卡不发声

某些声卡的驱动程序和新版本的 DirectX 不兼容，导致声卡在新 DirectX 下无法发声。如果出现此问题，需要为声卡更换新的驱动程序或使用"DirectX 随意卸"等工具，将 DirectX 卸载，重新安装以前稳定的版本。

12.7　电源故障排除

电源在 PC 电脑中并不为用户所重视，但正是这个经常被忽视的产品，却为 CPU、内存、光驱等所有电脑设备提供稳定、连续的电流。如果电源出了问题，也就无法给其他配件提供能量，就会影响电脑的正常工作，甚至损坏硬件。本节将详细介绍电源故障排除的相关知识及操作方法。

12.7.1　电源无输出

这是最常见的故障，主要表现为电源不工作。在主机确认电源线已连接好(有些有交流开关的电源要打到开的状态)的情况下，开机无反应，显示器无显示(显示器指示灯闪烁)。电源无输出故障又分为以下几种。

(1) +5VSB 无输出。+5VSB 在主机电源一接交流电即应有正常 5V 电压输出，并为主板启动电路供电。若+5VSB 无输出，则主板启动电路无法动作，将无法开机。此故障的排除方法为将电源从主机中拆下，接好主机电源交流输入线，用万用表测量电源输出到主板的 20 芯插头中的紫色线(+5VSB)的电压，如无输出电压则说明+5VSB 线路已损坏，需更换电源。对有些带有待机指示灯的主板，无万用表时，也可以用指示灯是否亮来判断+5VSB 是否有输出。

(2) +5VSB 有输出，但主电源无输出。此种情况待机指示灯亮，但按下开机键后无反应，电源风扇不动。故障判定方法为将电源从主机中拆下，将 20 芯中绿线(PS ON/OFF)对地短路或接一个小电阻对地使其电压在 0.8V 以下。此时，若电源仍无输出且风扇无转动迹象(有极少数电源在空载时不工作，此种情况除外)，则说明主电源已损坏，需更换电源。

(3) +5VSB 有输出，但主电源保护。此类情况也比较多，由于制造工艺或器件失效均会造成此现象。此现象和情况(2)的区别在于开机时风扇会抖动一下，即电源已有输出，但由于故障或外界因素而发生保护。为排除因电源负载(主板等)损坏短路或其他因素，可将电

源从主机中拆下，将 20 芯中绿线对地短路，如电源输出正常，则可能为以下因素。

➤ 电源负载损坏导致电源保护，更换损坏的电源负载。

➤ 电源内部异常导致保护，需更换电源。

➤ 电源和负载配合，兼容性不好，导致在某种特定负载下保护，此种情况需做进一步分析。

（4）电源正常，但主板未给出开机信号。此种情况下也表现为电源无输出，可通过万用表测量 20 芯中绿色线对地电压是否在主机开机后下降到 0.8V 以下，若未下降或未在 0.8V 以下，可能导致电源无法开机。

12.7.2　电源有输出，但主机不显示

这种情况比较复杂，判断也比较困难，但可以从以下几个方面考虑。

（1）电源的各路输出中有一路或多路输出电压不正常，可用万用表测试。

（2）测量 20 芯电源线中灰色线是否为高电平，如果为低电平，主机将一直处于复位状态，因此将无法启动。

（3）电源输出上升沿或时序异常，这时如果和主板兼容性不好，也会导致主机不显示，但此种情况较复杂，需借助存储示波器才能分析。

12.7.3　电脑不定时断电

电脑总是不定时断电，测过主机电源的输出电压和电流，一切都正常，电脑没有超频，电脑电源使用的是 250W 的，电脑上原来装了两个光驱和两个硬盘，拆掉一个光驱和一个硬盘，还是会不定时断电。

应先换一个好的电源试试，如果问题解决了就是原来的电源有问题，如果问题依旧，可能是主板供电电路有问题。断电以后，仔细观察或触摸主板的各个部件，看看有没有异常，如果主板没有问题，则应该检查电源盒的市电连接以及电源插座是否牢靠。另外，也有可能是电源连接线老化，在靠近接头的位置松动，这时可以换一条新的电源线试试。

12.7.4　开机时电源灯闪一下就熄灭

电脑每次开机后电源灯闪一下就熄了，关掉电源后大概 20 秒钟，再开机就能正常进入系统并运行。

这是由于在开启电源的瞬间，电源无法为启动主板提供所需要的电流，导致系统无法启动。处理办法为在开机之前，先断开 ATX 电源，大约 20 多秒钟后再接通电源，再等 10 秒钟开启电脑，就可以保证电源能提供启动主板所需的电流了。

12.7.5　电源负载能力差

开机时，电源风扇转一下即停，各输出端的输出电压均为 0V。

开机瞬间，风扇转动，说明电源开关已起振，并有电压输出，后由于某种原因，保护

电路动作，使开关管停振，所以无电压输出，按照以下方法解决该问题。

(1) 检查+5V 端、-5V 端、+12V 端、-12V 端的对地电阻，无短路。

(2) 检查+5V 反馈电路中的元件，未见异常。

(3) 该电源的脉宽调制组件用的集成电路是 UC3842，7 脚是供电电源端，5 脚是地，6 脚是输出端，用万用表检查 UC3842 外围阻容元件，也未见异常。

(4) 关机测量 UC3842 各个引脚的对地电阻，与另一台型号不同的电源上的 UC3842 的对地电阻比较，发现故障电源上的 UC3842 局部损坏，更换 UC3842。再用软驱作负载，接上电源风扇(风扇的正极接+12V，负极不是直接接地)，开机，风扇转几下就停了。关机，风扇转几下又停了，大约 3s 后又转几下，如此重复四五次。

(5) 又对该电源板上的各元件进行检查，也没发现异常元件。查看有关资料，把电源风扇的负极改为直接接地，用一只 4Ω/5W 的水泥电阻接在+5V 端作假负载，加电，风扇转动，测量各组输出电压，电压正常。

12.7.6　电源有异味

电源用了一周时间，玩 3D 游戏时感觉电源线接口处气流很热，还会产生一股说不出来的气味(不是烧焦的那种味道)，温度都是正常的，电源检查后并没有问题。

这种现象是正常的，不必为电源的质量担心，几乎所有的全新电子类设备都会带有一股味道，这是因为涂料、镀层、胶质物以及部件材质自身都具有特殊的气味，当运行大型 3D 游戏时，整机的功耗会大幅度上升，电源的负载自然也会提升，本身的温度也就随之升高，在高温下这些气味便会加快挥发并随热空气排除，但随着使用时间的增多，气味的浓度会越来越小。

12.7.7　电源部件老化

使用过一段时间的电脑，出现每次启动黑屏的现象，拔掉光驱或者硬盘的电源线以后，才可以开机。这是因为电源里面的部件出现老化或者损坏，影响了电脑正常工作。

如果很长时间没有清理，电源里的灰尘过多，容易导致电路短路等问题，也会影响电脑正常工作。出现此问题后可以将电源取下来，用软毛的刷子清理里面的灰尘，清理干净后装回，以解决此问题。

如果仍然不能正常使用，说明这个电源很可能已经损坏，可以考虑更换电源来解决此问题。

12.7.8　电源发出"吱吱"声

电脑在运行的过程中，有时候会听到电源附近有"吱吱"声，这是电流通过 PFC 时发出的声音，不会影响电脑或对其他硬件设备造成影响，属于正常的现象。如果电源发出的声音过大，可以找相关专业人员检查。

12.7.9 开机几秒钟后便自动关机

开机后系统可以正常自检，但数秒后便会自动关闭，应该是电源供电的问题或某处发生了短路，可以尝试用以下几种方法进行解决。

(1) 仔细检查机箱内电源与主板、硬盘、光驱等连接是否正常，查看是否存在短路。

(2) 如机箱内没有任何短路现象，则应该检查机箱面板上的开机按钮和后面的弹簧。当弹簧失效时，按下的按钮可能无法正常弹起，也会导致开机数秒后又关机。

(3) 若前面两种方法都不能排除故障，就需要对机箱电源进行检查，最好将该电源送到厂商处检修。

12.7.10 电源在只为主板、软驱供电时才能正常工作

电源在只为主板、软驱供电时能正常工作，当接上硬盘、光驱或插上内存条后，屏幕变白而不能正常工作。

出现此故障的原因可能是电源负载能力差，电源中的高压滤波电容漏电或损坏，稳压二极管发热漏电，整流二极管已经损坏等。解决办法只能是送修或考虑换用另外一种电源。

12.8 思考与练习

一、填空题

1. CPU 风扇的电源线中，有一根是用来检测_____信息的。如果 CPU 风扇没有插好，开机时主板没有检测到正确的 CPU 风扇信息，就会提示"_____"。

2. CMOS 设置不能保存,大致是因为_____故障、_____设置错误和 CMOS 电池电压不足造成的。

3. _____作为电脑中专业图像处理和_____设备,一旦出现故障,将直接导致显示器不能显示电脑信息。

4. _____是电脑输出声音的重要设备,如果声卡出现故障,电脑将不会发出声音,甚至会影响到电脑的正常运行。

5. 如果_____出了问题,也就无法给其他配件提供能量,就会影响电脑的正常工作,甚至损坏硬件。

二、判断题

1. 主板是电脑的关键部件,用来连接各种电脑设备,在电脑中起着至关重要的作用,如果主板出现故障,那么电脑就不能正常使用。 (   )

2. 硬盘是电脑中重要的存储设备,硬盘中存储大量的数据,一旦硬盘出现故障,对用户来说损失会很惨重。 (   )

3. 显示器出现色块,可以通过显示器自带的消磁功能,进行消磁处理。 (   )

新起点
电脑教程

第13章

电脑外部设备故障及排除方法

本章要点

- 显示器故障排除
- 键盘与鼠标故障排除
- 光驱与刻录机故障排除
- 打印机故障排除
- 笔记本电脑故障排除
- 数码设备故障排除
- 移动存储设备故障排除

本章主要内容

　　本章主要介绍了电脑外部设备故障及排除的相关知识，包括显示器故障排除、键盘与鼠标故障排除、光驱与刻录机故障排除、打印机故障排除、笔记本电脑故障排除、数码设备故障排除和移动存储设备故障排除等方面的知识与技巧。通过本章的学习，读者可以掌握电脑外部设备故障及排除方面的知识，为深入学习计算机组装、维护与故障排除知识奠定基础。

13.1 显示器故障排除

显示器是电脑主要的输出设备，如果显示器出现了故障，虽然电脑也能够继续运行，但是用户却无法对其进行操作。本节将详细介绍显示器故障排除的相关知识。

13.1.1 显示器产生故障的原因

显示器产生故障的原因一般有以下几种，下面分别予以详细介绍。

1. 磁场影响

磁场会使显示器局部出现色块，会使显示器的显示效果受到很大影响，因此必须将显示器放在远离电磁场的地方，如远离冰箱和彩电等大功率电器。

2. 潮湿的环境

潮湿的环境会导致显示器屏幕的显示效果模糊，并可能损坏其内部元件，所以在使用电脑时应对显示器做好防潮防湿工作，不能将电脑长时间搁置不用，即使不用电脑，也应该定期开机让它自动运行一段时间，以驱散潮气。

3. 灰尘影响

灰尘可以通过显示器的散热孔进入显示器内部，引起内部电路故障。

4. 电源电压

电源电压容易导致显示器故障，显示器内部的电子元件经不起瞬时高压的冲击，一旦电源电压变化很快或者起伏不定，很可能引起屏幕抖动或黑屏等现象。

5. 显像管老化

显像管老化会使显示器出现散焦、工作不稳定等故障问题。

13.1.2 显示器"只闻其声，不见其画"

电脑开机后，发现显示器漆黑一片，只闻其声，不见其画，要等上几十分钟以后才能够勉强出现画面。

这是显像管座漏电所致，须更换管座。拆开后盖可以看到显像管尾部的一块小电路板，管座就焊在电路板上。小心拔下这块电路板，再拆下管座，到电子商店买回一个同样的管座，然后将管座焊回到电路板上。这时不要急于将电路板装回去，要先找一小块砂纸，很小心地将显像管尾部凸出的管脚用砂纸擦拭干净。特别是要注意管脚上的氧化层，如果擦得不干净很快就会旧病复发，将电路板装回去即可解决问题。

13.1.3　显示器黑屏

主机开机，显示器也已经通电，电源指示灯表示待机，但是显示器就是不亮。出现这种情况可以从以下几个方面进行故障排查。

(1) 如果显示器是黑屏，并且电源指示灯也没亮，请检查电源线是否已经插好。如果电源确定插好了，请更换电源线。

(2) 如果显示器已经通电，在指示灯正常的情况下，主机打开后显示器一直处于待机状态，黑屏不亮，这种情况大多是由于显示器输入接口的不正确设置造成的。大部分显示器在出厂时会设置成接口自适应输入，意思是哪个口有信号输入就显示哪个。但有一部分显示器是没有自适应的，这时就必须手动来调节。比如说，用户用 DVI 接口连接显示器，就必须将显示器的输入接口调到 DVI 上，如果调节到其他口上，那么显示器检测不到信号输入，肯定会一直黑屏。在正常使用时，偶尔会出现因误按而改变显示器输入接口的问题，结果造成显示器黑屏不亮。解决方法也很简单，用 OSD 按键调节回来即可。

(3) 显示器黑屏不亮，也可能是主机出现故障。因为有时候主机启动后，虽然电源、CPU 风扇开始转，但其实主机只是在空转，根本就没有启动，也没有信号输出，显示器自然就不亮了。

13.1.4　显示器花屏

显示器花屏也是常见故障之一，与这个故障类似，还有一个故障叫显卡花屏，可见显示器花屏多半与显卡有关系。显卡硬件故障、显卡驱动不正确、显卡驱动与软件游戏冲突，都会造成显示器花屏。

所以，只要显示器花屏了，第一个应该怀疑的就是显卡。检测的办法则是为显示器换一个主机，看看是否还花屏，这样就可以准确地确定问题出在哪。

显示器花屏还有一个情况，具体的表现就是液晶显示器的部分像素点只显示一个颜色，闪啊闪的，就像星星点灯似的。这个故障是由于 DVI 线的兼容问题引起的，换一根线就可以解决问题了。

显示器花屏的最后一个常见原因就是显示器真的坏了，这种情况只能送修。

13.1.5　显示器白屏

电脑有的时候毫无征兆地白屏，屏幕一片纯白，但主机还是正常运作，关机后再开显示器依然白屏。

显示器开机白屏一般都是由于液晶显示器自身的故障导致的，当然也有可能是因为显卡接触不良，可以打开主机箱重新插拔一下显卡，看看是否能解决。

排除了主机的问题，显示器白屏故障基本就可能是液晶面板驱动电路问题、液晶面板供电电路问题、屏线接触不良、主板控制电路问题等引起的。由于显示屏开机后白屏，说明背光灯及高压产生电路工作正常，但液晶面板没有得到驱动信号。如果电脑关机后画面消失，然后再次白屏，可能是电源板问题引起的。

以上液晶内部电路的问题，一般用户是无能为力的，切不可自己动手拆开显示器，建议去正规的维修点修理。

13.1.6 显示器出现水波纹

所谓的水波纹问题，是指屏幕上的暗波线发生干扰的一种形式，是由荧光点的分布与图像信号之间的关系引起的干扰现象，给用户的感觉就像看到了水面上的波纹一样。事实上，大部分水波纹现象都不能算是 LCD 的缺陷，这也是为何经销商不会对出现水波纹现象的 LCD 进行更换的原因。波纹效应常常意味着聚焦水平的好坏。当使用亮灰色背景时，波纹效应会相当明显。尽管波纹不能被彻底消除，但在一些具有波纹降低功能特性的显示器中可以被降低。

很多人认为液晶显示器出现水波纹现象的原因就是 LCD 的品质不过关。不过实际上，很多出现水波纹问题的 LCD，其真正的元凶却是用户自己。液晶显示器之所以会出现水波纹，大部分的原因是由于接收信号受到了干扰。因此，大家如果发现自己的 LCD 出现了水波纹，首先要做的，就是从自身上找原因。

首先，与水波纹问题关系最密切的是液晶显示器的视频信号线。不少入门级的 LCD 上往往只配备了一个 VGA 模拟接口，因此用户往往采用的都是 D-Sub 信号线。而 D-Sub 信号线的抗干扰能力是比较弱的，大屏 LCD 最好采用 DVI 信号线。此外，信号线的品质也分三六九等。一些品质差的信号线，其抗干扰能力就非常差，使用这些产品往往就会导致水波纹现象出现。大家在购买 LCD 的时候，往往 LCD 已经配备了一根原装的 D-Sub 线或者 DVI 线，这些原装信号线的品质还不错，但是有一些奸商就看中了这一点，用一些劣质的信号线将这些原装线给调包了，所以在购买 LCD 的时候，一定要注意这个问题。如果用户的 LCD 不幸出现了水波纹的现象，不妨更换视频信号线试试。

除了信号线的问题之外，另外一个会引起水波纹现象的原因就是干扰源。比如将手机或者其他电器放在离 LCD、信号线、显卡接口非常近的地方，也有可能引起此类问题，除此之外，信号线的接触是否完好，显卡插槽是否接好，这些都有一定的关系。

13.1.7 画面由很大变回正常

刚开机的时候，画面很大，几秒钟后慢慢恢复正常。造成这种现象的原因是在刚开机的时候，偏转线圈所带的电流很大，为了防止大量的电子束瞬间轰击某一小片荧光屏，造成此片的荧光粉老化速度加快而形成死点，此时高档显示器里的保护电路就会开始工作，让电子束散开，而不是集中在某块。而当偏转线圈的电流恢复正常时，保护电路会自动关闭。所以我们看见的刚开机时图像由很大变回正常的过程就是保护电路开始工作的过程。不过值得注意的是，如果是在使用过程中，特别是在切换一个高亮或高暗的图像时出现画面缩放的情况，则表示这款显示器的"呼吸效应"较大，高压部分不稳定。如果在售后服务期内，应尽快更换显示器。

13.1.8 显示器画面抖动厉害

电脑刚开机时显示器的画面抖动得很厉害，有时甚至连图标和文字也看不清，但过一两分钟就会恢复正常。

这种现象多发生在潮湿的天气，是显示器内部受潮的缘故。要彻底解决此问题，可将食品包装中常用的防潮砂用棉线串起来，然后打开显示器的后盖，将防潮砂挂于显像管管颈尾部靠近管座附近。这样，即使是在潮湿的天气，也不会再出现这种问题。

13.1.9　显示器供电不正常

故障现象为开机后，电脑主机可以正常启动，可以显示桌面内容，但是随后又不亮，然后指示灯再变成黄色，又变成蓝色，桌面一闪而过，随后又开始重复上述现象。

既然显示器可以短暂地显示内容，说明电脑主机运行正常。从描述的症状来看，显示器在开机之后便一直不停地反复关机、开机，由此可见，问题一般出在显示器电源部分，建议立即联系厂家的售后服务部门进行维修。

13.1.10　显示器显示重影

如果液晶显示器出现重影，可以从以下几个方面进行排查。
(1) 检查输入信号，是否是因为连接分配或 VGA 电缆不合规格引起的。
(2) 检查主板 VGA 座有无虚焊、连焊。
(3) 检查主板由信号输入到芯片部分的线路有无虚焊、短路。
(4) 检查主板各个工作点的电压，是否因为由于主芯片损坏造成显示器显示重影。

13.2　键盘与鼠标故障排除

键盘和鼠标是电脑上的重要输入设备，主要负责各类操作命令的发出和文字的输入。这两种设备的使用频率最高，因此出现故障的频率也较高。本节将详细介绍键盘与鼠标故障排除的相关知识。

13.2.1　键盘和鼠标接口接错引起黑屏

刚刚组装好的电脑，开机后黑屏。如果鼠标和键盘都是 PS/2 接口的，发生这种故障后，最好先检查鼠标和键盘是否插反了，如果插反了，开机之后会黑屏，但不会烧坏设备。关机后，交换键盘和鼠标接口，即可解决此问题。

13.2.2　鼠标左键失灵

鼠标以前使用正常，现在开机进入 Windows 系统后鼠标左键就失灵了，已经确认鼠标接口连接正常。

鼠标左键失效通常都是因一些软件设置造成的，可以通过以下方法逐一排除。

1. 检查鼠标设置

鼠标左键失灵，应先检查鼠标设置是否有误，下面具体介绍其操作方法。

第1步　在 Windows 系统桌面上，1.单击【开始】按钮，2.在弹出的开始菜单中选择【控制面板】菜单项，如图 13-1 所示。

第2步　弹出【控制面板】窗口，1.在【查看方式】下拉列表中选择【大图标】选项，2.单击【鼠标】选项，如图 13-2 所示。

图 13-1

图 13-2

第3步　弹出【鼠标 属性】对话框，切换到【鼠标键】选项卡，在其中查看是否选中了【切换主要和次要的按钮】复选框，注意不能选取此选项，如图 13-3 所示。

第4步　切换到【硬件】选项卡，即可查看设备的工作状态是否正常，如图 13-4 所示。

图 13-3

图 13-4

2. 检查设备管理器

通过检查设备管理器可以确认鼠标是否有故障，下面详细介绍通过设备管理器进行检查的操作方法。

第1步　在 Windows 系统桌面上，*1.* 单击【开始】按钮，*2.* 在【搜索程序和文件】文本框中输入"设备管理器"，*3.* 单击显示出来的【设备管理器】选项，如图 13-5 所示。

第2步　弹出【设备管理器】窗口，在这里可以查看鼠标设备名称前是否有黄色叹号或问号，如图 13-6 所示。如果有，则证明鼠标硬件不正常，其他程序干扰了鼠标的正常工作，可将鼠标设备卸载后重新启动，让 Windows 系统重新为该设备分配相应的资源。

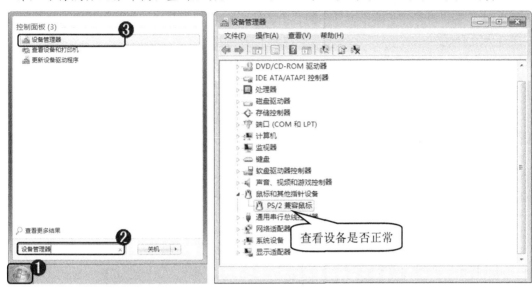

图 13-5　　　　　　　　　　　　　　图 13-6

13.2.3　鼠标右键失灵

在使用鼠标操作电脑时，会遇到单击鼠标右键没有反应的情况。重启之后，又恢复正常了。一般情况下，导致鼠标右键失灵的原因可能有以下几个方面。

1. 系统繁忙，不能响应

系统安装太久，软件安装太多，注册表中的垃圾太多；很久没有做磁盘清理；安装了多个附加右键菜单的软件；杀毒软件设置过于保守。可以尝试全面优化电脑系统予以解决。

2. 鼠标使用时间长，或者接触不良

鼠标使用时间长，或者多次用力拉扯，导致鼠标中的四根导线有一根或者几根断裂，或者接触不良。这个断点一般在鼠标前方不远，试验几下即可知道，方法是一边单击右键一边按住导线，一点点往前走。这个一般是鼠标硬件故障，可以自己拆开鼠标，看看是否有接触不良的地方，修复一下一般就好了。

3. 硬盘问题

硬盘有坏道或者碎片过多时,当然会反应很慢,可以使用 chkdsk 命令进行处理。清理碎片时,如果发现碎片多的文件,可以先挪移到其他盘,整理后再挪回来,这样既有效又很快,一般重新启动电脑之后故障就消失了。

4. 系统的某些服务

鼠标右键失灵也许跟系统的某些服务有关系,如用户为了尽量提高系统速度,禁用了某些鼠标服务,这个需要自己检查。另外一种情况是浏览网页的时候,若遇到精美图片或者精彩文字想保存时,通常大家都是选中目标后单击鼠标右键,在弹出菜单中选择【图片另存为】或【复制】命令来保存。但是,有许多网页屏蔽了鼠标右键功能,致使单击鼠标右键时会没有反应。

13.2.4　光电鼠标定位不准

光电鼠标在使用过程中经常会发生飘移现象,光标定位也不准,通常引起这种故障的主要原因有以下几种。

1. 外界的杂散光干扰

光电鼠标是通过光线对光标进行定位的,如果鼠标外壳的透光性太好,周围又有强光干扰,就会影响鼠标内部光信号的传输,导致鼠标定位不准,发生飘移现象。

2. 晶振或 IC 质量问题

如果鼠标中的晶振或 IC 工作不稳定或被损坏,就会使其工作频率不稳,并导致鼠标故障。这时只能用型号、同频率的晶振或 IC 来替换。

3. 电路虚焊

如果鼠标中有电路虚焊,就会使电路产生的脉冲混入造成干扰,影响鼠标的正常工作。这时必须仔细检查电路的焊点,如果发现虚焊点,用电烙铁补焊即可。

13.2.5　使用键盘按键时字符乱跳

使用键盘时,发现按下一个键会产生一连串多个字符,或按键时出现字符乱跳的现象。选中某一列字符,若是不含 Enter 键的某行某列,有可能产生多个其他字符现象;若是含 Enter 键的一列,将会产生字符乱跳且不能最后进入系统的现象。

这种现象是由逻辑电路故障造成的。解决办法为用示波器检查逻辑电路芯片,找出故障芯片后更换同型号的新芯片,这样即可排除该故障。

13.2.6　键盘出现"卡键"故障

键盘上一些键,如空格键、Enter 键不起作用,有时需多次按动才能输入一个或两个字符，有的键按下后不再起来，屏幕上的光标连续移动，需再按一次才能弹起来。

这种故障称为键盘的"卡键"故障。键盘出现卡键现象主要是由以下两个原因造成的，一个原因是键帽下面的插柱位置偏移，使得键帽按下后与键体外壳卡住不能弹起而造成卡键，此原因多发生在新键盘或使用不久的键盘上；另一个原因是按键长久使用后，复位弹簧的弹性变得很差，弹片与按杆之间的摩擦力变大，不能使按键弹起而造成卡键，此原因多发生在长久使用的键盘上。

当键盘出现卡键故障时，可将键帽拔下，然后按动按杆，若按杆弹不起来或乏力，说明是由上述第二个原因造成的，否则为第一个原因所致。对于因键帽与键体外壳卡住造成的卡键故障，可在键帽与键体之间放一个垫片，该垫片可用稍硬一些的塑料(如废弃的软磁盘外套)做成，其大小等于或略大于键体尺寸，并且在按杆通过的位置开一个可使按杆通过的方孔，将其套在按杆上后，插上键帽，用此垫片阻止键帽与键体卡住，即可修复故障按键。若是由于弹簧疲劳、弹片阻力变大的原因造成卡键故障，可将按键体打开，稍微拉伸复位弹簧使其恢复弹性。可以通过取下弹片，减少按杆弹起的阻力，来使故障按键得到了恢复。

13.2.7 关机后键盘上的指示灯还亮

由于现在的计算机大多使用 ATX 电源，而 ATX 电源在关机后并没有切断所有的电源供给，而是保留了一组 5V 的电源给主板供电，所以在关机后电源仍然为主板的 PS/2 接口供电，以保证能实现键盘开机功能，因此键盘指示灯会亮。

如果不想使用键盘开机功能，可以查看主板说明书，看主板上是否有禁用键盘开机功能的跳线，如果有，将跳线设为禁止；或进入 BIOS 中将键盘开机功能设置为 Disable，这样在关机后指示灯就不会再亮了。

13.2.8 按键盘任意键死机

开机后可以正常进入 Windows 系统，鼠标可以正常使用，但是又要按键盘上的任意一个键，电脑就会立刻死机。

这种情况可能是键盘内部出现了问题。如键盘意外进水、键盘内部电路老化或键盘内部发生短路等，都可能导致该故障。可以尝试用以下几个方法解决该问题。

(1) 如果使用过程中不小心将水洒到了键盘上，应该及时关机，并将键盘拔下，把键盘放在通风的地方，晾干后再使用，但千万不能将键盘放在太阳下晒干。

(2) 若键盘使用得太久，其内部的电路将会逐渐老化，因此容易导致死机，此时应该更换键盘。

(3) 如果键盘内的灰尘长时间未清理，吸潮的灰尘很容易使键盘内部电路短路，应该定期清理键盘上的灰尘，避免发生短路。

13.2.9 Caps Lock 键失灵

很多时候需要输入大写的英文,但在按 Caps Lock 键进行大小写转换时,发现按键无效,这种故障多半是设置的问题。下面详细介绍解决该问题的操作方法。

第1步 在 Windows 系统桌面上，**1.** 右击语言栏，**2.** 在弹出的快捷菜单中选择【设置】菜单项，如图 13-7 所示。

第2步 弹出【文本服务和输入语言】对话框，**1.** 切换到【高级键设置】选项卡，**2.** 选中【按 CAPS LOCK 键】单选按钮，即可解决该问题，如图 13-8 所示。

图 13-7

图 13-8

13.3 光驱与刻录机故障排除

光驱与刻录机作为电脑重要的外部资料输入和资料备份工具，是多媒体电脑的必备硬件。本节将详细介绍光驱与刻录机故障排除的相关知识。

13.3.1 CD 光盘无法自动播放

电脑使用 Windows 7 操作系统，以前都可以自动播放 CD，现在放入 CD 光盘后不能自动播放，但可以浏览 CD 光盘中的文件。

出现该现象的原因应该是由于一些操作或安装卸载软件，导致光驱的自动播放属性被关闭，重新开启该功能即可解决问题。下面具体介绍其操作方法。

第1步 按 Win+R 组合键，弹出【运行】对话框，**1.** 在【打开】下拉列表框中输入"gpedit.msc"命令，**2.** 单击【确定】按钮，如图 13-9 所示。

第2步 弹出【本地组策略编辑器】窗口，单击展开 **1.** 【计算机配置】→**2.** 【管理模板】→**3.** 【Windows 组件】→**4.** 【自动播放策略】选项，**5.** 双击窗口右侧的【关闭自动播放】选项，如图 13-10 所示。

第3步 弹出【关闭自动播放】对话框，如果选中【已启用】单选按钮，则表示自动播放功能已被关闭，如图 13-11 所示。

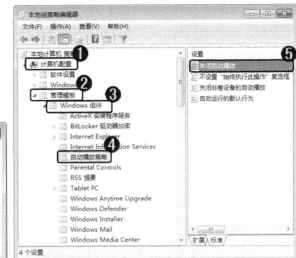

图 13-9　　　　　　　　　　　　　　　　　　图 13-10

第4步　　如果准备开启光驱自动播放功能，**1.** 选中【已禁用】单选按钮，**2.** 单击【确定】按钮，这样即可自动播放 CD 光盘，如图 13-12 所示。

图 13-11　　　　　　　　　　　　　　　　　　图 13-12

13.3.2　光驱工作时硬盘灯始终闪烁

光驱工作时，硬盘灯始终闪烁是因为光驱与硬盘接在了同一个 IDE 接口上，将光驱单独接在一个 IDE 接口上即可解决问题。

13.3.3　光驱弹不出来

光驱弹不出来是一种比较常见的电脑故障，一般可能是光驱本身的问题，或内部弹片的问题。下面详细介绍光驱弹不出来的具体原因以及解决方法。

1. 光驱出仓按键失灵

按下光驱面板上的出仓键后，光驱弹不出来，但在【计算机】中右击光驱盘符选择【弹出】菜单项后光驱能够出仓，这说明光驱面板上的出仓键失灵了。可以尝试拆下光驱，重点检查按键是否存在接触不良的问题。

2. 光驱出仓机械系统齿轮磨损

按下光驱出仓键后，能听到光驱发出出仓时的"咯噔"声，但光驱弹不出来，这种故障是由于光驱出仓齿轮磨损造成的。因为多数电脑光驱的进出仓齿轮是由塑料制成的，长时间的动作以及塑料本身老化会使得齿轮过早磨损，齿轮与齿轮之间的配合间歇过大则会打滑，从而出现光驱弹不出来的故障，此时可以找专业的维修人员进行维修。

3. 光驱本身机械故障

如果光驱在电脑中无法识别，或者按键后无任何反应，应首先检查线路连接是否有问题，尤其是供电部分，如果没问题，那么说明是光驱本身的问题。对于机械故障，只能找专业的维修人员进行维修。

4. 光驱应急出仓孔

光驱面板上都设计了应急出仓孔，一旦光驱发生故障无法退盘出仓，可以使用回形针或牙签之类的硬物插入应急出仓孔，此时光驱托盘会弹出一小部分，再用手拉出托盘即可解决光驱弹不出的问题。应急出仓孔的位置如图 13-13 所示。

图 13-13

13.3.4 开机检测不到光驱

打开电脑后，发现总是检测不到光驱或者检测失败。

这种情况有可能是由于光驱数据线接头松动、硬盘数据线损毁或光驱跳线设置错误引起的。遇到这种问题，首先应该检查光驱的数据线接头是否松动，如果发现没有插好，就将其重新插好、插紧；如果这样仍然不能解决故障，可以找一根新的数据线换上试试；如果故障依然存在，就需要检查光驱的跳线设置了，如果有错误，将其更改即可解决此问题。

13.3.5 光驱的读盘性能不稳定

如果光驱的读盘性能不稳定，可以尝试从以下几个方面进行排查。

(1) 检查光驱的供电是否稳定，是否因为电压忽高忽低，导致读盘性能不稳定。

(2) 检查系统是否感染了病毒。当系统感染了病毒、修改了注册表、屏蔽了光驱盘符时，系统表现为光盘符号丢失，同时光驱可能不能读取。即使光驱能够读取到数据，因在"我的电脑"或"资源管理器"中无盘符，我们也无法获取读到的数据。

(3) 光驱内有不固定的微小杂物，当杂物挡在光头上时，光驱就无法正常读盘；当杂物移开时，光驱又能正常读盘了。

(4) 激光头老化。可以调整光驱激光头附近的电位调节器，加大电阻，改变电流的强度，使发射管的功率增加，提高激光的亮度，从而提高光驱的读盘能力。

13.3.6　刻录时出现 BufferUnderrun 提示信息

BufferUnderrun 的意思为缓冲区欠载。一般在刻录过程中，待刻录数据需要由硬盘经过 IDE 界面传送给主机，再经由 IDE 界面传送到刻录机的高速缓存中(BufferMemory)，最后刻录机把储存在 BufferMemory 里的数据信息刻录到 CD-R 或 CD-RW 盘片上，这些动作都必须是连续的，绝对不能中断，如果其中任何一个环节出现问题，都会造成刻录机无法正常写入数据，并出现缓冲区欠载的错误提示，进而导致盘片报废。解决的办法就是，在刻录之前需要关闭一些常驻内存的程序，比如关闭光盘自动插入通告、防毒软件、Windows 任务管理和计划任务程序以及屏幕保护程序等。

13.3.7　光驱刻录工作不稳定

安装的刻录机在使用过程中常出现一些莫名其妙的故障现象。典型的表现就是读盘正常，而刻录时工作不稳定，且刻录出的盘片不能读。有时还会出现开始刻录时工作正常，过一会儿就会出错等问题。按照正常的处理步骤重装系统、检查数据线、更换刻录软件也没解决故障，可刻录机经过测试又被证实没有任何问题。

其实这种奇怪的故障是由于刻录机的电力供给欠佳所导致的。由于光存储技术发展的速度异常迅猛，现在的刻录机在刻录光盘时功耗非常大。因此造成这种刻录不稳定现象的罪魁祸首，就是电源的输出功率不够，或者是为光驱提供电源的 4 芯插头存在接触不良、导线过细、多股铜线断裂等问题。通常只要更换一台大功率的电源，即可彻底排除故障。

13.3.8　安装刻录机后无法启动电脑

出现这种情况，首先要切断电脑供电电源，打开机箱外壳检查 IDE 线是否完全插入，并且要保证 PIN-1 的接脚位置正确连接。如果刻录机与其他 IDE 设备共用一条 IDE 线，需保证两个设备不能同时设定为 MA(Master)或 SL(Slave)方式，可以把一个设置为 MA，另一个设置为 SL，以解决此问题。

13.3.9　刻录机无法读取普通光盘

若遇到刻录机无法读取普通光盘的问题，可以采取以下措施尝试修复。

(1) 可能是刻录机的激光头被污染了，可以用专用的光驱清洁盘清洗一下，当然最好还是拆开刻录机进行清洁。如果不具备拆卸清洗的能力，可请有经验的人代为处理。

(2) 刻录机的电源连接线或数据线虚接，造成信号无法正常传输。可以打开机箱重新插接刻录机的电源线和数据线。

(3) 刻录机驱动程序或者操作系统受损。重新安装驱动程序或者操作系统。

(4) 病毒作怪。可用最新版的杀毒软件，彻底查杀硬盘中的病毒。

13.3.10　模拟刻录成功，实际刻录却失败

刻录机提供的"模拟刻录"和"刻录"命令的差别在于是否打出激光光束，而其他的操作完全相同，也就是说，模拟刻录可以测试源光盘是否正常、硬盘转速是否够快、剩余磁盘空间是否足够等刻录环境的状况，但无法测试待刻录的盘片是否存在问题和刻录机的激光读写头功率与盘片是否匹配等。

有鉴于此，模拟刻录成功，而真正刻录失败，说明刻录机与空白盘片之间的兼容性不是很好，可以通过降低刻录机的写入速度和更换另外一个品牌的空白光盘进行刻录操作来解决此问题。

13.3.11　经常出现刻录失败的问题

提高刻录成功率需要保持系统环境单纯，即关闭后台常驻程序，最好为刻录系统准备一个专用的硬盘，专门安装与刻录相关的软件。在刻录过程中，最好把数据资料先保存在硬盘中，制作成 ISO 镜像文件，然后再刻入光盘。为了保证刻录过程数据传送的流畅，需要经常对硬盘碎片进行整理，避免发生因文件无法正常传送造成的刻录中断错误，可以通过执行磁盘扫描程序和磁盘碎片整理程序来进行硬盘整理。在刻录过程中，不要运行其他程序，甚至连鼠标和键盘也不要轻易去碰。刻录使用的电脑最好不要与其他电脑联网，在刻录过程中，如果系统管理员向本机发送信息，会影响刻录效果，在局域网中，不要使用资源共享，如果在刻录过程中，其他用户读取本地硬盘，会造成刻录工作中断或者失败。除此以外，还要注意刻录机的散热问题，良好的散热条件会给刻录机提供一个稳定的工作环境，如果因为连续刻录，刻录机发热量过高，可以先关闭电脑，等温度降低以后再继续刻录。内置式刻录机最好在机箱内加上额外的散热风扇。外置式刻录机要注意防尘、防潮，以免激光头读写不正常。

13.4　打印机故障排除

在日常的生活和工作中，打印机是常用的电脑外部设备，目前最常见的打印机为喷墨打印机和激光打印机。本节将详细介绍打印机故障排除的相关知识及操作方法。

13.4.1　通电后打印机指示灯不亮

打印机通电后指示灯不亮的原因很多,首先检查交流电压输入是否正常,通过检查220V

电源信号线即可查出。再检查打印机电源板上的保险丝是否烧断，如烧断则更换保险丝。如新换保险丝又被烧断，应断开与 35V 电压有关的器件，检查插件有无问题。查看电源板的输出电压是否正常，如不正常，应修理电路板。

13.4.2　打印时出现无规律的空白圆点

在使用激光打印机打印时，发现打印的页面上出现无规律的空白圆点。这样的情况一般由以下几个原因所致。

(1) 纸张性能不好。应更换为打印机所要求的纸张规格。

(2) 纸张表面有潮湿点。当纸张表面有潮湿点时，潮湿点处不能接受墨粉，所以应使用无潮湿点的干燥纸。

(3) 转印电极丝脏污。当转印电极丝脏污时，转印的高压明显降低，不能正常转印，应将转印电极丝及其周围区域清扫干净。

13.4.3　打印机不进纸

导致打印机不进纸的原因主要有以下几种。

➤　打印纸卷曲严重或有折叠现象。

➤　打印纸的存放时间太长，造成打印纸潮湿。

➤　打印纸的装入位置不正确，超出左导轨的箭头标志。

➤　有打印纸卡在打印机内未及时取出。

打印机在打印时如果发生夹纸情况，必须先关闭打印机电源，再小心地取出打印纸。方法是沿出纸方向缓慢拉出夹纸，取出后一定要检查纸张是否完整，防止碎纸残留机内，造成其他故障。还应检查黑色墨盒或彩色墨盒的指示灯是否闪烁或常亮，如果指示灯闪烁或常亮，即表示墨水即将用完或已经用完。如果墨盒为空时，打印机将不能进纸，必须更换相应的新墨盒才能继续打印。

13.4.4　打印字迹偏淡

对于针式打印机，出现该类故障的原因大多是色带油墨干涸、打印头断针、推杆位置调得过远，可以用更换色带和调节推杆的方法来解决；对于喷墨打印机，喷嘴堵塞、墨水过干、墨水型号不正确、输墨管内存有空气、打印机工作温度过高都会出现此故障，应对喷头、墨水盒等进行检测维修；对于激光打印机，当墨粉盒内的墨粉较少，显影辊的显影电压偏低和墨粉感光效果差时，也会造成打印字迹偏淡现象，此时应取出墨粉盒轻轻摇动，如果打印效果无改善，则应更换墨粉盒或调节打印机墨粉盒下方的一组感光开关，使之与墨粉的感光灵敏度匹配。

13.4.5　打印头移动受阻长鸣或在原处震动

由于打印头导轨长时间滑动变得干涩，导致打印头移动时受阻，到一定程度会使打印停止，如不及时处理，严重时会烧坏驱动电路。解决方法是在打印导轨上涂几滴仪表油，来回移动打印头，使其均匀分布。重新开机后，如果还有受阻现象，则有可能是驱动电路被烧坏，需要找专业人员进行维修。

13.4.6　进纸槽中有纸却闪烁缺纸信号灯

出现这种现象，很有可能是打印机的纸张传动结构出现了问题，或者是纸张未正确放置。通常情况下，打印机进纸槽处有一个光电传感器，该光电传感器能敏锐地"捕捉"到纸张是否正确地放置在进纸槽中，倘若进纸槽中有打印纸，该光电传感器就可以识别到纸张，并产生一个识别信号传输给打印机，通知打印机做好打印准备工作；即使进纸槽中没有放打印纸，光电传感器也会有控制信号传输到打印机，告诉打印机暂时没有打印任务。要是光电传感器被灰尘覆盖，就会降低它的纸张识别能力，如此一来即使纸张已经插入进纸槽中，光电传感器也不能正确识别，这样就出现了上面的奇怪现象。为了避免这种现象，应该注意在平时多清洁打印机，特别是要清洁好光电传感器。在清洁传感器时，首先应该小心地将压纸辊从打印机上取下来，然后用细软的棉纱布，小心地将覆盖在光电传感器上面的灰尘清洁干净。值得注意的是，清洁过程中千万不要用力，以免弄坏光电传感器。

13.4.7　加粉后打印空白页

对于激光打印机，很多用户在原装耗材用完之后，就会选择填充碳粉，这样可以节省办公成本。然而，有些时候硒鼓在填充碳粉后会出现打印空白的情况，下面详细介绍出现这种情况的相关原因和解决办法。

1. 硒鼓未装到位

填充碳粉后，硒鼓安装的过程中两边的销钉没有装好，这样会造成硒鼓不能完全安装到位。这时可以从打印机中取出硒鼓，详细检查硒鼓的装配，然后再重新安装，进行打印测试。

2. 硒鼓的保护罩未能打开

拿出硒鼓，用手去拨动硒鼓 OPC(有机光导体)上方的保护罩，看是否灵活，如果不灵活要重新装配。

3. OPC 地线功能失效

这是由于 OPC 两边的导电销钉脱落，或者销钉上面打油太多引起的。这时要看 OPC 两边的销钉是否有往外脱落的现象，如果有，直接用手把销钉复位，并清洁销钉上及 OPC 内导电片上面的油污。

4. 硒鼓的磁辊上未能充电或接触不良

这种情况一般是由于导电部分没有安装好，所以只要拆下来再重新装好即可，并重点检查各处的导电片。

13.4.8　打印字符不全或字符不清

对于喷墨打印机，出现这种情况可能有两方面原因：墨水用完、打印机长时间不用或受日光直射而导致喷嘴堵塞。解决方法是可以更换墨盒或添加墨水，如果墨盒未用完，可以断定是喷嘴堵塞，此时可取下墨盒(对于墨盒喷嘴不是一体的打印机，需要取下喷嘴)，把喷嘴放在温水中浸泡一会儿，注意一定不要把电路板部分浸在水中。

对于针式打印机，出现这种情况可能有以下几方面原因：打印色带使用时间过长；打印头长时间没有清洗，污垢太多；打印头有断针；打印头驱动电路有故障。解决方法是先调节打印头与打印辊之间的间距，故障不能排除，可以换新色带，如果还不行，则需要清洗打印头。方法是：卸掉打印头上的两个固定螺钉，拿下打印头，用针或小钩清除打印头前、后夹杂的脏污，一般都是长时间积累的色带纤维等，然后在打印头的后部看得见针的地方滴几滴仪表油，以清除一些脏污，在不装色带的状态下，空打几张纸，再装上色带，这样问题基本可以解决。如果是打印头断针或是驱动电路问题，则只能更换打印针或升级驱动。

13.4.9　喷墨打印机走纸不正

很多喷墨打印机进纸时多以右边作为起始位置，放纸时应靠着送纸匣的右边，并把左边可滑动的挡板移到纸的左边并尽可能靠拢，这与很多针式打印机和激光打印机正好相反。如果把纸靠在了左边，进纸时就会出现向一边歪的情况，此时最好不要强行拔纸，而应中止打印，以避免对打印机造成损坏。

13.4.10　激光打印机打印输出的是空心字

一般情况下，打印机打印时输出空心字主要有三种原因：一是字体设置被修改或计算机感染了病毒；二是墨粉量不够或墨粉不均匀；三是激光打印机本身、数据线、接口硬件故障。用户可以按照以下步骤进行排查。

(1)　先检查打印的文件字体设置是否正确。

(2)　检查电脑是否被病毒感染。

(3)　打印测试页看是否正常。如能通过则应该是文档本身问题。

(4)　检查计算机与打印机、打印机本身等各接口、数据线是否有硬件故障存在。

13.5　笔记本电脑故障排除

在使用笔记本电脑的时候，很可能会出现一些故障，掌握常见故障的排除方法，对维修笔记本电脑有很大的帮助。本节将详细介绍笔记本电脑故障排除的相关知识及操作方法。

13.5.1 笔记本的触控板故障

触控板是一种触摸敏感的指示设备,一般可以实现鼠标的所有功能。通过手指在触控板上的移动,用户能够容易地实现光标的移动。通过按动触控板下方的按键,可以完成相应的单击动作。按动左键或右键,即相当于单击或右击鼠标。触控板硬件一般不会出现问题,除非被大力按压或者砸击,此时需要直接维修。排除硬件问题之后,如果触控板出现问题,则可以考虑以下两点。

1. 触控板无法使用

触控板无法使用多数是由于误操作或者清洁不好造成的,下面详细介绍这两种现象。

➢ 打字或使用触控板时,请勿将手或腕部靠在触控板上。触控板能够感应到指尖的任何移动,如果将手放在触控板上,将会导致触控板反应不良或动作缓慢。

➢ 请确定手部没有过多的汗水或湿气,因为过度的潮湿会导致指标装置短路。应保持触控板表面的清洁与干燥。

2. 触控板可以使用,左右键失灵

出现这种情况,首先需要对全盘进行杀毒扫描,检测是否有电脑病毒存在。在排除电脑病毒的状态下,要查看触控板驱动是否完整,建议重新安装触控板驱动程序或者升级驱动程序,以解决此问题。

13.5.2 笔记本电池不能充电

如果笔记本出现不能充电的现象,可以按照以下几个方面进行排查。

(1) 检查电池,看看线路是否出现了松动、连接不牢的问题。

(2) 如果线路正常,可以查看电池充电器的电路板是否坏了,更换一个可以正常使用的试一下。

(3) 也有可能是电池已经老化了。一般电池使用 3 年左右基本就都老化了,建议到维修店检查。

13.5.3 笔记本的光驱故障

笔记本光驱的常见故障主要有三类:操作故障、偶然性故障和必然性故障。下面详细介绍这三类故障的具体解决方法。

1. 操作故障

操作故障包括:驱动出错或安装不正确造成在 Windows 或 DOS 下找不到笔记本光驱;笔记本光驱连接线或跳线错误使笔记本光驱不能使用;CD 线没连接好无法听 CD;笔记本光驱未正确放置在拖盘上造成光驱不读盘;光盘变形或脏污造成画面不清晰或停顿或马赛克现象严重;拆卸不当造成光驱内部各种连线断裂或松脱而引起故障等。

2. 偶然性故障

偶然性故障是指笔记本光驱随机发生的故障，如机内集成电路、电容、电阻、晶体管等元器件早期失效或突然性损坏，或一些运动频繁的机械零部件突然损坏。这类故障虽不多见，但必须经过维修及更换才能将故障排除。

3. 必然性故障

必然性故障是指笔记本光驱在使用一段时间后必然发生的故障，主要有：激光二极管老化，导致读碟时间变长甚至不能读碟；激光头组件中光学镜头脏污或性能变差等，造成音频或视频失真或死机；机械传动机构因磨损、变形、松脱而引起故障，建议找专业的维修人员进行维修。

13.5.4　笔记本液晶屏花屏

在使用笔记本电脑的过程中，有时可能会出现花屏故障。花屏故障的表现是显示的字迹和画面模糊不清、很混乱。导致笔记本电脑液晶屏出现花屏故障的原因有很多，主要分为三种，分别是散热不良、显卡的显存问题和病毒问题等。下面将详细介绍液晶屏花屏故障诊断与排除的相关知识及解决办法。

1. 散热不良

在使用笔记本电脑时，会产生大量的热量，如果散热系统不好或出现故障，可能会导致机器内的热量无法排出，显卡的控制芯片也集成在主板上，因此也会受到牵连，导致散热不良，从而引起液晶屏花屏。此时首先需要检查是否是散热系统出现故障，如果出现故障应该对其进行维修；如果不是可以在显卡上安装一小块散热芯片，以解决显卡温度过高的问题。

2. 显存问题

显存损坏或速度过低都可能会导致显示的字符和画面混乱和模糊，从而导致花屏故障等，这时只能更换显存，但是由于显存集成在显卡的显示芯片中，因此只能更换显卡上的显示芯片。

3. 病毒问题

有些病毒也会造成笔记本电脑出现花屏故障，此时使用专门的杀毒软件进行查杀即可排除该故障。

13.5.5　笔记本键盘故障诊断与排除

笔记本电脑的键盘故障一般包括键盘按键失灵、按任意按键导致死机和每次开机都需要设置键盘等。下面详细介绍相关知识。

1. 键盘按键失灵

在用笔记本电脑键盘输入数据时，发现某个按键失灵，此时需要卸下笔记本电脑键盘，检查不灵活的按键是否正常压在触点上；如果正常，再使用专业的检测仪器检测按键与触点接触时是否能够导电；如果正常，查看电路中是否有一段金属膜脱落，如果有，用检测仪检测，若电阻很大，此时可以将失灵电路中的铜线拔出，在电阻小的电路两侧避开失灵电路穿过即可解决问题。

2. 按任意按键导致死机

启动笔记本电脑进入系统后，打开文本编辑软件输入数据时，在键盘上按下任意键，笔记本电脑都会死机，导致这种故障的原因可能是键盘进水或过度潮湿，造成键盘内部电路短路。此时应该立即卸下笔记本键盘，放到通风的地方晾干，或用吹风机将键盘吹干。

3. 每次开机都需要设置键盘

启动笔记本电脑后，屏幕上提示 keyboard error or no keyboard present，意思是"键盘错误或没有键盘"，导致这种故障的原因可能是键盘线路接触不良或 BIOS 设置错误。下面将分别予以详细介绍。

- ➢ 键盘线路接触不良：需要拆开笔记本电脑的键盘，用检测仪器检测线路，并将其修好。
- ➢ BIOS 设置错误：进入 BIOS 程序界面，选择 STANDARD CMOS SETUP 菜单项，再选择 HALT ON 选项，并将其值设置为 NO ERROR。

13.5.6　笔记本风扇间歇性启动

笔记本电脑在不运行任何程序的情况下，系统风扇会间歇性地转动，周而复始。

这个现象是正常的，因为笔记本电脑为了节省电力消耗，其散热风扇并不是一直工作的，而是当笔记本电脑内部的温度达到一定程度后，才会启动散热，所以造成了时转时停的现象。

13.5.7　光盘无法正常从仓内弹出

笔记本电脑的光驱托盘出现故障，光盘无法正常从仓内弹出。导致这种故障的原因可能是光驱使用时间过长，内部机械不灵活，此时可以将针等硬物插入应急出仓孔中，将光盘退出，如图 13-14 所示。

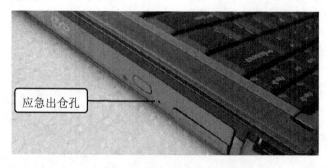

图 13-14

13.5.8　笔记本的硬盘故障

笔记本硬盘发生问题主要可以分成两种状况。

第一种为硬盘本身的故障。此类问题的预防方式，除了避免在开关机过程中摇晃计算机外，平时备份数据的习惯也很重要。

第二种为操作系统损毁或中毒造成无法开机。针对此情况，如果硬盘中重要的数据都已经备份在不同于安装操作系统的分区中，这时可以通过其他方式或工具来设法挽救操作系统甚至于重新安装操作系统，而不用担心硬盘中辛苦建立的数据受到损害。倘若操作系统已经安装在整块硬盘中，即硬盘只有一个分区，这时候若想要再加入一个分区，则可以通过支持 Windows 的硬盘切割软件实现，如 Partition Magic。

13.5.9　笔记本的内存故障

笔记本电脑的内存故障较少，尤其是原装内存。如果内存出现问题，系统将无法启动。根据使用的 BIOS 不同，有不同的报警声，多数为连续不断的长"嘀"声，或者是连续不断的短"嘀"声。

解决的方法是打开内存槽的盖板更换内存条，注意笔记本电脑使用的内存条与台式机不同，长度只有台式机内存条的一半。笔记本内存条和台式机内存条分别如图 13-15 和图 13-16 所示。

图 13-15

图 13-16

13.5.10　笔记本外接显示器不正常

使用笔记本的 HDMI 接口接电视，有显示，有声音，但发现笔记本运行变得不流畅了，视频播放乃至屏幕保护程序都有点卡，断开 HDMI 接口的连接或关上电视就没问题了。

出现这样的故障，需要排查设置和硬件方面的问题。首先，检查笔记本屏幕的分辨率和电视的分辨率设置是否不一致，这可能是出现问题的原因之一；其次，如果显卡或显卡驱动不能很好地兼容外接 HDMI 设备，需要到笔记本厂商的官方网站下载最新版本的驱动程序进行安装；第三，可能是电脑的 HDMI 接口和电视的 HDMI 接口版本型号不一致，查一下说明书看看是不是一个为 1.1 版，另一个为 1.3 版的，这也可能导致一些兼容性问题。

13.6　数码设备故障排除

数码设备现在已成为现代生活中一个必不可少的东西，随着使用率的增多，其故障也随之而来，所以很有必要掌握一定的数码设备的故障相关排除知识。本节将详细介绍数码设备故障排除的相关知识。

13.6.1　数码相机无法识别存储卡

在使用数码相机的时候，如果出现相机无法识别存储卡的现象，可以考虑从以下几个方面进行排查。

(1) 使用了跟数码相机不相容的存储卡，不同的数码相机使用的存储卡是不同的，解决方法是更换数码相机能使有的存储卡。

(2) 存储卡芯片损坏，需要更换存储卡。

(3) 存储卡内的影像文件被破坏了。造成这种现象的原因是，在拍摄过程中存储卡被取出，或者由于电力严重不足而造成数码相机突然关闭。如果重新插入存储卡或者重新接上电源，问题还是存在，则需格式化存储卡。

13.6.2　数码相机的闪光灯不起作用

使用数码照相机时，发现数码相机的闪光灯不起作用。出现这种故障的原因及解决方法如下。

(1) 未设定闪光灯。接闪光灯弹起杆，设定闪光灯。

(2) 闪光灯正在充电。等到橙色指示灯停止闪烁后再进行拍照。

(3) 拍照物明亮。使用辅助线闪光模式。

(4) 在已设定闪光灯的情况下，指示灯在控制面板上点亮时，闪光灯工作就会异常，需要进行修理。

13.6.3　液晶显示器显示图像时有明显瑕疵或出现黑屏

加电后液晶显示器能正常显示当前状态和功能设定，但不能正常显示图像，画面有明显瑕疵或出现黑屏。出现这种情况，多数是由于 CCD 图像传感器存在缺陷或损坏，应更换CCD 图像传感器。这种情况多发生在二手数码相机上，因此选购二手数码相机时，一定要仔细鉴别 CCD 图像传感器。如果相机没有 LCD 显示屏，CCD 成像器件的好坏一般无法直接判断，有时虽然 CCD 损坏但在拍摄时一切正常，直到电脑下载照片时才会发现照片一片漆黑，所以只能通过实拍查看输出照片的质量。

13.6.4　数码相机按快门键不拍照

在使用数码相机的时候，如果出现按快门键不拍照的现象，可以考虑从以下几个方面进行排查。

(1) 刚拍照的照片正在被写入存储卡。此时放开快门键，等到指示灯停止闪烁，并且液晶显示屏显示消失时再拍照。

(2) 存储卡已满。更换存储卡，删除多余的照片或将全部相片资料传送至个人电脑后删除。

(3) 正在拍照时或正在写入存储卡时电池耗尽。更新电池并重新拍照。

(4) 拍照物不处于照相机的有效工作范围或者自动聚集难以锁定。参照标准模式和近拍模式的有效工作范围或者参照自动聚焦部分。

13.6.5　数码相机不开机

这种故障最常见，是数码相机维修中的"重头戏"。由于数码相机电路密集，结构紧凑，常常工作在电流状态，机内又有高压器件，因而不开机的故障一般为电子元件烧毁所致。值得推荐的排查是，先开机拆开线路板，看看有无元件烧焦，有无异味。有些电路板的集成块等元件烧毁后，器件上的字符都没了颜色，机内散发浓重的烧焦味，此时可以肯定电路板报废，需要更换整块电路板。在确定没有烧焦现象后，可按以下思路检修。

(1) 先检查各功能开关是否正常，操作是否到位。例如有一台数码相机已经死机，开机通电，指示灯闪亮一下随即熄灭。因该机通电无反应，就把检查重点放在电路板部分，但没有发现问题，查到最后才发现是镜头盖开启微动开关坏了。

(2) 在确定各功能开关正常后，按供电电路的正常与否来查。由于数码相机工作时电流较大，特别是液晶显示屏开启瞬间，电流达到 0.6A 左右，这会使供电电路的小阻值保护电阻产生很大的电压，这些几十欧、几欧，甚至零点几欧的保险电阻极易短路，导致死机，所以，在检修这类故障时，要重点检查这些阻值小的电阻，一般可以解决问题。

13.6.6　数码相机拍摄出暗角效果

数码相机一直使用正常，最近发现在相同的光线亮度环境下拍摄，最终成像的四角出现明暗不一的现象。

暗角现象与镜筒组件的位置结构有一定的关系，相机中的镜头光轴与 CCD 中心相对应，这样的结构使得 CCD 四周的光量与中心相比虽然暗一点，可是并没有明显的暗角；如果 CCD 往镜头左上角偏移，越靠近镜筒边缘，入射光量就变得越少，于是暗角现象会慢慢凸现；直到 CCD 左上角完全没有了光线入射，此时暗角就会比较明显。对某些长焦数码相机来说，在没有其他故障的情况下，暗角最多只会在广角端产生，如果在任何焦距范围内都出现暗角，则先要想想近期相机有无受过剧烈的震荡，然后按以下方法来解决故障。

(1) 在拍摄照片时将照片设置为光圈优先模式。

(2) 先使用最小光圈拍摄蓝天，接着一挡一挡开大光圈进行拍摄。

(3) 在电脑中应该使用看图软件浏览照片，检查周围是否有明显差异。如果出现的暗角比较明显，应该送维修站纠正 CCD 与镜筒口径位置，或更换镜筒组件。

13.6.7　摄像机常见的报警故障

摄像机在工作中一旦出现异常，其自检系统将会在显示屏上显示特定的符号以提醒操作者，这样可以帮助用户快速判断摄像机的异常故障。下面详细介绍摄像机常见的报警显示及对策。不过要注意的是，由于机型不同，具体的显示可能也不同。

(1) 无磁带或磁带记录禁止显示。此显示出现在显示器上方中间的位置，出现此提示时表示摄像机里面没有放置磁带，应检查确认机内是否有磁带。另外在摄像状态下放入磁带后仍出现此提示，只有一种可能，就是磁带的记录禁止开关放在了记录禁止的位置，请将其关闭。

(2) 结露报警。此显示出现在显示屏上方中间的位置，出现此提示表示机器内部有潮气凝结，如果此时强行操作机器，可能会损坏磁带及机器。造成结露报警的原因如下。

➢　机器在过于潮湿的环境中使用。

➢　机器从寒冷的环境进入温暖潮湿的环境，比如冬天机器从室外进入室内。

一旦机器出现结露报警，应立即将磁带从机器里取出，然后将机器的带仓打开，放在干燥的地方，直到机器潮气散尽，报警消失。

(3) 电池报警。此显示出现在显示屏的左上角。出现此显示并非故障，而是表示电池已经耗尽，应立即更换新电池。

(4) 备份电池报警。此显示出现在显示屏上方中间的位置，出现此提示表明机内的备份电池耗尽或日期没有设定。

备份电池是用于维持机内的时钟电路在机器不使用时继续工作的，如果此电池耗尽，机器的时钟电路将无法工作。另外，如果日期时间没有设定，也会出现此提示。如果出现此提示，应分清是什么原因造成的，可以先检查日期和时间是否设定，没有设定应设定。如果设定后此提示仍然出现，就表示备份电池已经耗尽，此时可以将摄像机接上交流适配器，在摄像机关机的状态下使用交流适配器对机内的备份电池充电 4 小时以上，然后进行日期时间的设定，备份电池充电 4 小时可以维持机内时钟运行 3 个月左右。如果充电后此提示仍不消失，表明备份电池已经报废，应与维修站联系更换备份电池。

(5) 磁带到头报警。此显示出现在显示屏上方中间的位置，此提示并非故障显示，而是通知使用者磁带已经到头，重新换一盘磁带或进行倒带即可。

(6) 磁头脏堵报警。此显示出现在显示屏上方中间的位置。出现此显示是提示使用者磁头可能脏了，但是由于摄像机是通过在记录前检测磁带上已有的信号来进行磁头脏堵判断的，因此如果以前磁带上记录的信号就不好，则此时机器可能会出现误报警。当出现此提示时，应使用当前的磁带录制一小段后回放一下，如果记录的图像没有问题，就是摄像机误报。

13.6.8　摄像机无法开机

如果摄像机出现无法开机的现象，可以考虑从以下几个方面进行排查。

(1) 电池没电：立即更换电池。

(2) 摄像机自动保护：检查造成自动保护的原因，一般有以下两种。

> ➤ 摄像机内部或者磁带上有水汽，这时不要强行开机，否则很容易损坏磁头，正确的处理方法是用电扇或者电吹风的冷风挡吹干，待干透以后即可正常开机使用。
> ➤ 磁带表面有严重划痕，为了保护磁头不受损坏，摄像机自动停机。解决方法为更换磁带。

(3) 摄像机故障：如果排除了以上各项，只能送去厂商指定的维修点检查故障原因。

13.6.9　扫描仪扫描出的整个图像变形或出现模糊

扫描仪扫描出的整个图像变形或出现模糊，其故障原因与排除有以下几点。

(1) 扫描仪玻璃板脏污或反光镜条脏污：用软布擦拭玻璃板并清洁反光镜条。
(2) 扫描原稿文件未能始终平贴在文件台上：确保扫描原稿始终平贴在平台上。
(3) 扫描过程中不要移动文件。
(4) 扫描过程中扫描仪因放置不平而产生震动：注意把扫描仪放于平稳的表面上。
(5) 调节软件的曝光设置或 Gamma 设置。
(6) 若是并口扫描仪发生以上情况，可能是传输电缆存在问题，建议使用 IEEE-1284 以上的高性能电缆。

13.6.10　连续擦写存储卡后空间消失

有时在连续擦写存储卡之后，会发现存储卡的空间莫名其妙地消失了，就是说明明还有空间，却怎么也写不进东西了。

其实这个问题和电脑的硬盘一样，在频繁进行存储、删除操作后会产生一些文件碎片，需要进行碎片整理，但是无法对存储卡进行碎片整理，只有一个方法，就是格式化。

其解决方法是在其盘符上右击，选择【格式化】命令，在弹出的窗口中，有一个【文件系统】选项，在这个选项里面一定要选 FAT 格式，这个步骤最重要，否则在格式化以后再也无法识别存储卡，会显示"记忆卡已被写保护"字样。假如不小心在格式化的时候没有选择 FAT 格式，则需要重新格式化，记得选择 FAT 格式，这样问题就会解决了。

13.7　移动存储设备故障排除

移动存储设备是电脑的扩展存储设备，常用于数据的备份和移动，非常方便资料的存储。本节将详细介绍移动存储设备故障排除的相关知识和技巧。

13.7.1　移动硬盘插在电脑 USB 接口上不读盘

在使用移动硬盘的过程中，如果出现连接电脑后不读盘的现象，可以尝试从以下四个方面进行排查。

1. 检查接口供电

前置的 USB 接口供电不稳，经常会由于供电不够而产生移动硬盘无法识别的问题。如果是台式机，要接在电脑后置的 USB 口上，才能保证接口供电充足。

2. 检查数据线是否正常

如果出现此问题，要更换数据线进行测试。劣质的数据线有可能产生接触不良或者供电损耗大的问题。

有些 MP3、MP4 或者手机的数据线看起来和移动硬盘的数据线一样，但事实上移动硬盘数据线的要求更高，需要的供电损耗较小，所以很多 MP3、MP4 或者手机数据线都不能保证移动硬盘正常供电。

3. 多台电脑测试

如果在别的电脑上没问题，数据线也没问题，那么有可能是自己电脑的问题。电脑 USB 接口损坏或者系统与 USB 有冲突，都会出现这样的问题，可以找专业的维修人员解决。

4. 文件系统测试恢复

如果是组装的移动硬盘，可以拆下硬盘直接装到电脑上测试，如果发现读盘没问题，可以用文件系统测试恢复程序进行测试和恢复，恢复完毕没有坏道，再装回硬盘盒。如果还是不能读盘，则是硬盘盒的问题。

13.7.2 移动硬盘复制大文件时出错

新买的 USB 2.0 接口的移动硬盘，在家里电脑上复制电影文件时出现错误，硬盘发出异样的杂音，并提示"该驱动器没有被格式化"，拔出 USB 连线后重新插上，又可以复制一些文件，但是不久又会出现同样的问题。

由于是新买的移动硬盘，硬盘的质量应该不会有问题，该移动硬盘出现故障后，仍能通过插拔 USB 接口线来重新工作，所以应从 USB 接口供电、移动硬盘的磁盘错误等方面来进行排查。下面详细介绍排查方法。

1. 检查磁盘错误

磁盘错误通常是因为频繁存取数据造成的，和设备的新旧并无太大关系。所以，首先做的排查工作就是对移动硬盘进行磁盘错误的检查，可以使用系统自带的 chkdsk 命令以及专门的硬盘检测工具 HD Tune 来检测。

2. 换传输率更高的 USB 接口

移动硬盘上的 USB 接口通常采用传输率更快的 USB 2.0/3.0 规范，有些移动硬盘还提供 IEEE 1394 接口。如果本机 USB 接口仅支持 USB 1.0，由于传输率受限也容易出现复制文件出错的故障，所以除了保证移动硬盘已正确连接电源外，还要注意连接在主机支持的更快的 USB 接口或者 IEEE 1394 接口上。

3. 换插前后 USB 接口

因为 USB 接口引线的长短不同，其供电电流会受到影响，后置 USB 接口直接由主板供电，而前置 USB 接口经过多次连接，其接触电阻较大，耗损也大。所以如果使用前置 USB 接口时出现此故障，则可换到主机后置 USB 接口，这样可为移动硬盘提供充足的电力。

13.7.3　无法正常删除硬件

此问题是使用移动硬盘或 U 盘中最常遇到的，如果出现此问题，可以从以下两个方面进行排查。

1. 关闭未关闭文件或者程序

检查是否还有属于移动硬盘中的文件或者文件夹处于打开状态，如果有则关闭，一般就可以正常退出了。

2. 注销

将当前用户注销后再重新启用，一般即可解决此问题。

13.7.4　移动硬盘在进行读写操作时频繁出错

将移动硬盘连接到 USB 接口之后，系统可以正常识别移动硬盘，但是在对移动硬盘进行读写操作时，USB 硬盘经常发出"咔咔"的异响，然后出现蓝屏，提示产生读写错误，但是移动硬盘在另外一些电脑上可以正常工作，扫描硬盘也没有发现坏道。这是由于 USB 设备是通过 USB 接口获得必要的电源的，对于移动硬盘这种大功率移动存储器，一般需要 500mA 才能正常工作，如果主板 USB 接口的供电不足，则无法提供足够大的电流，从而导致移动硬盘无法正常工作，这种故障在一些较早期的主板上比较常见。更换 USB 接口供电方式，从+5VSB 切换为主板+5V 供电即可解决问题。

13.7.5　移动硬盘出现乱码目录

移动硬盘使用时间长了会出现一些乱码目录，在 Windows 下用删除命令删除时，电脑提示文件系统错误无法删除，而且盘上还有其他许多重要文件，不能格盘。

出现这种情况，首先应判断问题产生的原因，形成乱码目录主要有以下两种情况。

(1) 在移动硬盘还没有完全完成读写任务的情况下就拔下移动硬盘。

(2) 在硬盘供电不足时读写文件，典型症状表现为在读写一个或多个较大的文件过程中，操作系统发生蓝屏。

上述两种情况都会造成文件系统错误，因而产生了乱码目录，用 Windows 的磁盘扫描程序可以解决这个问题。运行 Scandisk 命令，在扫描硬盘时选择自动修复错误，扫描完成后，会发现乱码目录已经消失，同时在该硬盘的根目录下多了一些以 CHK 为扩展名的文件，这些就是乱码目录的备份文件，可以将其删除。

13.7.6　U 盘的某个分区不能使用

U 盘插入电脑后，发现显示出两个分区，一个分区可以任意读写文件，而另一个分区里的文件无法删除，而且无法复制新的文件。

无法进行读写操作的分区可能是进行了加密处理，如果准备使用这部分的加密空间，需要先找出 U 盘自带的光盘或者下载相应的驱动程序以及加密工具，然后才能使用相应的密码对这个分区进行解密。

13.7.7　U 盘插入电脑后出现两个盘符

如果 U 盘插入电脑后出现两个盘符，可以从以下三个方面进行排查。

(1) 是否已经将 U 盘分区。

(2) 主板 USB 端口是否供电不稳，电压瞬间过高。

(3) U 盘是否受到高压静电冲击。

以上三种情况会导致此问题出现，如果是第一种情况，建议格式化 U 盘；如果是后两种情况，则需要立即送修。

13.7.8　未达到 U 盘标称容量就提示磁盘容量已满

向 U 盘根目录下复制文件，当文件数达到 200 个左右，还远未达到 U 盘标称容量时，有时就提示"磁盘容量已满"，无法继续保存文件。

如果 U 盘采用的是 FAT 文件系统，根目录存放区域是固定的，根据 FAT 文件系统标准，根目录按 msdos8.3 格式，理论上最多可存放 510 个文件(包括目录的数目)。在 Windows 操作系统中，如果存放的文件(包括目录)是 8.3 格式，理论上最多可存 254 个文件(包括目录)。如果不是 8.3 格式，可存量是变化的，最少可存 25 个文件。其解决办法为在 U 盘根目录下建立多个分类子目录，在子目录下保存文件。

13.7.9　拷入 U 盘的数据到另一台电脑中不显示

文件已复制到 U 盘中(可以在双击可移动磁盘后，看到复制的内容，并且可以打开文件)，但是在转移到另外一台电脑中时却发现可移动磁盘中没有此文件。

由于操作系统在操作外部磁盘的时候，会开辟一个内存缓存区，许多存取操作实际上是通过这个缓存区完成的，所以有时候在复制文件到可移动磁盘后虽然在显示屏上可以看到所复制的文件已经复制到移动磁盘内，并且可以进行任意操作，但是实际上文件并没有真正复制到磁盘。

为了避免发生这种情况，解决办法为在复制完文件后，将 U 盘拔下来再重新插到电脑里检验一下。

13.7.10　U 盘中的数据到另一台电脑中打开会出现错误

资料复制到 U 盘后，再用其他电脑打开文件时会出现错误，这是由于存入文件时进行了错误操作。错误的操作一般有以下几种。

(1)　在 U 盘正在存取的时候插拔 U 盘。

(2)　迅速反复插拔 U 盘，由于主机需要一定的反应时间，在主机还没有反应过来时就进行下一步操作会造成系统死机等问题。

(3)　发现错误时(可能是还没反应过来)，迅速进行了 U 盘格式化。

(4)　正在格式化时，没有完成就拔下 U 盘。

(5)　主机 USB 接口太松，有时能接触到，有时不能接触到。

(6)　主机操作系统有病毒，导致系统不稳定和不能正常反应。

13.7.11　U 盘盘符丢失

在使用 U 盘的过程中，如果出现盘符丢失的现象，可以这样操作：将 U 盘连接至电脑，右击【计算机】，选择【管理】菜单项，进入【计算机管理】窗口，单击【存储】→【磁盘管理】，可以看到现在计算机中有两个磁盘，其中"磁盘 0"是硬盘，而"磁盘 1"是 U 盘。在"磁盘 1"上右击，选择【更改驱动器号和路径】菜单项，单击【添加】按钮，选定一个盘符(低于光驱盘符的字母)，单击【确定】按钮后退出，然后打开"我的电脑"，就可以发现 U 盘的盘符已经出现。

13.8　思考与练习

一、填空题

1.　所谓的水波纹问题，是指屏幕上的_____发生干扰的一种形式，给用户的感觉就像看到了水面上的波纹一样。

2.　_____和_____是电脑上的重要输入设备，主要负责各类操作命令的发出和文字的输入。这两种设备的使用频率最高，因此出现故障的频率也较高。

3.　_____是一种触摸敏感的指示设备，一般可以实现_____的所有功能。

4. 移动存储设备是电脑的_____设备，常用于数据的备份和移动，非常方便资料的存储。

二、判断题

1.　水波纹是液晶屏幕上的暗波线发生干扰的一种形式，是由荧光点的分布与图像信号之间的关系引起的干扰现象。　　　　　　　　　　　　　　　　　　　　(　　)

2.　显示器是电脑的主要输出设备，如果显示器出现了故障，虽然电脑也能够继续运行，但是用户却无法对其进行操作。　　　　　　　　　　　　　　　　　　　(　　)

3. 光驱与刻录机作为电脑重要的内部资料输入和资料备份工具,是多媒体电脑的必备硬件。　　　　　　　　　　　　　　　　　　　　　　　　　　　　　　　(　　)

4. 数码相机加电后,液晶显示器能正常显示当前状态和功能设定,但不能正常显示图像,画面有明显瑕疵或出现黑屏。出现这种情况,多数是由于CCD图像传感器存在缺陷或损坏。　　　　　　　　　　　　　　　　　　　　　　　　　　　　　　　(　　)

思考与练习答案

第1章

一、填空题

1. 记忆设备　存储数据
2. 数据　信息
3. 语言处理程序　操作系统
4. 通用软件　专用软件
5. 中央处理器　运算器
6. 主存储器　辅助存储器
7. 固定存储器　容量大
8. 网络适配器　网络
9. 输出
10. 光盘驱动器　读写

二、判断题

1. √
2. √
3. ×
4. √
5. ×
6. ×
7. √
8. ×
9. √

第2章

一、填空题

1. 接口　芯片组
2. ATX 型　BTX
3. 主频　倍频　CPU 扩展指令集
4. 工作空间　临时存储区域

5. 外部存储器
6. 集成显卡　独立显卡
7. 输出　显示
8. 光驱　U 盘、硬盘　光盘
9. 固定　电能

二、判断题

1. ×
2. √
3. ×
4. √
5. √

第3章

一、填空题

1. 绝缘性　散热
2. 硬件　软件
3. 8PIN　75W　150W
4. 正面向上
5. ATX 电源　+12V 电源

二、判断题

1. √
2. ×
3. √
4. ×
5. √

第4章

一、填空题

1. CMOS 芯片　电池

2. 方向键　功能键
3. 电池
4. CMOS 存储器　硬件配置

二、判断题

1. √
2. ×
3. √
4. √

三、思考题

1. 启动电脑后，进入自检界面，当屏幕下方出现 Press DEL to enter SETUP 提示时，按 Del 键，即可进入 BIOS 设置界面。

2. 进入 BIOS 程序界面后，选择 Load Fail-Safe Defaults 菜单项，按 Enter 键。

弹出 Load Fail-Safe Defaults 对话框，提示是否载入默认设置，输入字母"Y"，按 Enter 键即可加载系统基本默认设置。

3. 进入 BIOS 程序界面后，使用键盘的方向键选择 Save & Exit Setup 菜单项。

弹出【确认】对话框，询问是否保存 BIOS 设置并退出，输入 Y 命令后，按 Enter 键即可保存并退出 BIOS 程序。

第 5 章

一、填空题

1. 整体存储空间　操作系统
2. FAT32　NTFS
3. 主磁盘分区　启动程序
4. 扩展分区　包含

二、判断题

1. √
2. √
3. ×
4. √

三、思考题

1. 启动 Partition Magic 程序，进入主界面后，用鼠标右键单击准备调整分区容量的磁盘，在弹出的快捷菜单中选择【调整容量/移动】菜单项。

弹出【调整容量/移动分区】对话框。在【自由空间之前】微调框中输入准备设置的数值，在【新建容量】微调框中输入准备设置的数值，单击【确定】按钮。

用鼠标右键单击主分区磁盘，在弹出的快捷菜单中选择【创建】菜单项。

弹出【创建分区】对话框，单击【确定】按钮。

新的磁盘分区大小已被建立，单击【应用】按钮。

弹出【应用更改】对话框，单击【是】按钮。

弹出【过程】对话框，显示目前作业的整个进展。

单击【确定】按钮即可完成调整分区大小的操作。

2. 打开分区软件 DiskGenius，单击【快速分区】按钮。

弹出快速分区对话框，选择分区数目、调整分区大小、更改卷标和调整分区格式，单击【确定】按钮。

等待一段时间，返回到 DiskGenius 主界面，可以看到已经将磁盘分为 C 盘、D 盘和 E 盘，这样即可完成快速分区的操作。

第 6 章

一、填空题

1. 操作系统　硬件设备
2. 存储

二、判断题

1. √

2. ×

3. √

三、思考题

1. 在 Windows 系统桌面上，单击【开始】按钮，在【搜索程序和文件】文本框中输入"设备管理器"，在弹出的列表中选择【设备管理器】选项。

打开【设备管理器】窗口，如果有硬件驱动没有正确安装或被停用，就会在列表中显示出来，如果硬件安装了正确的驱动程序，会显示出硬件的型号，而默认情况下，所有能够正常工作的硬件设备都会自动收起，只有有问题的硬件才会自动展开，并会标记符号。

2. 在 Windows 7 操作系统桌面上，使用鼠标右键单击【计算机】图标，在弹出的快捷菜单中选择【管理】菜单项。

打开【计算机管理】窗口，在【计算机管理】区域下方，选择【设备管理器】选项，右键单击准备卸载的驱动程序，在弹出的列表框中选择【卸载】选项。

弹出【确认设备卸载】对话框，选中【删除此设备的驱动程序软件】复选框，单击【确定】按钮，即可卸载驱动程序。

第 7 章

一、填空题

1. 处理器　内存

2. 内存检测　检索数据

3. 硬盘工具

二、判断题

1. √

2. ×

3. √

4. ×

三、思考题

1. 启动鲁大师程序，单击【硬件检测】按钮，然后选择准备进行检测的硬件即可查看硬件信息。

2. 打开 MemTest 程序窗口，在【请输入要测试的内存大小】区域中单击【开始测试】按钮。

弹出【首次使用提示信息】对话框，认真阅读该提醒，单击【确定】按钮。

在窗口下方显示内存覆盖率，一般情况下，如果用户的内存通过 100%的覆盖，出现问题的可能性不大。

第 8 章

一、填空题

1. 计算机病毒　破坏性

2. 全盘扫描

二、判断题

1. √

2. ×

三、思考题

1. 启动并运行 360 杀毒软件，单击右下角的【弹窗拦截】按钮。

弹出【360 弹窗拦截器】对话框，设置进行拦截的类型，单击【手动添加】按钮。

弹出手动添加对话框，选择准备进行拦截的项目，单击【确认开启】按钮。

返回到【360 弹窗拦截器】对话框，可以看到选择的项目已被添加到拦截器里，这样即可完成弹窗拦截的操作。

2. 在 Windows 7 操作系统桌面上，单击左下角的【开始】按钮，选择【控制面板】菜单项。

打开【控制面板】窗口，以【小图标】的方式查看窗口中的内容，单击【Windows

防火墙】选项。

打开【Windows 防火墙】窗口，在【控制面板主页】区域下方，单击【打开或关闭Windows 防火墙】选项。

打开【自定义设置】窗口，选中【启用Windows 防火墙】单选按钮，单击【确定】按钮，即可启动 Windows 7 系统防火墙。

第 9 章

一、填空题

1. 洁净度条件　温度条件 电网环境
2. 通过自检　内存
3. 【应用程序】　【联网】
4. 关闭远程桌面

二、判断题

1. √
2. ×
3. √
4. √
5. ×

三、思考题

1. 按 Win+R 组合键，弹出【运行】对话框，在【打开】下拉列表框中输入运行命令"msconfig"，单击【确定】按钮。

弹出【系统配置】对话框，切换到【启用】选项卡，取消选中不准备启动的项目复选框，单击【确定】按钮。

弹出【系统配置】对话框，单击【重新启动】按钮，重新启动电脑后，用户就可发现系统运行速度有所提高。

2. 在系统桌面上，右键单击【计算机】图标，在弹出的快捷菜单中选择【属性】菜单项。

弹出【系统】窗口，单击【高级系统设置】选项。

弹出【系统属性】对话框，切换到【高级】选项卡，单击【性能】区域中的【设置】按钮。

弹出【性能选项】对话框，切换到【视觉效果】选项卡，选中【调整为最佳性能】单选按钮，单击【确定】按钮，这样即可设置最佳性能。

第 10 章

一、填空题

1. 硬件　软件
2. 操作系统　应用软件
3. 自动恢复　蓝色背景
4. 听　摸

二、判断题

1. √
2. ×
3. ×
4. √
5. ×
6. √

第 11 章

一、填空题

1. 更改分辨率 还原默认
2. 格式跟踪
3. 嵌入字体

二、判断题

1. √
2. √

三、思考题

1. 在 Windows 7 系统桌面上，使用鼠标右键单击【计算机】图标，在弹出的快捷菜单中选择【管理】菜单项。

打开【计算机管理】窗口，选择【本地用户和组】选项，双击【名称】区域下方的【用户】文件夹。

打开文件夹，右键单击 Administrator，在弹出的快捷菜单中选择【属性】菜单项。

弹出【Administrator 属性】对话框，切换到【常规】选项卡，取消选中【账户已禁用】复选框，单击【确定】按钮，即可取消管理员账户停用状态。

2. 打开【Internet 选项】对话框，切换到【常规】选项卡，单击【选项卡】区域中的【设置】按钮。

弹出【选项卡浏览设置】对话框，选中【启用选项卡浏览】复选框，单击【确定】按钮，重新启动 IE 浏览器后，即可解决 IE 8.0 无法新建选项卡的问题。

第 12 章

一、填空题

1. CPU 风扇　CPU Fan Error
2. 主板电路　COMS 跳线
3. 显卡　输出

4. 声卡
5. 电源

二、判断题

1. √
2. ×
3. √

第 13 章

一、填空题

1. 暗波线
2. 键盘　鼠标
3. 触控板　鼠标
4. 扩展存储

二、判断题

1. √
2. √
3. ×
4. √